本书由复旦大学出版资助基金资助

大气PM2.5 与健康

赵金镯 著

复旦大學 出版社

内容提要

关于大气细颗粒物（PM$_{2.5}$），近年来已经受到各行各业人群的普遍关注，有科研工作者、医疗工作者和公共卫生工作者，更多的是还是普通大众。随着电视传媒及各类网络平台的广泛宣传，大众对 PM$_{2.5}$ 的认识度有所提高，但是普通大众甚至一些科学研究者对大气 PM$_{2.5}$ 的组成成分、来源、危害、监测方法、健康效应研究方法、评价标准及防治措施等各方面的认识还处于初级阶段，甚至有些还处于错误认识阶段。随着 2012 年我国大气环境质量标准的修订，中国也首次出台了大气 PM$_{2.5}$ 的环境质量标准，至此，大气 PM$_{2.5}$ 与健康已逐渐发展成为一门独立的学科，PM$_{2.5}$ 与健康关系的研究也进入了新的发展阶段。因此，对于 PM$_{2.5}$ 认知的普及和对于科学研究的正确导向在未来有着更广阔的发展空间和崭新的发展前景。本书从 PM$_{2.5}$ 的本质、来源、危害、研究方法、浓度测定、卫生评价和预防措施等方面对 PM$_{2.5}$ 进行了阐述，对于公众深入了解 PM$_{2.5}$ 具有重要的意义。

前　言

　　每年秋冬季节,从东北到东南、华北到中原的大范围地带被雾霾天气笼罩,对公众健康及国家经济造成损害。大气颗粒物,特别是其中粒径较小、危害更大的大气细颗粒物(fine particulate matter,$PM_{2.5}$),作为雾霾形成的首要污染物,对人群呼吸系统、心血管系统、免疫系统、代谢系统甚至其他未知系统的影响日趋严重。近年来,环境污染相关问题受到各行各业人群的普遍关注,包括科研工作者、医疗工作者、公共卫生工作者,但更多的还是普通民众。随着电视传媒及各类网络平台的广泛宣传,大众对大气$PM_{2.5}$的认识度逐渐增加,但对于其组成成分、污染来源、健康危害、科学研究方法、评价标准及防治措施等方面还处于初级认识阶段,甚至有些是误解和误区。随着2012年中国生态环境部修订的《环境空气质量标准》(GB3095-2012)正式出台及2016年的正式实施,大气$PM_{2.5}$与健康相关研究逐渐发展成为一门独立的学科,$PM_{2.5}$与健康关系的研究也进入了新的发展阶段。因此,对$PM_{2.5}$认知的普及及对科学研究的正确导向在未来有着不容置疑的重要性。

赵金镯

2019 年 9 月

目　录

第一章

大气 $PM_{2.5}$ 概述

环境空气是指人群、植物和动物所赖以生存的室内外空气。这些空气是人类赖以生存的物质,但其中含有的有害物质会对人类健康产生许多不良影响。环境空气中的成分多种多样,其中氧气是人类生存不可或缺的物质。除此之外,空气中还含有氮气、一氧化碳、二氧化碳、二氧化硫、氮氧化物、臭氧、颗粒物等其他一些气态或气溶胶态物质及微生物(图1-1)。这些气体大多无色、无味、无毒,比如氮气约占空气总气体的78%,而某些有毒、有害物质则与空气污染有关。

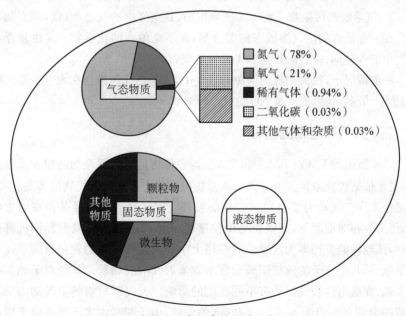

图1-1 空气中的物质组成

空气污染(air pollution)通常是指由于人类活动或自然过程中而引起某些有毒、有害物质进入空气并超过一定的浓度,超出了大气的自净功能,进而危害人类和动物健康或环境的现象。空气中这些对健康有明显不良影响的有害气态物质称为空气污染物(air pollutants)。本书介绍的大气细颗粒物($PM_{2.5}$)就是空气污染物其中的一种。

第一节　大气 $PM_{2.5}$ 的定义

一、空气污染物的分类

在人类赖以生存的空气中,空气污染物种类繁多,包括气态污染物和气溶胶态污染物(见图 1-1)。

1. **气态污染物**　主要包括一些含硫、含碳、含氮化合物,如氮氧化物、硫氧化合物、碳氧化合物及一些卤素化合物。其中比较重要的气态污染物包括:一氧化碳(carbon monoxide, CO)、二氧化硫(sulfur dioxide, SO_2)、一氧化氮(nitric oxide, NO)、二氧化氮(nitrogen dioxide, NO_2)和臭氧(ozone, O_3)。

2. **气溶胶态污染物**　统称大气颗粒物,是空气中的气态和(或)固态物质混合在一起形成的呈气溶胶态的混合物,而不是单一的化学物。它由悬浮在空气中的各种烟、雾、霾、粉尘和飞灰等组成。

一般情况下,在无明显污染源的空气中,这些空气污染物在大气中的比例以 $PM_{2.5}$ 最多,其后依次是 NO_2、O_3、CO 和 SO_2。

二、大气颗粒物的粒径

通常所说的 PM_{10}、$PM_{2.5}$ 和 $PM_{0.1}$ 等颗粒物是依据颗粒物的粒径来划分的,也是依据粒径来定义的。大气颗粒物粒径其实不是指颗粒物的普通粒径,而是指采用空气动力学直径来表示的粒径。空气动力学直径是指在通常温度、压力及相对湿度下,某颗粒与单位密度(1 g/cm³)的球体具有相同沉降速度时,该球体的直径即为该颗粒的粒径大小。大气颗粒物的粒径覆盖了 4 个数量级,从几个分子的成核团簇到数十微米的气溶胶颗粒。粒径对于颗粒物的来源、光散射性和气候均有不同程度的影响。大气颗粒物的空气动力学直径范围为 0.005~100 μm。>100 μm 的颗粒,由于粒径太大已经不属于颗粒物的范畴,这种颗粒称为尘土;而<100 μm 的大气颗粒物,按粒径大小一般又

可分为以下几种。

1. 总悬浮颗粒物（total suspended particulates，TSP） 其空气动力学直径≤100 μm。包括液体、固体或者液体和固体结合存在的一些悬浮在空气介质中的物质。

2. 可吸入颗粒物（particulate matter，PM$_{10}$） 是指空气动力学直径≤10 μm 的颗粒物。这些颗粒物能随着呼吸进入人体呼吸道，所以称为可吸入颗粒物。由于其粒径较大，也称为粗颗粒物。

3. 细颗粒物（fine particulate matter，PM$_{2.5}$） 是指空气动力学直径≤2.5 μm 的大气颗粒物，也就是粒径在 0～2.5 μm 大小的颗粒物统称为 PM$_{2.5}$。它通过呼吸进入呼吸道后可到达终末细支气管和肺泡，其中某些较细的颗粒物及其成分还可通过肺间质进入血液循环。PM$_{2.5}$ 也更易于作为载体吸附各种有毒、有害的有机物和重金属元素，所以对健康的危害极大。

4. 超细颗粒物（ultrafine particulate matter，PM$_{0.1}$） 是指空气动力学直径≤0.1 μm 的大气颗粒物，颗粒物粒径呈纳米级，所以也被称为纳米颗粒物。PM$_{0.1}$ 由于粒径更小，所以能够通过呼吸自由地进出呼吸道。

为了更直观地了解不同粒径颗粒物的大小，图 1-2 列举了大气颗粒物的粒径与日常生活中一些物质的对比。从图 1-2 中可见，100 μm 的颗粒物大小相当于头发的直径，PM$_{10}$ 的粒径介于细胞和花粉的直径之间，PM$_{2.5}$ 的粒径比红细胞略小，PM$_{0.1}$ 的粒径比病毒的直径略小，而更细小的颗粒物比如≤0.01 μm 的颗粒物约等于分子的大小。

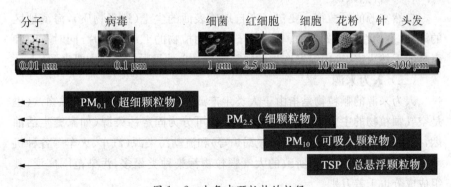

图 1-2 大气中颗粒物的粒径

［图引自：Brook RD, et al. Particulate Matter Air Pollution and Cardiovascular Disease：An Update to the Scientific Statement From the American Heart Association. *Circulation*. 2010，121 (21)：2331-2378］

三、大气 PM$_{2.5}$ 的来源

大气中 PM$_{2.5}$ 不是凭空产生的,其来源可分为自然来源和人为来源(图 1-3),不同来源的颗粒物其粒径和组成成分有很大的差别,导致其对健康的影响也有很大的差别。

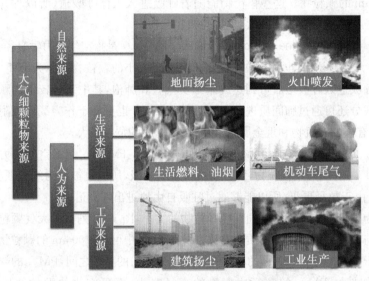

图 1-3 大气颗粒物的主要来源

(一) 自然来源

自然来源的颗粒物主要包括来自地球表面的尘土(地壳物质),海滨地区的海盐,生物性来源如花粉、真菌孢子以及动植物的毛屑和碎片,同时草原和森林的天然火灾、火山喷发产生的颗粒物也是自然界颗粒物的主要来源。

(二) 人为来源

人为来源的颗粒物是指由于人类生产或生活活动而产生的颗粒物,这也是空气颗粒物的主要来源。人为的污染源可分为固定污染源(如家庭生活油烟,工业、企业排放废气,冬季采暖锅炉等)和流动污染源(汽车、火车等各种机动交通工具)。人为原因所致的大气颗粒物污染种类繁多,污染范围广泛,其组成成分也千差万别。

1. 风沙尘土 沙尘可分为浮尘、扬沙、沙尘暴和强沙尘暴。中国是沙尘危害最严重的国家之一。北京的一项研究显示,沙尘暴颗粒中粒径<2.1 μm 和<9 μm 的分别占总量的 16.1% 和 76.9%。虽然沙尘暴天气中颗粒物的浓

度会很高,但是对人类健康的危害却较小。可能与这些颗粒物粒径相对较大而不易于进入呼吸道深部和肺组织有关;同时,沙尘的组成成分多为地面尘土,而地面尘土的主要成分多为环境中的常量元素,如 Ca、Mg、K、Na 等元素,对健康的影响也相对较小(后述会详细介绍颗粒物的组成成分对健康的影响)。

2. 工业污染源　人类生产活动中使用的各种燃煤,如煤炭、液化石油气、煤气、天然气和石油的燃烧同样也是大气颗粒物的重要来源;钢铁厂、有色金属冶炼厂、水泥厂和石油化工厂等的工业生产过程均会造成颗粒物的污染,这些来源的颗粒物含有特殊的有害物质,如苯、氯乙烯等有机物,氟、砷等化学物质以及铅、镍、铬等重金属物质。

3. 生活污染源　生活烹调等过程中使用的煤、木材、石油液化气和天然气燃烧释放的颗粒物也是室内、外颗粒物污染的重要来源。在采暖季节,采暖锅炉以煤和石油产品为燃料,这些燃烧设备效率普遍较低,燃烧不完全,且相当一部分燃气未经净化而直接排入空气中。这种无组织排放可造成大量颗粒物的累积,造成严重的大气污染,这也是冬季易出现严重雾霾天气的原因。此外,随着城市建设的迅速发展,建筑扬尘也成为城市颗粒物的主要来源。同时,城市垃圾逐年增加,使垃圾焚烧所致的污染也成为其主要来源。室内颗粒物污染来源近年来也受到广泛的关注,如室内装修污染、生活油烟、复印、打印、电子设备和家电设备等排放的颗粒物。

4. 机动车尾气　交通工具主要的燃料是汽油、柴油等石油产品,燃烧后会产生大量的颗粒物、氮氧化物、一氧化碳、多环芳烃和醛类。目前,中国机动车数量以每年 10% 的速度增长,机动车尾气的排放已经成为中国许多大城市大气污染的主要来源之一。机动车尾气排放的颗粒物中主要含有大量的有机物,如苯、甲苯、烷烃、烯烃和芳香烃类化合物。

以上这些自然或人为来源的颗粒物在大气颗粒物构成中所占的比例有很大差别。同时,各地区由于功能分区不同,颗粒物的排放源也有不同。如工业区排放的颗粒物主要以无机元素或金属元素为主,居住区排放的颗粒物主要以厨房油烟、机动车尾气或燃煤燃料的排放为主。所以,各功能分区的污染源在颗粒物来源中的比例也不同。颗粒物的不同来源可通过源解析的方法进行分析。颗粒物的源解析是指通过化学、物理学、数学等方法定性或定量识别环境受体中大气颗粒物污染的来源,这部分内容在后述中详细介绍。图 1-4 是上海市某非工业区空气中颗粒物的源解析图。

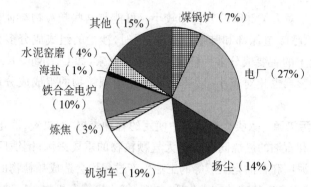

图1-4 上海市某城区大气中PM$_{2.5}$的源解析

四、大气PM$_{2.5}$的组成成分及测定方法

(一) 大气PM$_{2.5}$的组成成分

包括PM$_{2.5}$在内的大气颗粒物并不是单一的化学物质,而是由多种化学物质组成的混合物,主要是由空气中的有机成分和无机成分吸附于炭核上形成的复杂物质,其化学组成成分达数百种以上。PM$_{2.5}$的毒性与其化学成分密切相关,这也决定了不同组成成分的PM$_{2.5}$毒性也有很大的不同。PM$_{2.5}$中包含离子、金属元素、多环芳烃等数十种甚至数百种有机成分和无机成分。

1. PM$_{2.5}$中的离子 PM$_{2.5}$中含有多种阴离子和阳离子,主要包括F$^-$、Cl$^-$、NO$_3^-$、SO$_4^{2-}$、C$_2$O$_4^{2-}$、Na$^+$、NH$_4^+$、K$^+$、Ca^{2+}和Mg^{2+}等离子。一般来说,PM$_{2.5}$的离子组分中含量最大的3种组分分别是SO$_4^{2-}$、NO$_3^-$和NH$_4^+$。有研究发现,SO$_4^{2-}$、NO$_3^-$和NH$_4^+$这3种离子在PM$_{2.5}$中的百分含量分别是47.4%、28.3%和17.6%。其他离子含量较高的是K$^+$(2.1%)、Na$^+$(1.6%)、Ca^{2+}(1.4%)、Cl$^-$(0.7%)、C$_2$O$_4^{2-}$(0.5%)、Mg^{2+}(0.3%)和F$^-$(0.1%)。

这些无机离子是影响PM$_{2.5}$吸湿性的重要因素,其中硫酸盐、硝酸盐和铵盐是其中主要的吸水性成分。

2. PM$_{2.5}$中的金属元素及非金属元素 PM$_{2.5}$中金属元素及非金属元素属于无机成分。PM$_{2.5}$中的金属元素几乎包括了自然界中所有的元素,主要的元素有Al、Ca、Mg、K和Na,其次还有Ba、Fe、Cd、Ni、Ti、Pb、Br、Cr、Cu、Mn、Se、Zn和V等重金属元素,这些元素共同组成了PM$_{2.5}$的金属元素成分。还有一些非金属元素如As、C、S、Si、Cl等。大气PM$_{2.5}$中的一些金属元素可以与空气中的SO$_2$、CO$_2$和O$_3$等发生反应,形成硫酸盐、硝酸盐、铵盐和氯化物等盐类物质。

3. PM$_{2.5}$ 中的有机成分　大气 PM$_{2.5}$ 中的有机物是指吸附或沉积在颗粒物上的有机物,主要包括有机碳及一些多环芳烃(polycyclic aromatic hydrocarbons, PAH$_S$),而 PAH$_S$ 中很多物质具有强烈致癌、致畸、致突变毒性。具体来说,PM$_{2.5}$ 中的有机成分包括碳氢化合物、羟基化合物、含氮有机物、含氧有机物、含硫有机物、有机金属化合物、有机卤素及一些生物性物质(如细菌、病毒等病原微生物)等。有研究对大气 PM$_{2.5}$ 中的有机成分进行分析,发现其中多数样品中含有菲(phenanthrene)、蒽(anthracene)、荧蒽(fluoranthene)、芘(pyrene)、苯并(a)蒽[benzo(a)anthracene]、苯并(b)荧蒽[benzo(b)fluoranthene]、苯并(a)芘[benzo(a)pyrene]和苯并(ghi)苝[benzo(g, h, i)perylene]等有机物。还有一些研究发现,PM$_{2.5}$ 中可定量检测出 C16～C36 的 21 种烷烃及 23 种 PAH$_S$,同时可定性检测出 12 种藿烷。

4. 元素碳和有机碳　大气 PM$_{2.5}$ 中的元素碳(elemental carbon, EC)主要来自化石和生物质含碳燃料的不完全燃烧,是一次源的示踪物,所以在冬季使用煤炭取暖的地区,颗粒物中 EC 的含量较高。有机碳(organic carbon, OC)则包括由污染源直接排放的一次有机碳化物和由光化学反应等途径生成的二次有机碳化物。通过 OC/EC 的比值来评价颗粒物的转化,如果 EC 和 OC 来自同一个源,那么该地区污染源排放的一次 OC/EC 比值是一定的,若实际测定值超过了该定值,则多余的 OC 就是由二次转化产生的。所以一般情况下,OC/EC 值越大,该地区二次过程越活跃,光化学年龄越长,二次污染越严重。

(二)大气 PM$_{2.5}$ 组成成分的测定方法

大气 PM$_{2.5}$ 组成成分的测定目前有两种方法。一种是使用采样器采集 PM$_{2.5}$ 样品于滤膜上,然后将 PM$_{2.5}$ 从滤膜上洗脱下来,通过实验室分析仪器进行颗粒物中成分的测定。另一种是通过在线仪器设备实时获得 PM$_{2.5}$ 中金属及有机物等组成成分的含量。

1. 采集 PM$_{2.5}$ 样品进行成分测定

(1)大气 PM$_{2.5}$ 中离子的测定方法:大气 PM$_{2.5}$ 中阴、阳离子的测定一般使用 Metrohm MIC 双通道离子色谱进行分析。阴离子分析柱为 Metrohm A Supp 5,阳离子分析柱为 Metrohm C2。检测限:0.05 mg/L。

(2)大气 PM$_{2.5}$ 中金属元素的测定方法:大气中的金属用微波消解的方法进行提取,具体方法是将采集有 PM$_{2.5}$ 的 1/2 石英膜剪成 1 cm×1 cm 的形状放置于微波消解仪的消解罐中。10 mL 的浓盐酸(37%)和浓硝酸(60%)溶液以 3:1 的比例,加入含有样品的消解罐中。然后盖上内塞和安全弹力帽,按顺序放入消解转子,用转子压力旋钮锁紧容器盖来确保消解罐的密封性,之后在微波消解仪中消解 1 h。消解后,用 0.45 μm 滤膜进行过滤,滤液转至 25 mL 容量瓶中,并用超纯水进行定容。然后用电感耦合等离子仪 Atom Scan 2000(JarroU-Ash,美国)进行金属元素含量的测定。

(3) 大气 PM$_{2.5}$ 中多环芳烃的测定方法:将石英膜剪成小方块(约 1 cm×1 cm),加入 20 mL 二氯甲烷浸没样品,然后进行超声,洗脱样品,20 min 后,经 0.45 μm 滤膜过滤至容量瓶中,之后再加入 20 mL 二氯甲烷进行超声。重复超声 3 次,得到样品溶液。旋转蒸发仪旋蒸样品溶液后,将含有多环芳烃的二氯甲烷溶液转移至 2 mL 的容量瓶。用氮吹仪吹干溶液,用甲醇定容至 1 mL。然后用高效液相色谱法(high-performance liquid chromatography,HPLC)对颗粒物中多环芳烃进行测定。

(4) 大气 PM$_{2.5}$ 中 EC 和 OC 的测定方法:使用 DRI 2001A 碳分析仪测定 EC/OC。检测限:OC 0.8 μg/cm^2(石英膜),EC 0.2 μg/cm^2。升温程序:IMPROVE。焦化校正方式:反射激光。

2. 大气 PM$_{2.5}$ 在线解析系统 PM$_{2.5}$ 在线解析系统由激光解析子系统、数据存储与计算系统、聚类分析与源解析系统组成,可在线获取单个颗粒物的粒径及化学成分信息,定性识别环境受体中大气 PM$_{2.5}$ 污染的来源,并能通过质谱规律获得颗粒物混合状态、水溶性阳离子、元素碳、有机碳、酸根离子、有机酸、有机胺等不同成分信息,发现颗粒物上各化学物种之间的联系。相对于传统采集 PM$_{2.5}$ 于滤膜上然后再进行成分分析的技术,在线解析系统可实现大气 PM$_{2.5}$ 的实时采样和分析,具有极高时间分辨率,能够发现污染源的细微变化特征,具有独特的优势。

(三) 大气 PM$_{2.5}$ 组成成分影响因素

1. 大气 PM$_{2.5}$ 的来源 大气 PM$_{2.5}$ 中的无机成分主要是金属元素及其金属化合物,不同来源的 PM$_{2.5}$,其组成成分及其含量也明显不同。一般来说,自然来源的 PM$_{2.5}$(例如地壳风化和火山爆发等)所含无机成分较多。不同来源的 PM$_{2.5}$ 表面所含的元素也不同,来自土壤的颗粒物主要含 Al、Fe、K、Ca、Mg、Si 等;燃煤颗粒物主要含 Al、Se、F、Si、S 和 As 等,所以在采暖季节,北方地区空气中 PM$_{2.5}$ 中所含的 Si、Al、S、Se、F 和 As 较高;燃油产生的颗粒物主要含有机成分及 Si、Pb、S、V 和 Ni 等;汽车尾气颗粒物主要含 Pb、Br、Ba 等金属成分以及醛、酚、醚、醇、过氧化物、有机酸等有机成分。靠近海面的空气颗粒物中主要含有 Na 和 Cl,生物质和废弃物燃烧后的空气颗粒物中主要含有 Ni、V 和 S 等。虽然自 2000 年开始,中国在全国范围内开始使用无铅汽油,但汽油中仍然含有少量来自原油中的铅,同时汽车尾气颗粒物中也含有一定量强致癌物苯并(a)芘;冶金工业排放的颗粒物主要含 Cu、Mn、Al 和 Fe 等金属成分。

2. 大气颗粒物的粒径　大气颗粒物中粒径较大的颗粒物和粒径较小的颗粒物组成成分也有很大差别,粒径较大的粗颗粒主要由不溶性的地壳矿物质、生物源物质和海盐等组成,而细颗粒特别是 PM$_{2.5}$ 则主要由金属、二次颗粒、碳氢化合物及其他有机物所组成。

大气中的有机物含量约占总悬浮颗粒物的 5% 左右,但在 PM$_{2.5}$ 中占34%。不同粒径颗粒物其组成成分也有所不同,研究发现,60%～90% 的有害物质存在于 PM$_{10}$ 中。一些元素如 Pb、Cd、Ni、Mn、V、Br、Zn 以及多环芳烃等主要附着在粒径 2 μm 以下的颗粒物上,所以 PM$_{2.5}$ 的毒性较 PM$_{10}$ 的毒性更为明显。有研究者对 1 000 多个不同粒径的颗粒物样品采用气相色谱-质谱联用仪(gas chromatography-mass spectrometer,GC - MS)进行分析,发现空气颗粒物中的有机污染物主要集中分布在 PM$_{2.5}$ 上,几乎所有的多环芳烃和一半以上的苯并(a)芘都吸附于粒径<0.38 μm 颗粒物上。

(四) PM$_{2.5}$ 源解析

1. PM$_{2.5}$ 源解析的定义　PM$_{2.5}$ 的源解析是指通过化学、物理学、数学等方法定性或定量识别环境受体中大气 PM$_{2.5}$ 污染的来源。这个定义是由国家生态环境部于 2016 年编制并试行的《大气颗粒物来源解析技术指南(试行)》中正式提出的。该指南依据《中华人民共和国环境保护法》《中华人民共和国大气污染防治法》和《国务院办公厅转发环境保护部等部门关于推进大气污染联防联控工作改善区域空气质量的指导意见的通知》等法律法规编制而成。

2. 大气颗粒物来源解析的技术方法　国家生态环境部施行的《大气颗粒物来源解析技术指南(试行)》提出开展大气颗粒物来源解析的技术方法主要有以下方法。这些方法的优、缺点都在国家生态环境部网站内有详细的介绍,此处简单描述以下相关方法的分类和技术方法,特别是 PM$_{2.5}$ 的源解析方法。

(1) 源清单法:根据排放因子及活动水平估算污染物排放量,并根据此排放量识别对环境空气中 PM$_{2.5}$ 有影响的主要排放源。

1) PM$_{2.5}$ 排放源分类:一般可将 PM$_{2.5}$ 排放源分为固定燃烧源、生物质开放燃烧源、工业工艺过程源和移动源。其中,移动源是指移动的排放源,如机动车尾气或船舶燃烧燃料排出的废气等。

2) PM$_{2.5}$ 排放源清单的建立:调查各类 PM$_{2.5}$ 排放源的排放特征(包括位置、排放高度、燃料消耗、工况、控制措施等),根据排放因子和活动水平确定

PM$_{2.5}$ 排放源的排放量,建立 PM$_{2.5}$ 排放源清单。通过比较这些排放源的排放量来识别其所占的排放比例。

3) 定性或半定量识别主要 PM$_{2.5}$ 排放源:根据 PM$_{2.5}$ 源排放清单,统计 PM$_{2.5}$ 排放总量及各区域、各行业 PM$_{2.5}$ 排放量,计算重点排放区域、重点排放源对当地 PM$_{2.5}$ 排放总量的分担率。

(2) 源模型法:以不同尺度数值模式方法定量描述大气污染物从源到受体所经历的物理与化学过程,定量估算不同地区和不同类别污染源排放对环境空气中 PM$_{2.5}$ 的影响。

一般依据拟进行源解析的地域范围选择适合的空气质量模型,小尺度采用简易模型,城市和区域尺度则采用复杂模型。

1) 简易模型:模拟的物理过程较为简单,对于 PM$_{2.5}$,仅可粗略模拟一次污染源排放 PM$_{2.5}$ 的扩散和干湿沉降。推荐的模型有 AERMOD、ADMS、CALPUFF。

2) 复杂模型:为第三代空气质量模型,在各污染源排放量(或排放强度)确定的前提下,此类模型包含污染源追踪模块,可较好模拟 PM$_{2.5}$ 在大气中的扩散、生成、转化和清除等过程。代表性模式有 Models-3/CMAQ、NAQPMS、CAMx、WRF-chem 等。

(3) 受体模型法:从受体出发,根据源和受体 PM$_{2.5}$ 的化学与物理特征等信息,利用数学方法定量解析各污染源类对环境空气中 PM$_{2.5}$ 的影响。受体模型主要包括化学质量平衡模型(CMB)和因子分析类模型(PMF、PCA/MLR、UNMIX、ME2 等)。

1) 化学质量平衡模型:化学质量平衡模型不依赖详细的排放源强信息和气象资料,能够定量解析源强难以确定的源类,比如扬尘源类的影响,解析结果具有明确物理意义,是较为常用的方法。化学质量平衡模型的原理是假设各污染源所排放的 PM$_{2.5}$ 的组成相对稳定且有明显的差别,各污染源所排放的物质之间没有相互作用,在传输过程中的变化可以被忽略,据此利用最小二乘法进行求解。

2) 正定矩阵因子分解模型:该模型根据长时间序列的受体化学组分数据集进行源解析,不需要源类样品采集,提取的因子是数学意义的指标,需要通过源类特征的化学组成信息进一步识别实际的颗粒物源类。

(4) PM$_{2.5}$ 源成分谱:污染源排放特定粒径段颗粒物的化学组成特征。该方法常用于对 PM$_{2.5}$ 中的其他粒径如 PM$_1$、PM$_{0.1}$ 等颗粒物的化学组成进行解析。

（5）共线性源：即化学成分谱相似的颗粒物排放源。

（6）PM$_{2.5}$ 开放源：各种不经过燃烧或其他工艺过程、无组织、无规则排放的颗粒物源，具有源强不确定、排放随机等特点，比如扬尘。

以上这些方法有共性，但又有不同的侧重点。比如，对 PM$_{2.5}$ 污染突出的城市、区域或重污染天气下颗粒物污染的来源进行解析时，建议受体模型和源模型联用；而评估 PM$_{2.5}$ 污染的长期变化趋势和控制效果，建议使用受体模型。鉴于中国 PM$_{2.5}$ 中二次无机、有机气溶胶的来源更多，可能严重影响化学质量平衡模型解析结果的利用价值，致使化学质量平衡模型不能完全、准确、有效地进行 PM$_{2.5}$ 源解析。有研究者提出，利用大气 PM$_{2.5}$ 的化学组成、污染源成分谱、污染源排放清单这些数据建立一个新计算模型，即源清单化学物质平衡模型（I-CMB）。该模型的计算过程是挑选可产生 PM$_{2.5}$ 的排放要素，然后挑选排放源类型；再根据污染源成分谱中目标成分占排放要素的比例和污染源排放清单中的要素排放量，计算该排放源类型中各类污染源排放目标成分的数量；最后，根据污染源目标成分的排放量占该类型排放总量的比例，计算该类污染源在目标成分中的分担率。

（7）在线源解析：以上的源模型法及受体模型法等传统方法均需要进行采样、样品前处理、样品分析、数据分析以及源解析模型处理。所以耗时长、操作复杂、误差大、费用高且不能实时在线源解析。而在线源解析质谱监测系统（single particle aerosol mass spectrometer, SPAMS）可对大气中 PM$_{2.5}$ 及其组成成分进行测量，该系统将颗粒物真空采集、粒径测量及质谱分析融合于一体，能深入掌握区域大气 PM$_{2.5}$ 粒径分布、化学成分、混合状态等大气物理和化学变化特征，解析并追踪大气 PM$_{2.5}$ 重要污染过程及其来源，实现大气 PM$_{2.5}$ 的在线源解析、高时间分辨率。有研究使用该系统对烟台市一年四季 PM$_{2.5}$ 进行源解析，结果显示，1～3 月份燃煤占比明显高于其他各月份。机动车尾气的占比普遍较高，春夏季要高于冬季，扬尘源在第二季度占比相对偏高。

第二节　大气 PM$_{2.5}$ 的时空变化

所谓 PM$_{2.5}$ 的时空变化是指 PM$_{2.5}$ 在时间上和空间上的变化。在时间上，是指不同年份、不同季节、不同月份、每一天，甚至一天内每小时 PM$_{2.5}$ 的变化趋势；在空间上，是指不同洲、不同国家、一个国家的不同省份、不同城市、不同区县、不同城市功能分区，甚至不同居民区、不同家庭单位等地域空间内

PM$_{2.5}$ 的变化趋势。比如以同一居民区为单位,距离交通主干道或空气污染源的距离不同,其 PM$_{2.5}$ 浓度也不同;以同一建筑物为单位,不同楼层室外环境空气中的 PM$_{2.5}$ 浓度也有差别;以家庭为单位,在卧室、客厅和厨房内 PM$_{2.5}$ 浓度也有不同。

一、大气 PM$_{2.5}$ 浓度在不同地区的差异

不同国家、同一国家不同地区在经济、政治、人文、地形和气候等方面的差异是导致大气 PM$_{2.5}$ 在不同地区的污染浓度明显不同的原因。

(一)国际、国内大气 PM$_{2.5}$ 浓度的差异

1. 欧美国家 欧美国家在工业生产过程中的净化设施、治理空气污染能力和控制污染物排放的法律法规等方面已经经历了很长的时间考验,也积累了非常宝贵的经验,其大气中 PM$_{2.5}$ 的污染水平也相对较低,日平均浓度为 $1\sim30\ \mu g/m^3$。所以,其制定的 PM$_{2.5}$ 卫生质量标准也更低、更严格,更有利于最大限度地保护人群健康。

2. 发展中国家 包括中国在内的亚洲及非洲等大多数发展中国家,由于工业生产工艺、人民生活方式、社会经济条件、科学技术、空气污染的治理技术及人文等各方面的差异,与欧美发达国家相比,其 PM$_{2.5}$ 浓度较高,污染也较为严重,各大、中、小城市 PM$_{2.5}$ 日平均浓度为 $30\sim500\ \mu g/m^3$。雾霾天气时,PM$_{2.5}$ 浓度能达到 $1\,000\ \mu g/m^3$ 以上,甚至超过 $1\,400\ \mu g/m^3$。

即使在中国境内,由于南北方在地域上、生活习惯上、气候上、使用燃料及工业发展等方面的差异,大气 PM$_{2.5}$ 的污染水平和组成成分也有很大的差异。例如,珠三角 PM$_{2.5}$ 污染浓度较低,津京冀 PM$_{2.5}$ 污染浓度较高。虽然近年来,国家出台了一系列政策措施控制 PM$_{2.5}$ 的排放,但 2017 年 338 个城市发生重度污染 2 311 天次、严重污染 802 天次,其中以 PM$_{2.5}$ 为首要污染物的天数占重度及以上污染天数的 74.2%,全国范围内 PM$_{2.5}$ 年均浓度范围为 $10\sim86\ \mu g/m^3$,平均为 $43\ \mu g/m^3$,仍然高于 PM$_{2.5}$ 的年平均环境质量标准($35\ \mu g/m^3$)。

(二)大气 PM$_{2.5}$ 遥感监测结果

在全世界范围内,科学研究者从地理空间视角着手,基于空气质量监测站点的每日实时监测数据,结合卫星遥感反演气溶胶光学厚度、土地利用、人口、交通道路以及气象信息等要素,采用地理信息系统分析方法和地理加权回归建模思想(GWR),可构建全世界或中国范围内 PM$_{2.5}$ 浓度空间分布模拟模型。图 1-5 是加拿大达尔豪斯(Dalhousie)大学联合哈佛史密森中心及多伦多大学构建的世界范围内 PM$_{2.5}$ 污染浓度分布地图。

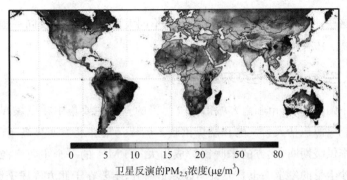

卫星反演的PM$_{2.5}$浓度(μg/m^3)

图 1 - 5   2010 年世界范围内 PM$_{2.5}$ 的年平均浓度

[图引自：Aaron van Donkelaar, et al. Global Estimates of Ambient Fine Particulate Matter Concentrations From Satellite-Based Aerosol Optical Depth：Development and Application. *Environ Health Perspect*. 2010，118 (6)：847 - 55.]

图 1-6 显示的是中国 PM$_{2.5}$ 污染浓度分布地图，是由中南大学环境地理信息服务工作室依据 2014 年中国 PM$_{2.5}$ 的污染状况于 2015 年绘制而成 (http://www.hjgis.com/a/kexueyanjiu/chengguozhanshi/2015/0818/203.html)。

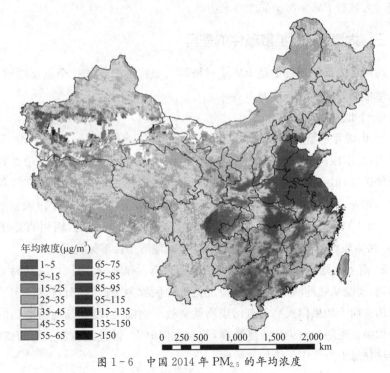

图 1 - 6   中国 2014 年 PM$_{2.5}$ 的年均浓度

(图引自：中南大学环境地理信息服务工作室)

从这些地图中可以看出,世界范围内不同大洲、不同国家及同一国家不同地区 PM$_{2.5}$ 污染浓度分布明显不同。

二、空气 PM$_{2.5}$ 污染来源的差异

在中国,北方城市和南方城市空气污染的差异主要集中在燃煤和土壤沙尘上。燃煤源包括火力发电和燃煤供暖。燃煤污染在北方明显高于南方,特别是冬季供暖期间,北方的采暖锅炉成为大气 PM$_{2.5}$ 的一个主要来源。土壤沙尘即沙尘暴的发生率也是北方明显多于南方,主要在于北方气候干燥、地表植被覆盖率低、水土固着较差且少雨干旱;而在南方城市常年湿润多雨、地表植被覆盖率较高,沙尘暴的发生率和发生程度相对较低。高申等调查了北京、乌鲁木齐和青岛 3 个城市 PM$_{2.5}$ 的来源,研究发现北京市以土壤沙尘和建筑水泥尘为最主要来源;而乌鲁木齐市则属于煤烟沙尘型污染,与燃煤燃料所占能源消耗占绝对优势有关;青岛市大气颗粒物主要来自建筑水泥尘,而 PM$_{2.5}$ 主要来自二次粒子尘、工业粉尘和机动车尾气,这与青岛的现代化、城市化和工业地位有关。近年来,由于机动车保有量在大城市迅速增加,机动车尾气已经成为大城市 PM$_{2.5}$ 污染的主要来源。

三、大气 PM$_{2.5}$ 扩散条件的差异

污染物的扩散条件也是 PM$_{2.5}$ 对局部污染程度差异的一个重要原因,主要受地形条件和气象条件的影响。

(一)地形条件

1. **山地与平原** 地形因素对 PM$_{2.5}$ 污染的影响很复杂。一般来说,南方多山地,易形成局部对流,在无外来强气流的情况下,比华北平原地带更利于污染物扩散;但有强气流时,又显露出弊端,两者间的主要差异体现在气象因素上。此外,四面环山的盆地由于很难形成空气对流,所以不利于污染物的扩散,导致 PM$_{2.5}$ 的污染浓度比平原地区更高。有研究发现,四川省是中国 PM$_{2.5}$ 污染较严重的地区之一,这与其盆地的地形条件不无关系。

2. **海上与陆地** 海上和陆地昼夜温差会有明显差异,海风白天从海上吹向陆地,夜晚从陆地吹向海上,气象上把这种风称为"海陆风",这就决定了污染物的去向。如果白天海上有污染物就会被吹向陆地,增加陆地污染物的浓度。如果夜晚陆地污染物浓度较高,就会吹向海上,促进陆地污染物的扩散,但会增加海上空气中污染物的浓度。

（二）气象条件

1. 强对流天气 什么是强对流天气？其实就是冷热气体交换的过程。比如，冬天使用空调叶片要向下，使空调吹出的热空气迅速能和上面的冷空气交换，这是借由热气体较轻而向上、冷空气较重而向下的对流原理，进而达到制暖的效果。如果反之，空调叶片向上，上面的热空气就无法对流到下面，这样就达不到制暖的效果。在对流层以下，通常气温是随着海拔的升高而降低的，下层空气较热，上层空气较冷，上层的冷空气较重会下沉，下层的热空气向上升就形成了对流，促进地面污染物向外大气层的扩散。但是在某些情况下，比如晴朗少云的冬季夜间到凌晨，因为地面温度急剧降低，导致贴近地面的大气温度很低，而上层空气温度相对比较高，形成下冷上热的"逆温"，空气无法形成对流，那么地面上的空气污染物也很难扩散，导致 PM$_{2.5}$ 浓度短时间内激增，形成污染严重的雾霾天气，甚至更严重的烟雾事件（图 1-7）。北方昼夜温差普遍大于南方，所以北方的逆温天气更多，发生严重污染的频率更高。另外，沿海地区因为海陆风的影响，扩散条件一般好于内陆。南方海岸线较长，海滨城市较多，扩散条件较好，空气也较为洁净。

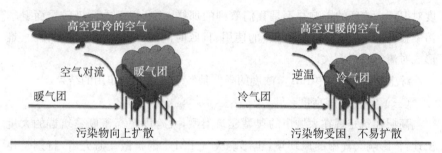

图 1-7 空气对流和逆温的形成

2. 降水、风与日照 环境部门工作者或环境科学研究者经常会说："这几天污染这么严重，如果有降雨，或天气晴朗又有风就好啦"，可见降低 PM$_{2.5}$ 污染与气象因素密切相关。

（1）湿沉降：空气中湿度增大，比如雨雪天气，能使悬浮在空气中的颗粒物随雨雪沉降到地面，从而降低空气中颗粒物浓度，加速空气中颗粒物的净化过程。一般北方比南方降雨少，PM$_{2.5}$ 污染物在大气中滞留的时间也相对更长，更容易导致颗粒物积聚而促发严重污染状态。但也有研究发现，如果是没有降雨的阴天，虽然空气相对湿度较大，却会加重大气 PM$_{2.5}$ 的积聚而不利于扩散。

（2）有风：有风的天气会加速污染物的扩散，但也会使污染物从一个地方转移到另一个地方。每当秋冬季节，严重的雾霾天气时，大气 PM$_{2.5}$ 在空气中长时间悬浮积聚，如果有风时，能加速空气的流通，促进污染物向外大气层或其他地区扩散流动。所以很多时候，严重的雾霾天气只有出现强风时才能有所缓解。但是，也有研究发现 PM$_{2.5}$ 与风速的相关关系不大，在不同的季节可能出现正相关或负相关。来自中国科学院的研究发现，低风速能限制 PM$_{2.5}$ 的传播，而不会使清洁地区受到污染；而高风速能降低 PM$_{2.5}$ 的积聚，但会导致重污染地区的污染物向清洁区扩散。所以风速对 PM$_{2.5}$ 浓度的影响较为复杂。

（3）持续的日照：有研究发现持续的日照时间与大气 PM$_{2.5}$ 的浓度呈负相关，也就是日照持续时间越长，PM$_{2.5}$ 的浓度越低。其原因可能在于较多的日照时间意味着少云、晴朗伴随着强风，所以有利于污染物的扩散。

3. 温度　一直以来，研究认为温度与 PM$_{2.5}$ 浓度呈负相关关系，即温度越高，PM$_{2.5}$ 浓度越低；温度越低，PM$_{2.5}$ 浓度越高。这与夏季 PM$_{2.5}$ 浓度较低，而冬季 PM$_{2.5}$ 浓度较高且雾霾天气频繁发生等环境状态相一致。事实上，温度对 PM$_{2.5}$ 浓度的影响并不是我们看到的那样，之所以冬季污染较重而夏季污染较轻，其实与冬季燃煤燃料的使用、日照时间短、少风、空气湿度较大、难形成对流等因素有关。

综上所述，大气中 PM$_{2.5}$ 浓度的降低是气象因素共同作用的结果。

（三）空气垂直高度

高层建筑是现在大城市的典型建筑类型，大跨度超高密度建筑群的大量出现，将影响大气中的风环境，也影响大气 PM$_{2.5}$ 的扩散。研究者，特别是建筑学者，非常关注空气垂直高度的变化对颗粒物浓度的影响，对应于现实中不同楼层 PM$_{2.5}$ 浓度变化情况。研究发现，高层建筑背风面受墙壁阻挡风场较小，易形成涡流，不利于气体交换，PM$_{2.5}$ 不易扩散，浓度较高；而随着高度的增加风场增加，风速增加，涡流减少甚至消失，PM$_{2.5}$ 的浓度较低。具体来说，底部 1～7 层浓度较高，受风场的影响较小涡流较大，随后风场有所增大，PM$_{2.5}$ 浓度减小，在 11～14 层扩散加强，浓度最低，在 19～21 层由于背风面的速度风场浓度有所增加。所以，风速较低并有涡流产生的楼层 PM$_{2.5}$ 浓度较高。此外，有研究者对上海城区交通要道颗粒物粒径分布的垂直变化进行研究，结果显示，在 15～20 m 的高度范围内，颗粒物粒径分布随高度增加变化很大，但在 20～38 m 的高度范围，随高度增加颗粒物粒径分布变化不大。

第三节　大气 PM$_{2.5}$ 的转归

大气 PM$_{2.5}$ 排入大气后可以有不同的转归和结局,主要包括以下几种方式。

一、自净

自净是指受到 PM$_{2.5}$ 污染的空气可能通过空气环境中的物理、化学或生物因素的作用而达到净化的过程,使 PM$_{2.5}$ 污染浓度降低或被清除。自净过程可以通过以下几种机制完成。

(一)扩散作用

借助于有利的气象因素如风、降水等,将生产、生活中排出的 PM$_{2.5}$ 通过空气的混合稀释带至远方,降低了局部空气中 PM$_{2.5}$ 的污染浓度,但也有可能导致 PM$_{2.5}$ 转移到其他相对洁净的空气中。一直以来,环境工作者也非常关注 PM$_{2.5}$ 污染随风向的转移过程。一些研究已发现,中国北方地区发生严重雾霾时,再加上风力方向是东北风,一般经过 2～3 天,北方雾霾消散的同时,南方地区如江苏、浙江和上海等地就会出现短时的 PM$_{2.5}$ 浓度的激增。国际上,一些研究也在关注 PM$_{2.5}$ 在国家之间的扩散可能性及扩散强度。

(二)沉降作用

大气 PM$_{2.5}$ 可通过重力沉降作用逐渐沉降到地表面,进入水体或土壤等其他环境介质中,通过这种方式使空气中 PM$_{2.5}$ 浓度降低,达到净化空气的作用。沉降作用既可以是自行降落,如颗粒物吸附空气中的其他物质而致重量增加进而沉降到地面,也可以是细小颗粒互相聚集而降落到地面,或是随着雨、雪等降水过程而沉降到地面。目前,很多大中型城市也采用向路面定时洒水的方式降低路面扬尘,同时通过增加近地面的空气湿度而促进大气颗粒物的沉降。

(三)氧化作用

大气中的氧化物或某些自由基可以将 PM$_{2.5}$ 中的某些还原性成分氧化成低毒或无毒的化合物;氧化物也可将 PM$_{2.5}$ 中的某些成分氧化成其他质量较重的物质而沉降到地面。

(四)中和作用

大气 PM$_{2.5}$ 中的酸性或碱性成分与大气中相对应的酸碱物质发生中和反

应而形成中性无毒的化合物,或者形成质量较重的颗粒物而沉降到地面。如 $PM_{2.5}$ 中的 SO_3^{2-} 或 SO_4^{2-} 可以与氨或碱性灰尘发生中和反应,降低其酸性作用。

(五) 植物吸收作用

环境中的植物可通过吸收和吸附作用使大气 $PM_{2.5}$ 中某些污染组分明显减少,能够有效降低与 $PM_{2.5}$ 相关的空气污染。所以,植被覆盖率及绿化设施更好的地区其空气中 $PM_{2.5}$ 的浓度也会更低。有研究认为,不同的植物叶片对 $PM_{2.5}$ 的吸附作用也不同,如大叶黄杨吸附颗粒物的能力最强,其他如毛白杨与洋白蜡吸附颗粒物的能力相近。张灵艺的研究则发现乔草型、乔木型和草本结构的人行道绿化带有一定消减 $PM_{2.5}$ 的作用,而乔灌草、乔灌和灌草则不明显。此外,不同植物叶片对 $10\sim100\ \mu m$、$2.5\sim10\ \mu m$ 和 $0.2\sim2.5\ \mu m$ 粒径的颗粒物吸附的百分率分别为 75.4%、15.8% 和 8.9% 左右。

二、转移

大气 $PM_{2.5}$ 可以被风带到很远的地方,造成跨省界、跨国界的污染,所以在国际上,有的国家会担心其他国家的空气污染物通过迁移而影响本国的空气质量。大气 $PM_{2.5}$ 也可以通过雨雪沉降到地面并进入水体或土壤等环境介质,造成这些环境介质的污染。同时,$PM_{2.5}$ 还可以通过空气的对流运动向大气平流层转移,甚至进入外大气层进而降低人类生活活动的对流层空气中的 $PM_{2.5}$ 浓度。$PM_{2.5}$ 的不同转移方式,虽然能使某地区空气中 $PM_{2.5}$ 浓度降低,但存在"转嫁污染"的情况,也就是会造成其他地区 $PM_{2.5}$ 污染浓度升高,或造成土壤、地下水或地面水的污染。

三、形成二次污染

二次污染是指某些一次污染物,在自然条件的作用下,改变了原有性质,特别是那些反应性较强的物质,其性质极不稳定,容易发生化学反应,而产生新的污染物,即出现二次污染。因此,二次污染比较准确的定义是,排入环境中的一次污染物在物理、化学或生物因素的作用下发生变化,或与环境中的其他物质发生反应所形成的物理、化学性状与一次污染物不同的新污染物的过程。所形成的新污染物称之为二次污染物。

由于 $PM_{2.5}$ 是一种及其复杂的混合物,其中的多种组成成分可与空气中的其他物质发生反应而形成二次污染物,对人类健康的危害更大。例如,工业生产排放的二氧化硫、硫酸盐、硝酸盐或其他物质,在一定气候条件如温度和湿度适宜的情况下,就会附着在大气 $PM_{2.5}$ 或水汽上,形成二次污染物。又如，机动车燃烧产生的废气中含有铅、镍等重金属元素，这些元素降落在公路两旁，一旦被大风刮起，铅尘或镍尘又进入大气中，再次污染该地区的空气即为二次污染。再比如，PM$_{2.5}$ 中的硫酸盐气溶胶，与汽车尾气中的氮氧化物、碳氢化合物在日光照射下发生光化学反应，可生成过氧乙酰硝酸酯、甲醛和酮类等二次污染物。

PM$_{2.5}$ 经过一系列反应形成的二次粒子对健康的危害主要取决于它吸附的物质。如果吸附的是致癌物，那么经过长期暴露就会增加机体癌症的发生率或直接导致癌症的发生；如果吸附的是一些类似于苯并(a)芘这样的有机污染物，那么除了可能致癌之外，还可能产生致畸、致突变、内分泌干扰作用，以及生殖、发育毒性；如果吸附的是重金属，那就会产生一些重金属所特有的危害，如损伤神经系统、增加脏器负荷、关节疼痛、皮肤色素沉着、皮肤老化或其他损伤。

PM$_{2.5}$ 中的二次污染物在 PM$_{2.5}$ 颗粒中所占的比例会随季节变化而不同，在冬季可能会占到 30%～40%，而在夏季一般占到 60%～70%。而且，由于光化学作用，紫外线较强时更易形成二次粒子，二次粒子占的比例也更大。所以，在夏季更易于出现 PM$_{2.5}$ 和 O$_3$ 的联合毒性作用，形成光化学烟雾，诱发多种呼吸道疾病。

第二章

雾霾与大气 PM$_{2.5}$

第一节　雾霾

一、雾霾的概念

雾霾的频繁发生已经成为城市大气污染的主要表现形式,雾霾发生时, PM$_{2.5}$浓度一般都处于较高的水平,但是公众对于雾和霾的认知还存在一定的误区。很多人认为雾霾泛指同一种物质。事实上,雾霾是由雾和霾两种物质共同形成的一种天气现象。

（一）雾

雾是由水滴和冰晶组成的气溶胶系统,是呈乳白色的悬浮体系,所以雾的主要组成成分是水,雾中一般也不含有其他有毒、有害物质。形成雾时,空气的相对湿度在90％以上。雾的产生会使空气的水平能见度降低,所以雾又可以分为轻雾、雾、大雾和浓雾。轻雾通常在早晚产生,水平能见度在1～10 km;雾的能见度在 0.5～1 km;大雾的能见度在 100～500 m;浓雾时能见度<100 m。雾会随着湿度的降低或温度的升高而逐渐散去,使能见度升高。

（二）霾

2010 年 6 月中国气象局发布的《霾的观测和预报等级》中,详细规定了霾的标准,即能见度低于10 km、相对湿度<95％时,排除降水、扬沙、浮尘、烟雾、吹雪、雪暴等天气现象造成的视程障碍,就可判断为灰霾。霾是悬浮在大气中的微粒、烟粒和盐粒的集合体。当逆温、无风等不利于污染物扩散的天气状况出现时,就形成霾。霾在太阳光的照射下呈黄色或橙灰色。当发生霾时,一般

能见度在 1 km 以下、相对湿度在 80% 以下。

一般情况下，当水汽凝结加剧、空气湿度增大时，霾就会转化为雾霾，进而导致雾霾中的大气颗粒物等物质迅速积聚而无法散开，空气质量逐渐恶化。因此，雾霾天气除了与气象因素有关外，也与大气中 PM$_{2.5}$ 等污染物大量排放有关。

二、雾霾形成的原因

（一）空气污染

雾霾形成的最重要原因是空气污染物的排放所致空气中颗粒物浓度的升高。可分为自然原因和人为原因。

1. 自然原因　是指由于自然界发生的不可控制的因素导致的雾霾，主要包括沙尘暴、火山爆发或森林大火等。

2. 人为原因　是指由于人类的生产或生活活动所致的雾霾，主要包括建筑扬尘、工业企业污染物排放、农业污染物排放、生活燃煤和机动车尾气。在城市中特别是一些大都市中，工业企业、建筑扬尘和机动车尾气污染已经成为雾霾形成的主要原因。在早晚上班高峰期间，更易于发生雾霾，这主要与机动车尾气污染有关。

（二）气象因素

除了高浓度的空气 PM$_{2.5}$ 污染外，气象因素也是雾霾形成的重要原因。如第一章所述，如果气象条件良好，污染物扩散能力好，即使 PM$_{2.5}$ 浓度升高也不会在短时间造成污染物积聚而形成雾霾；反之，如果气象条件较差，形成"逆温"，污染物扩散能力差，PM$_{2.5}$ 浓度在短时间内快速升高而造成污染物积聚进而形成雾霾。归纳起来主要有以下 3 个方面的气象因素可以促发雾霾的形成。

1. 风速　风有利于空气污染物的扩散，风速越大，越易于将污染物吹向外大气层，使地面的污染物浓度降低。如果风速减小，使得风力对污染物的搬运作用减弱；特别是在静稳天气条件下，也就是无风的情况下污染物更不容易扩散。

2. 温度　在全世界范围内，夏季雾霾的发生率明显低于冬、春季节。这是因为夏季温度较高，地表大气温度明显高于高空大气温度，容易发生"对流"运动，可将近地面层的大气污染物向高空乃至更远的外大气层扩散，从而使大气污染物浓度降低，污染程度减轻，雾霾减轻。而冬天由于温度较低，地表的大气温度和高空的大气温度都低，大气层相对稳定，不易形成"对流"运动，而更易形成"逆温"（地面上空的大气气温随高度增加而升高的现象，从而导致大气层结构稳定,不能形成对流,气象学家称之为"逆温"),不利于污染物的扩散,使雾霾加重。

3. **湿度**　雨后的空气异常"清新"。其一在于,空气闻起来非常清爽,无异味;其二在于,空气能见度高,环境明亮。这与降雨后大气污染物浓度的降低有关,是雨水导致空气中颗粒物湿沉降,使其浓度降低,冲散雾霾。同时,湿度升高也能使空气中颗粒物互相凝集在一起、重量增加而降落到地面。所以,降水天数的增加也能使雾霾发生的天数减少。但是,如果湿度处于不高不低的状态时,颗粒物与水汽结合长期悬浮于空气中,既不能扩散也不能沉降,反而会导致雾霾加重。太阳辐射会引起湿度的变化,也会影响雾霾的形成。如早晨由于太阳光照较弱,空气的湿度也较大,易于形成雾霾;而在中午时,光照较强,湿度降低,不利于雾霾的形成。

从实验模型来讲,湿度在 80% 以下时,属于干霾;湿度在 80%～95% 之间,属于湿霾;湿度在 95% 以上,则属于雾和轻雾。

(三) 地理位置

除了以上原因之外,雾霾的形成也与该地区的地理位置有关。比如盆地,由于其周围地势较高而不易于污染物扩散。沿海城市由于海风的作用,使空气污染物易于扩散,不易形成雾霾(参见第一章相关内容)。

第二节　雾霾与大气 PM$_{2.5}$ 的关系

一、雾霾与 PM$_{2.5}$ 的关系

(一) PM$_{2.5}$ 是雾霾形成的首要污染物

众所周知,雾霾的形成与大气 PM$_{2.5}$ 的污染密切相关,雾霾天的形成是 PM$_{2.5}$ 浓度升高的重要体现,PM$_{2.5}$ 也是雾霾形成的首要污染物。2013～2015 年,雾霾天气笼罩着中国从东北到东南,从华北到中原的大范围地带,严重影响着公众的健康。2013 年发生在中国的雾霾天数是此前 52 年来之最,平均雾霾天数达 29.9 天。同样,2015 年 11～12 月,北京、上海、河北等地雾霾天气频繁发生,其中上海某些天 PM$_{2.5}$ 的浓度竟然一度超过 700 $\mu g/m^3$,北京则超过 1 000 $\mu g/m^3$,石家庄 PM$_{2.5}$ 的浓度甚至超过 1 400 $\mu g/m^3$。

在雾霾发生的历史上,国际上最著名的就是 1952 年 12 月 4～9 日发生在英国的"伦敦烟雾事件"。该事件也是发生在冬季,生产和生活燃煤取暖排出

的空气污染物难以扩散,积聚在城市上空,整个城市被黑暗的迷雾所笼罩,空气中的污染物浓度持续上升,许多人出现胸闷、窒息等不适感,发病率和死亡率急剧增加。据英国官方的统计,在雾霾持续的 5 天时间里,丧生者达 5 000多人,在大雾过去之后的两个月内有 8 000 多人相继死亡,与历年同期相比,超额死亡人数为 3 000~4 000 人。该事件成为 20 世纪十大环境公害事件之一。发生烟雾事件时,颗粒物特别是 PM$_{2.5}$ 和 PM$_{10}$ 是烟雾形成的首要污染物。由于"伦敦烟雾事件"发生当时没有大气 PM$_{2.5}$ 的监测数据,只有总悬浮颗粒物(TSP)的数据。根据当时的监测,TSP 的浓度一度高达 1 000~2 000 $\mu g/m^3$,如果换算成 PM$_{2.5}$ 的浓度,大约是 1 000 $\mu g/m^3$。

　　与粒径较大的颗粒物相比,PM$_{2.5}$ 粒径小,能吸附更多的有毒、有害物质,且由于其在大气中的停留时间长,因而对人体健康和大气环境质量的影响更大。PM$_{2.5}$ 浓度的升高可直接导致雾霾天气的频繁发生,所以 PM$_{2.5}$ 对雾霾天气的形成有促进作用,而雾霾天气又能进一步加剧 PM$_{2.5}$ 的积聚,使空气质量进一步恶化。

　　值得注意的是,城市机动车尾气、燃煤燃料的燃烧不仅能引起 PM$_{2.5}$ 浓度的升高,其排放的硫氧化物、氮氧化物、铅等也会进一步明显加重空气污染。

(二) 雾霾时 PM$_{2.5}$ 的组成成分变化

　　雾霾的形成与 PM$_{2.5}$ 的污染密切相关,在形成雾霾时,其污染物的组成成分会随着 PM$_{2.5}$ 的成分变化而变化。在北方空气中一般是刺鼻的煤炭燃烧烟雾的味道,主要与人类活动如汽车尾气、化石燃料燃烧排放有关。王秦等在北京的研究发现,与正常天气相比,雾霾天气时 PM$_{2.5}$ 中的各种元素浓度均有升高,As、Cr、Pb、Ti 和 V 等重金属是 PM$_{2.5}$ 中主要的有毒、有害无机污染物;其中,As、Cr、Cu 及 Pb 的富集因子最高,Sb 和 Sn 等元素富集因子次之,Ti 和 V 的富集因子最低。在沿海城市,一般是海风的咸味及工业废气的味道。在南方盆地及交通发达地区,一般是机动车燃烧的柴油或汽油的味道。

二、中国各城市雾霾发生的天数

　　近几年的雾霾形成中,河北省、河南省内各城市雾霾发生的天数最多,污染程度也最严重。保定、邢台、郑州、宜昌、焦作、襄阳、安阳、石家庄和衡水等一直是雾霾发生的前几名城市,其中,邢台和保定的 PM$_{2.5}$ 年均值达到 131.4 $\mu g/m^3$ 和 127.2 $\mu g/m^3$。

　　依据《2017 年中国环境质量报告》,京津冀地区 13 个城市优良天数比例为 38.9%~79.7%,平均为 56.0%,比 2016 年下降 0.8 个百分点;平均超标天数比例为 44.0%,轻度污染为 25.9%,中度污染为 10.0%,重度污染为 6.1%,严重污染为 2.0%。长三角地区 25 个城市优良天数比例为 48.2%～94.2%,平均为 74.8%,比 2016 年下降 1.3 个百分点;平均超标天数比例为 25.2%,轻度污染为 19.9%,中度污染为 4.4%,重度污染为 0.9%,严重污染为 0.1%。珠三角地区 9 个城市优良天数比例为 77.3%～94.8%,平均为 84.5%,比 2016 年下降 5.0 个百分点;平均超标天数比例为 15.5%,轻度污染为 12.5%,中度污染为 2.4%,重度污染为 0.6%,未出现严重污染。

第三节　大气 PM$_{2.5}$ 污染状况

一、中国大气 PM$_{2.5}$ 污染状况

(一)全国空气污染状况

依据 2017 年发布的《中国环境状况公报》,2016 年,全国 338 个地级以上城市发生重度污染 2 311 天次、严重污染 802 天次,以 PM$_{2.5}$ 为首要污染物的天数占重度及以上污染天数的 74.2%,PM$_{2.5}$ 年均浓度范围为 10～86 $\mu g/m^3$,平均为 43 $\mu g/m^3$,比 2016 年下降 6.5%;环境空气质量达标城市比例为 27.2%,其空气质量不超过 2012 年修订的《环境空气质量标准》(GB3095-2012)中大气 PM$_{2.5}$ 的质量标准(年均值<35 $\mu g/m^3$,日均值<75 $\mu g/m^3$),超标城市比例为 72.8%。

(二)各城市空气污染状况

从城市空气污染状况来看,2016 年海口、拉萨、舟山、福州、厦门、深圳、珠海、江门、惠州、中山和昆明等 11 个城市空气质量达标,而衡水、济南、保定、郑州、邢台、邯郸、唐山和石家庄这 8 个城市的达标天数比例不足 50%。京津冀地区 PM$_{2.5}$ 平均浓度为 64 $\mu g/m^3$,长三角地区 PM$_{2.5}$ 平均浓度为 44 $\mu g/m^3$,珠三角地区 PM$_{2.5}$ 平均浓度为 34 $\mu g/m^3$(达到国家二级标准)。

从目前的污染状况来看,北方的空气污染要高于南方,特别是冬季燃煤供暖的季节更为明显。南、北方空气中 PM$_{2.5}$ 除了浓度不同之外,其组成成分也有很大差别。南方城市中工业企业、机动车尾气和建筑扬尘是主要污染来源;而北方的供暖、重化工业、沙尘暴是主要来源。从构成上来讲,北方燃煤燃料的燃烧排放的污染物要多一些;而在南方的城市中,机动车尾气在空气污染物排放中占很大的比例,其次是燃煤、扬尘和其他。

二、全球大气 PM$_{2.5}$ 污染状况

2010 年,有研究者采用卫星遥感提供的气溶胶光学厚度数据(satellite-based aerosol optical depth, satellite-based AOD)对世界范围内大气 PM$_{2.5}$ 的污染浓度进行了估算。结果认为,PM$_{2.5}$ 的重污染区主要分布在非洲、亚洲(特别是印度和中国),绝大多数地区年均浓度超过 50 $\mu g/m^3$,一些地区甚至常年高于 80 $\mu g/m^3$;而欧洲、美洲和澳洲等国家的 PM$_{2.5}$ 浓度较低,大多低于 15 $\mu g/m^3$。所以,从数据来看,非洲、亚洲应该是 PM$_{2.5}$ 治理的重点区域。此外,全球有 85％的人群暴露 PM$_{2.5}$ 浓度超过 WHO 的空气质量标准。1990～2003 年,在南亚、东南亚和中国,全球人口权重的平均 PM$_{2.5}$ 浓度增加了 20.4％。

第四节　大气PM$_{2.5}$的爆发增长

一、大气 PM$_{2.5}$ 浓度爆发增长的概念和意义

大气 PM$_{2.5}$ 爆发增长是近年来针对 PM$_{2.5}$ 健康危害提出的一个直观而形象的概念,是指大气 PM$_{2.5}$ 浓度在数小时内迅速上升到每立方米数百微克甚至更高的现象。其显著特点为时间上具有突发性和持续性,空间上具有跨省、跨区域蔓延的特征。大气 PM$_{2.5}$ 浓度爆发增长与短期内雾霾的形成密切相关,而且 PM$_{2.5}$ 浓度的爆发增长对人群健康的影响也更大。因为短时间内 PM$_{2.5}$ 浓度的激增可能导致人群缺乏应有的防护、机体防御系统尚没有调节到应对其危害的良好状态,从而导致健康危害迅速发展。2015 和 2016 年的秋、冬季节,严重雾霾时,上海 PM$_{2.5}$ 浓度在短期内达到 700 $\mu g/m^3$,颗粒物粒径也迅速增加到 >100 nm,二次水溶性粒子浓度增加 5 倍。北京冬、春季节时,PM$_{2.5}$ 浓度爆发增长,污染物浓度在 8 小时之内增长 350 $\mu g/m^3$,颗粒物数量达到 30 万个/cm^3,有机物、硫酸盐、硝酸盐等的浓度增长至清洁天的 4～6 倍。

二、大气 PM$_{2.5}$ 浓度爆发增长的形成机制

(一) 与重点行业污染物的排放、扩散和迁移规律有关

机动车排放、燃煤锅炉、秸秆燃烧和港口码头等重点行业的排放与 PM$_{2.5}$ 浓度爆发增长密切相关。对这些行业进行监测,可以了解 PM$_{2.5}$ 浓度爆发增长的途径及原因,探寻 PM$_{2.5}$ 爆发增长的物理、化学和气象学综合驱动机制。

（二）与 PM$_{2.5}$ 相关产物的形成过程有关

一些气体的前体物如 SO$_2$、NO$_2$、氨气（ammonia，NH$_3$）和挥发性有机物（volatile organic compounds，VOCs）的形成，以及中间产物的形成均有利于 PM$_{2.5}$ 爆发增长时最终产物的形成。可以通过模拟二次细粒子形成方式，利用气体烟雾箱、流动管等先进技术进行实验室模拟，观察大气中 PM$_{2.5}$ 新粒子的形成过程，研究 PM$_{2.5}$ 的产生机制。

（三）与高污染重点时段排放大量污染物有关

高污染重点时段可包括夏季光化学污染、秋季秸秆燃烧和冬季城市供暖。这些时段污染物的高排放也是促发 PM$_{2.5}$ 爆发增长的重要因素。光化学污染是光化学烟雾造成的污染，光化学烟雾是汽车尾气中的碳氢化合物和二氧化氮（NO$_2$）在阳光紫外线照射下形成的新化学物，这些化学物也是 PM$_{2.5}$ 的重要组成部分，所以进一步加剧了 PM$_{2.5}$ 的浓度增长。秸秆燃烧是将农作物秸秆用火烧进行处理的一种方法，可产生大量的颗粒物及其他有毒、有害物质，秋季秸秆燃烧也成为大气 PM$_{2.5}$ 爆发增长的重要原因。随着 2015 年发改委关于《进一步加快推进农作物秸秆综合利用和禁烧工作通知》的发布，秸秆燃烧在全国范围内大幅减少，也明显降低了 PM$_{2.5}$ 的增加。冬季城市供暖一直被认为是北方供暖地区冬季空气污染持续增高的主要原因，也是 PM$_{2.5}$ 爆发增长的主要原因。

（四）气象因素的影响

风速、风向、温度、相对湿度、压强、水平能见度和大气总辐射等气象因素对 PM$_{2.5}$ 浓度爆发增长的形成有很大影响。气压低、干旱少雨、逆温、空气静稳无风都是 PM$_{2.5}$ 浓度爆发增长的重要因素。

吴进等的研究探讨了 2016 年 12 月 16～19 日北京地区大气 PM$_{2.5}$ 污染与气象因素的关系。研究边界层风场和动力场对气溶胶输送和积累的影响发现，PM$_{2.5}$ 浓度爆发性增长集中在 19 日 18:00～20 日 00:00，即南风分量逐渐增厚至 700 m 左右时段，外来污染物通过边界层偏南风影响北京地区，地面辐合线加剧了气溶胶颗粒在本地聚集，400～800 m 的弱下沉运动抑制了污染物垂直扩散，地面检测的 PM$_{2.5}$ 浓度出现陡升。同时发现，北京地区 16～21 日始终有逆温层，地面辐射降温、空中增温是导致逆温层发生、发展的两个主要机制。而逆温天气的出现，使逆温层表征边界层处于稳定状态，不利于空气污染物的扩散，逆温层不断增厚增强是导致污染过程中 PM$_{2.5}$ 浓度逐渐增大的原因之一；同时，逆温层高度变化也影响混合层厚度和气溶胶浓度的变化。

第三章

机体对 $PM_{2.5}$ 的防御功能

第一节 大气 $PM_{2.5}$ 的个体暴露

一、大气 $PM_{2.5}$ 进入机体的方式

大气是人类赖以生存的最重要的环境介质,无论白天和夜晚,人体都时时刻刻或多或少暴露于大气 $PM_{2.5}$ 环境中。人体暴露于大气 $PM_{2.5}$ 的方式主要有 3 种方式:最主要的方式是呼吸道接触,也是导致机体各类损伤、各种疾病发生或加重的主要原因;其次是皮肤接触;再次是胃肠道接触。

(一) 呼吸道

呼吸道是 $PM_{2.5}$ 进入机体的最主要方式。颗粒物随着人体的吸气,依次进入胸腔外区、气管及支气管区。其中,一些细小的颗粒物可以进入肺泡区,沉积在肺内,导致气管、支气管和肺泡的损伤,还可以通过气-血屏障进入血液循环,再随着血液进入其他组织和器官,造成这些组织和器官的损伤。

吸入肺内的颗粒物在呼吸道的沉积主要取决于颗粒物暴露浓度、物理特性、肺的大小和结构、呼吸容量以及呼吸速率。通过鼻腔呼吸进入呼吸系统的 $10~\mu m$ 以上的颗粒物几乎可被鼻腔黏膜、鼻腔纤毛滤除,防止其在气管、支气管区的沉积。通过嘴呼吸的时候,大粒径的颗粒物可被气道阻挡,通过吞咽动作进入胃部;较小粒径的颗粒可以在气管、支气管区部分沉积,更小的颗粒物可能进入肺内沉积下来。

(二) 皮肤

一直以来,人们认为呼吸道吸入是大气 $PM_{2.5}$ 对健康产生不良效应的唯

一暴露途径。但近年来有研究发现，一小部分颗粒物可通过皮肤吸收进入机体，除了皮肤之外，也会影响其他组织器官。因为人体皮肤是直接与外界接触的组织器官，是人体免疫系统的第一道生理屏障，它在一定程度上可以阻止外界不利因素（物理、化学、生物等）进入机体。一般认为，由于皮肤屏障等的保护作用，皮肤接触 PM$_{2.5}$ 后对机体几乎没有损伤。但由于 PM$_{2.5}$ 内含有多种金属、有机物及一些脂溶性物质，特别是其中亲脂性的两个或两个以上苯环结构的烃类化合物——多环芳烃（PAHs），可轻易穿透皮肤角质层并在皮肤上长期滞留，影响角质形成细胞、成纤维细胞、免疫细胞等细胞功能和结构，损伤皮肤屏障功能，诱发皮肤瘙痒和炎症反应，使皮肤出现红肿、瘙痒、色素沉着、皮肤老化、其他炎症性反应或免疫性反应，引发过敏性皮炎、接触性皮炎、皮疹和湿疹等皮肤疾病的发生、发展。

（三）胃肠道

大气污染物一般不直接进入消化道，主要接触途径是 PM$_{2.5}$ 可沉降在地面，污染水体、土壤和农作物，进而间接地经消化道进入机体，或者吸入呼吸道的颗粒物通过咳嗽、黏膜黏附作用再通过吞咽动作进入消化道，所以机体通过胃肠道接触大气 PM$_{2.5}$ 的概率及量都很小。同时，进入胃肠道的 PM$_{2.5}$ 易于通过胃肠道消化排泄，一般不会对人体健康产生明显的影响，所以也未见大气 PM$_{2.5}$ 通过胃肠道接触而导致机体损伤的相关报道。

二、大气 PM$_{2.5}$ 在肺内的沉积

大气颗粒物在肺内的沉积与其粒径大小明显有关，不同粒径的颗粒物在呼吸道的沉积部位与沉积量明显不同（图 3-1）。空气动力学直径 $>5~\mu m$ 的颗粒物多沉积在上呼吸道，通过纤毛运动被推移至咽部，或被吞咽至胃，或随咳嗽和打喷嚏而排出体外。粒径 $<5~\mu m$ 的颗粒物多沉积在细支气管和肺泡。我们关注的 PM$_{2.5}$ 有大约 75% 在肺泡内沉积，其中粒径 $<0.4~\mu m$ 的 PM$_{2.5}$ 可以自由地出入肺泡并随呼吸排出体外，因此在肺泡的沉积较少。

三、大气 PM$_{2.5}$ 进入机体后的分布

大气 PM$_{2.5}$ 通过呼吸道进入呼吸系统后，一些细小颗粒物可通过气-血屏障进入循环系统，这些进入循环系统的细小颗粒物随着血液循环到达组织器官，造成机体组织器官的损伤。有研究采用放射性同位素技术标记炭黑颗粒物，观察颗粒物通过呼吸道暴露后在动物体内的分布和代谢过程。结果发现，通过气管滴注技术使大鼠通过呼吸道暴露于颗粒物后，颗粒物在肺中的积聚

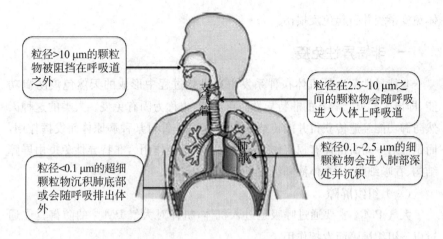

粒径>10 μm的颗粒物被阻挡在呼吸道之外

粒径在2.5~10 μm之间的颗粒物会随呼吸进入人体上呼吸道

支气管

肺部

粒径0.1~2.5 μm的细颗粒物会进入肺部深处并沉积

粒径<0.1 μm的超细颗粒物沉积肺底部或会随呼吸排出体外

图 3-1　不同粒径颗粒物进入呼吸道的途径及沉积部位

最多;肺组织中的部分颗粒物又可通过气-血屏障进入循环系统,随着血液到达其他组织和器官,包括肝和脾,部分颗粒物还能进入心脏、大脑和肾脏。该研究也探索了颗粒物进入肺之后在全身各组织分布的时间趋势,发现经呼吸道暴露颗粒物 1 小时后,除肺以外,血液中的颗粒物浓度达到最高;之后开始下降,而肝中的颗粒物于 12 小时时达到最高,之后开始下降。同时,经由呼吸道暴露的颗粒物通过粪便排泄最多,在 12 小时时出现排泄高峰;颗粒物从尿液排泄相对较少。颗粒物一次大剂量经呼吸道暴露后对肺损伤的急性效应在暴露 24 小时后达到最大,之后通过机体的修复作用,毒性效应会有所降低。

第二节　机体对PM2.5的防御作用

大气 PM2.5 通过呼吸道进入机体后,首先,机体的非特异性免疫系统(固有免疫)和特异性免疫系统对颗粒物进行吞噬或处理。这里提到的免疫系统是机体执行免疫应答及免疫功能的重要系统,其由免疫器官、免疫细胞和免疫活性物质组成,是防卫病原体入侵最有效的武器,它能发现并清除异物及外来病原微生物等可引起免疫微环境波动的因素。由于大气 PM2.5 是一种复杂的混合物,其化学组成成分复杂,包括金属元素、有机碳、无机碳、有机化合物和一些生物性成分(如细菌、病毒、内毒素、真菌孢子和花粉等),而这些生物性成分是 PM2.5 中影响免疫系统最主要的物质,它们可作为抗原感染机体,激活机体免疫系统并引起免疫损伤。

一、非特异性免疫

非特异性免疫是机体在种系发育和进化过程中形成的天然免疫防御功能，即出生后就已具备的非特异性防御功能，也称为固有免疫。人类的这种天然防御功能经遗传获得并能传给下一代，但并非针对某种病原体而发挥作用，而是针对一切对机体有损害作用的物质产生免疫作用。非特异性免疫由屏障结构、吞噬细胞、正常体液和组织免疫成分构成。

（一）组织屏障

大气 PM$_{2.5}$ 主要通过呼吸道进入机体，机体对大气 PM$_{2.5}$ 的防御首先通过以下组织屏障而发挥作用。

1. 鼻腔、咽喉等上呼吸道的阻挡作用　鼻腔的鼻毛、鼻甲和分泌物可以阻挡较大的颗粒物进入气管，如空气动力学直径 >10 μm 的颗粒物在上呼吸道的阻留率可达 95%。鼻腔分泌物中还含有溶菌酶，可以杀灭颗粒物中的细菌等生物体。

2. 气管的黏液纤毛系统　人体支气管内每个纤毛柱状细胞上有约 200 根纤毛，其每分钟向外做定向摆动的次数达 1 400 次，通过纤毛的摆动可将大气 PM$_{2.5}$ 运出气管之外。此外，气管内由黏液细胞和杯状细胞等分泌的黏液有助于将颗粒物粘住，并随纤毛的运动将颗粒物排至咽喉部，然后随痰咳出、随呼吸排出体外或随唾液进入胃肠道再随粪便排出体外。

（二）吞噬细胞

参与固有免疫的细胞主要有吞噬细胞（包括巨噬细胞和中性粒细胞）及自然杀伤细胞等。肺泡和细支气管中分泌有大量的免疫细胞如肺泡巨噬细胞、组织细胞、自然杀伤细胞、单核-巨噬细胞和树突细胞等，这些免疫细胞都具有吞噬或处理外来异物的功能。肺泡巨噬细胞是肺内防护颗粒物的最重要的免疫细胞，它是来自骨髓单核系干细胞发育分化而成的单核细胞，以不成熟的形式从骨髓中释放入血液，然后从循环血液中迁移至肺组织，并进一步发育成熟。肺泡巨噬细胞参与肺内外来物质的防御作用，吸入肺内的颗粒物被肺泡巨噬细胞吞噬后，颗粒物在细胞内可被溶酶体酶分解、清除，或者被吞噬后进入淋巴系统并被带到淋巴结，然后被清除，或者留在肺间质引起肺损伤。此外，在正常体液中还存在一些非特异性杀菌物质，如补体、调理素、溶菌酶、干扰素、乙型溶素、吞噬细胞杀菌素等，可以清除 PM$_{2.5}$ 中的有害物质。

二、特异性免疫

特异性免疫又称获得性免疫或适应性免疫,只针对一种病原而发挥免疫反应。特异性免疫是经后天感染(病愈或无症状的感染)或人工预防接种(菌苗、疫苗、类毒素、免疫球蛋白等)而使机体获得抵抗感染的能力。一般是在微生物等抗原物质刺激后才形成的(如形成免疫球蛋白、免疫淋巴细胞),并能与该抗原发生特异性反应。

(一)细胞免疫

天然免疫细胞经 PM$_{2.5}$ 刺激后,细胞通过对外来抗原进行免疫识别,可活化适应性免疫细胞,表现为特异性免疫应答。

1. 巨噬细胞与树突细胞 呼吸系统的肺泡巨噬细胞主要存在于气管以下的气道和肺泡表面。PM$_{2.5}$ 通过呼吸道进入肺内后,可以引起肺泡巨噬细胞聚集,导致巨噬细胞过氧化物生成量增加及细胞免疫因子大量释放,引起组织内级联反应。巨噬细胞是 PM$_{2.5}$ 进入肺后引起肺内免疫反应的重要因素。大量研究发现,PM$_{2.5}$ 暴露能明显增加巨噬细胞释放的 TNF-α,而 TNF-α 作为一种重要的炎性因子,能促进骨骼细胞分化、B 细胞生长,并在肺纤维化进展中起着促进作用。此外,PM$_{2.5}$ 暴露后也能导致巨噬细胞的脂质过氧化损伤、膜活动性降低及膜通透性增高,这些都是氧化损伤的主要表现,而过度的氧化损伤又可导致细胞正常功能的缺失、影响细胞形态,甚至可以达到基因水平,对遗传物质的结构和基因表达产生影响。

树突细胞(dendritic cell, DCs)是固有免疫中的一类重要的免疫细胞,按照表型、功能和分化和不同,DCs 可分为髓样树突细胞(myeloid dendritic cell, mDCs)与浆细胞样树突细胞(plasmacytoid dendritic cell, pDCs)。一些研究认为大气颗粒物暴露可使树突细胞成熟与活化,同时可以上调其表面的共刺激分子表达,使其分泌的细胞因子 IL-β、IL-6、IL-12 和 TNF-α 明显增加。

2. 淋巴细胞 目前的研究发现,PM$_{2.5}$ 的暴露能导致体内淋巴细胞减少,其中 CD4$^+$ T 细胞和 CD8$^+$ T 细胞也明显减少。淋巴细胞水平的降低表明机体免疫功能受到损伤,提示在对抗 PM$_{2.5}$ 损伤时机体免疫细胞逐渐被消耗而减少。在探索 PM$_{2.5}$ 对机体影响的免疫机制时,动物实验发现小鼠暴露于 PM$_{2.5}$ 后,其脾脏中 CD4$^+$ T 细胞分泌的辅助性 T 细胞 17(helper T cells 17, Th17 细胞)明显增加,而调节性 T 细胞(regulatory T cells, Treg 细胞)的变化在暴露早期和暴露晚期具有很大的差异性。Th17 和 Treg 两种细胞亚群出现不平衡,同时这两种细胞分泌的细胞因子也明显增加或减少。Th17 细胞分泌的炎症因子主要有促进炎症反应的作用,而 Treg 细胞及其分泌的因子有抑制炎症的作用。所以,PM$_{2.5}$ 可能通过影响免疫细胞而引起机体的炎症反应,进而导致机体损伤或疾病的发生。

(二) 体液免疫

体液免疫系统可分泌特异性免疫球蛋白如 IgG、IgM、IgE 和 IgA 等,防护 PM$_{2.5}$ 所致的损伤。免疫球蛋白是机体免疫细胞被抗原激活后,B 细胞分化成熟为浆细胞后所合成、分泌的一类能与相应抗原特异性结合的具有免疫功能的球蛋白。在临床上,可通过注射某种免疫球蛋白而达到治疗某些免疫性疾病的目的,特别是病毒或细菌感染性疾病。对于 PM$_{2.5}$,这些免疫球蛋白(IgG、IgM、IgE 和 IgA)的一种或几种具有干扰和限制颗粒物上的微生物在黏膜上皮细胞表面黏着和对抗 PM$_{2.5}$ 中某些细菌或病毒毒素的作用。有研究发现,PM$_{2.5}$ 的暴露可增加 IgG、IgM 和 IgE 的表达,而 IgA 的表达却明显减少。其机制可能在于,早期 PM$_{2.5}$ 的急性暴露能激发机体的免疫反应,使机体应激性分泌更多的免疫球蛋白去对抗外来物质的损害。但如果机体长期处于大气 PM$_{2.5}$ 的高暴露环境中,可能会损伤免疫系统,使机体分泌合成的免疫球蛋白逐渐减少,进一步加重免疫系统的损伤,进而促发相关疾病的发生、发展。

第四章

大气 PM$_{2.5}$ 的毒理学研究方法

第一节　环境毒理学与 PM$_{2.5}$ 对健康影响的研究

环境毒理学（environmental toxicology）是研究环境污染物（特别是化学污染物）对生物有机体，尤其是对人体的损害作用及其机制的科学。环境毒理学不仅要研究环境污染物对生物个体的损害作用，而且要研究污染物对生物群体、生态系统甚至特定环境下的整个生物社会的损害作用及其防治对策。

环境毒理学属于环境科学的范畴，也是生命科学和毒理学的分支学科。环境毒理学研究可以提供有关环境因素（污染物）的毒效应资料。PM$_{2.5}$ 作为大气环境污染物中的重要组成部分，对其毒性研究的方法也是环境毒理学研究的重要内容之一。环境毒理学可通过体外细胞培养或动物实验的方法研究环境中的物质对机体的损伤作用，其实验条件容易控制，染毒剂量比较准确，并可尝试采用不同剂量进行染毒。采用毒理学方法研究 PM$_{2.5}$ 的毒性，对于PM$_{2.5}$ 暴露的时间和浓度都能更加精确地把握，容易观察靶器官、靶组织、靶细胞或其他器官或组织的毒效应机制，在实验室分析中生物样本也易于获得。因此，环境毒理学是研究大气 PM$_{2.5}$ 毒性非常重要的一种手段。但是，毒理学研究在定量地把细胞或动物实验所取得的研究结果外推到人体时，存在种群间的不确定性及个体间的不确定性，如人体和动物种属间的差异及人体之间或动物个体之间的差异等。

一、环境毒理学方法研究 PM$_{2.5}$ 毒性的目的

（一）观察 PM$_{2.5}$ 的毒性大小

通过毒理学实验观察不同来源或不同地区 PM$_{2.5}$ 的毒性大小，给动物或

细胞使用不同来源或不同地区提取的 PM$_{2.5}$ 进行染毒,比较这些不同来源颗粒物毒性的大小,以便于有目的地控制高毒性颗粒物的排放。此外,也可以通过动物实验探索 PM$_{2.5}$ 的一些毒作用剂量,如最小毒作用剂量(导致动物出现毒性反应的 PM$_{2.5}$ 的最小剂量)、最大无作用剂量(即阈值,也就是 PM$_{2.5}$ 染毒后,用现有监测手段不能发现机体毒性效应的 PM$_{2.5}$ 的最高染毒剂量),以及急性毒性、亚慢性毒性、慢性毒性、致畸、致突变或致癌作用的剂量。这里需要提到的一点是,目前的科学研究中尚没有发现 PM$_{2.5}$ 的阈值,也就是说 PM$_{2.5}$ 即使在极低浓度下仍然对机体有毒性效应,尚没有一个完全安全的暴露剂量。

(二)观察 PM$_{2.5}$ 毒性作用的基本特征

通过不同的实验设计如急性毒性、亚慢性毒性、慢性毒性、致畸、致突变和致癌实验等方法来了解短期、长期、急性、慢性 PM$_{2.5}$ 暴露所致机体的毒性大小、毒作用特征、毒作用方式和可能的作用机制,也可以观察 PM$_{2.5}$ 单次暴露或多次暴露后不同时间内 PM$_{2.5}$ 的毒性特征。

1. PM$_{2.5}$ 对机体的急性或短期毒性的染毒时间 一般为 1 次大剂量染毒或在不同时间间隔内的多次染毒(如 1 天多次染毒、几天 1 次染毒、隔天 1 次或 2 次染毒等),一般最长染毒时间不超过 7 天。

2. PM$_{2.5}$ 对机体的亚慢性毒性的染毒时间 一般为 10 天到 2 个月不等,可以是 1 次染毒或不同间隔时间多次染毒。

3. PM$_{2.5}$ 对机体慢性毒性的染毒时间 一般为 3 个月到几年不等,甚至是动物终身染毒。通过长期染毒,观察 PM$_{2.5}$ 的慢性毒性效应、远期效应或其他未知效应。

利用 PM$_{2.5}$ 对动物进行染毒,可以在染毒后几分钟、几小时、几天甚至几个月时观察动物生理学特征或通过收集动物的血液、尿液和组织器官等生物样品测定其毒性效应。

(三)观察 PM$_{2.5}$ 在体内的代谢规律

在研究化学毒物或药物的毒作用过程中,如果能清楚地了解该种物质进入机体后在各组织器官的分布并检测其随着时间变化而产生的代谢产物,并了解其代谢产物的排泄方式或途径等,对于了解该种物质的毒作用或药理作用意义重大。大气 PM$_{2.5}$,由于它是一种混合物而不是一种单一的化学物,进入机体后不同成分可能通过不同的代谢途径到达不同的组织器官并产生不同的代谢产物,并导致不同的毒性效应,所以我们很难了解 PM$_{2.5}$ 这种混合物进入机体后在组织器官的分布情况,也很难检测其特异性的代谢产物。但是,通过毒理学研究可以观察 PM$_{2.5}$ 中某一种或多种含量较高的成分进入机体后在各组织器官的分布,也可了解其在不同器官的积聚程度或代谢时间点来探索 PM_{2.5} 在体内的代谢规律,还可以通过检测具有代表性的代谢产物来了解其毒性。

(四)探索 PM_{2.5} 的生物学效应及其机制

综合动物实验、体外细胞实验的毒理学实验结果可观察 PM_{2.5} 对各组织器官的生物学效应,如对细胞的炎症改变、氧化应激、内皮功能损伤、蛋白转录的改变等,同时对于探索其生物学作用机制也有很重要的意义。就全世界范围而言,PM_{2.5} 对机体毒性效应的作用机制尚不清楚。所以,通过毒理学实验的研究结果,再结合人群流行病学资料,对于阐明 PM_{2.5} 的毒作用机制进而预防 PM_{2.5} 所致危害都具有重要的公共卫生意义。

二、毒理学方法研究 PM_{2.5} 毒性的类型

(一)急性毒性实验

急性毒性是指在机体一次接触或 24 小时内多次接触某一化学物所引起的毒性效应,包括死亡效应。急性毒性研究的主要目的是确定化学物的致死剂量,评价化学物对机体急性毒性的大小,为亚慢性、慢性毒性研究及其他毒性实验染毒剂量的设计和观察指标的选择提供依据,也为毒作用机制探索提供线索。

PM_{2.5} 是空气中大量存在且与人类密切相关的空气污染物,但由于其不属于毒性非常大的化学污染物,所以毒理学上一般没有针对 PM_{2.5} 制定急性致死剂量的研究,而仅是观察其短期暴露如 2 小时、8 小时、24 小时、3 天或 7 天等暴露所致的急性毒性。一般在动物 PM_{2.5} 急性暴露后,可以选择立刻、第 2 天、第 3 天、1 周……或几个月后测定动物的生物学效应,可以观察其急性毒性效应或随时间潜伏的毒性效应。

(二)亚慢性毒性实验

亚慢性毒性是指机体连续多日接触外源化学物所引起的毒性效应。亚慢性毒性实验是在相当于受试动物寿命 1/10 左右的时间内多次重复染毒的实验,目的是进一步阐明毒物的毒性以及主要靶器官、有无蓄积作用等毒作用特点,探索最敏感生物学指标或早期毒性效应,初步确定最大无作用剂量,为慢性毒性实验提供依据。

关于 PM_{2.5} 的亚慢性毒性实验,主要是通过对大鼠或小鼠的染毒,观察 PM_{2.5} 暴露较长时间,如 1 个月甚至 3 个月时对靶器官如气管支气管、肺、心脏、血管等的影响,确定 PM_{2.5} 的亚慢性毒性及产生亚慢性毒性的作用剂量。

(三) 慢性毒性实验

慢性毒性是机体长期接触外源性化学物所引起的毒性效应。慢性毒性实验是对实验动物终身或生命大部分时间染毒的实验,一般对于大鼠或小鼠来说是连续染毒 6 个月至 2 年,甚至终身染毒。

1. PM$_{2.5}$ 慢性染毒的目的 一般来说,人群接触环境 PM$_{2.5}$ 是低剂量长期接触的,而 PM$_{2.5}$ 所致的健康危害一般也是一些慢性危害,如高血压、慢性支气管炎、慢性阻塞性肺疾病(COPD)、心血管疾病、糖尿病(DM)或脑血管疾病,所以慢性染毒可能观察到更多的健康结局。此外,慢性染毒还可以获得剂量-效应资料、慢性阈浓度(相当于观察到有害效应时的最低剂量)、最大无作用浓度(相当于长期染毒后未观察到有害作用的最大剂量)、早期生物标志物(早期出现可以检测到的生物学指标的改变)、疾病发生及发展的过程、毒物对其他组织或器官的未知毒性。慢性毒性研究是制定化学物卫生标准的重要参考依据之一,是发现化学物对机体毒作用发展进程的有效方法,也是探索不同疾病发病早期生物学效应改变的方法。所以,慢性毒性研究对于阶段性地了解 PM$_{2.5}$ 的致病机制、靶组织或靶器官具有非常重要的意义。

2. PM$_{2.5}$ 慢性染毒的影响因素 包括染毒时间、染毒剂量和染毒次数等。PM$_{2.5}$ 慢性染毒的时间可依据观察的健康效应不同,同时考虑实验动物本身的特性,如动物实际寿命、动物患病状况、动物基因缺陷情况、动物对疾病易感性状态等进行综合制定。PM$_{2.5}$ 慢性染毒的剂量一般依据动物寿命、动物每分钟通气量(大鼠 0.80 L/kg. min,小鼠 1.2 L/kg. min)、PM$_{2.5}$ 在肺内的沉积率(0.07),同时综合考虑大气环境中 PM$_{2.5}$ 浓度、PM$_{2.5}$ 环境空气质量标准、不确定系数及其他实验研究所用剂量等因素确定。

慢性染毒的次数可以是一次染毒或不同时间间隔内多次或长期染毒,然后经过长时间的观察之后,了解 PM$_{2.5}$ 染毒所致的长期、慢性毒性效应。目前多数研究开始采用慢性染毒方法观察 PM$_{2.5}$ 诱发慢性疾病(高血压、动脉粥样硬化、糖尿病等)的发生及发展过程以及可能的致癌性、致畸性和致突变性。

(四) 特殊毒性实验

1. 致癌试验 研究环境因素是否具有诱发癌或肿瘤的作用。使用哺乳动物进行致癌实验是一种经典的研究物质致癌性的实验。由于肿瘤的潜伏期一般都较长,因此致癌实验的期限也比较长,甚至要观察实验动物终身暴露的时间,所以致癌实验一般包含在慢性毒性实验当中或比慢性毒性实验的时间更长。对于大气 PM$_{2.5}$ 的致癌实验,可以通过使动物长期吸入暴露于 PM$_{2.5}$,观察动物肺癌、其他部位肿瘤的发生情况或其他与肿瘤相关的生物学因子的改变。

2. 致突变实验　致突变实验有很多种实验方法,可以反映为不同遗传终点,如基因突变、DNA损伤、染色体畸变等。一般包括原核细胞基因突变实验和真核细胞染色体畸变实验两大类。这些实验有的是离体细胞染毒研究,有的是整体动物染毒研究,通过观察动物骨髓细胞的微核来检测其致突变效应,也可以通过彗星实验检测并定量分析细胞中DNA单链、双链缺口损伤的程度。通过致突变实验,可对受试物的潜在遗传危害性进行评价并预测其致癌性。

3. 致畸实验　用于确定PM$_{2.5}$的胚胎毒作用以及对胎仔的致畸作用。致畸实验的方法是根据对受孕过程、器官形成过程和出生后等不同阶段的母体动物、胚胎、胎鼠或幼鼠进行PM$_{2.5}$染毒研究或提取细胞进行体外致畸实验。

第二节　PM$_{2.5}$的毒理学研究方法

在对PM$_{2.5}$毒性作用的研究中,根据研究目的可以选用整体动物进行体内实验,或提取人体或动物的细胞进行体外原代或传代培养这两种毒理学方法进行研究。

整体动物的体内实验是指将实验动物(如大鼠、小鼠、豚鼠、白兔、狗或猪等)暴露于大气PM$_{2.5}$,观察PM$_{2.5}$在促发或加重某种或某些疾病发生、发展中的作用,并通过检测动物体内各种生理、生化指标的变化,以了解PM$_{2.5}$对机体的毒性作用,为建立PM$_{2.5}$对人体健康影响的认知提供基础。实验动物可以是普通正常动物,也可以是患有某种疾病的动物模型,也可以是为了研究某个基因在PM$_{2.5}$所致毒性损伤中的作用而使用的基因敲除动物模型。

体外细胞实验是指提取动物或人体的细胞在体外进行原代培养或传代培养,然后对培养的细胞给予大气PM$_{2.5}$刺激,观察PM$_{2.5}$对细胞存活率、细胞功能、结构及细胞分泌因子的影响,以探索PM$_{2.5}$的毒性作用机制。

一、动物实验

(一)实验动物

1. 普通正常动物　一般在研究大气PM$_{2.5}$的毒性时,可以使用动物实验中常用的、易于繁殖的、与人类基因同源性较高、易于培养的哺乳动物作为研究对象。国际上一般常用的有大鼠和小鼠,而依据大鼠和小鼠的品系不同又分为 Sprague-Dawley(SD)大鼠、Wistar-kyoto（WKY）大鼠、C57BL/6 小鼠和 BALB/c 小鼠等。

（1）WKY 大鼠：WKY 大鼠是 1907 年由美国维斯塔尔（Wistar）研究所培育，现已遍及世界各国的实验室，是使用最广泛、数量最多的大鼠品系之一。WKY 大鼠性情较为温和，体长为 15～20 cm，尾长为 10～15 cm。该大鼠具有优良的抗传染病的能力且自发性肿瘤发生率较低。大量研究采用 WKY 大鼠研究 PM$_{2.5}$ 暴露所致的不良健康效应，如血压升高、心功能障碍和肺损伤等。

（2）SD 大鼠：SD 大鼠是 1925 年美国多雷（Sprague Dawley）农场用 WKY 大鼠培育而成，其性情较 WKY 大鼠为凶猛，而且比 WKY 大鼠的适应性和抗病能力更强，也是非常受欢迎的实验动物。虽然目前国际上的使用没有 WKY 大鼠广泛，但也是较为重要的实验大鼠品种。

（3）C57BL/6 小鼠：C57BL/6 小鼠也被称为 C57 Black 6 或 B6，1921 年由 Little 用 Lathrop 小鼠作近亲培育时，用第 57 雄鼠和第 52 雌鼠交配而培育成 C57，属于近交品系。该动物品系稳定，易于繁殖。同时，C57BL/6 小鼠是第一个完成基因组测序的小鼠品系，常用于作为生理学与病理学的实验动物模型或构建转基因动物模型。此外，C57BL/6 小鼠常作为产生自发突变和诱发突变的同基因型小鼠的背景品系。国际上目前使用的基因敲除小鼠模型多由 C57BL/6 小鼠构建而来，所以使用的大多数基因敲除小鼠的遗传背景都是 C57BL/6 小鼠。

（4）BALB/c 小鼠：BALB/c 小鼠是另外一种广泛使用的实验小鼠。该品系的小鼠从 1920 年在纽约开始培育，到 1932 年达 26 代，正式定名为 BALB/c。这个品系的小鼠具有白化、免疫缺陷的特征，是一个近交品系，由亲兄弟姐妹遗传繁殖。BALB/c 小鼠性情温顺，易于繁殖，雌、雄体重差异较小。BALB/c 小鼠对致癌物极其敏感，常用于肺癌、肾肿瘤等实验动物模型的建立。由于其免疫缺陷，所以对鼠伤寒沙门菌和麻疹病毒敏感，易患慢性肺炎，对放射线极度敏感。BALB/c 小鼠常用于研究与免疫相关的疾病，如细菌感染、病毒感染和抗生素的研究等。

研究大气 PM$_{2.5}$ 的毒性一般以 6～8 周龄的青年雄性小鼠或大鼠为研究对象。关于科学研究为何一般都选择用雄性动物进行实验，国际上一直有研究者提出这个问题。一般来说是因为雄性动物相对稳定，没有雌性动物的周期性生理指标波动；而且雄性动物体内激素水平相对稳定，酶活性也比较稳定，限制因素较少，实验结果更为稳定。所以在国际上各科研机构，如果不进行性别差异的探索的话，一般都采用雄性动物进行实验。事实上，研究 PM$_{2.5}$

的毒性应该是雌、雄动物各半,观察不同性别动物对$PM_{2.5}$的毒性效应也有助于探索其对人群男性和女性毒性的差异。此外,依据研究目的不同,还可以选择胚胎、幼年、青年、老年等不同年龄段的动物作为研究对象。如研究$PM_{2.5}$对机体的遗传毒性或生殖毒性,可以使用雌鼠、孕鼠或仔鼠作为研究对象;如研究$PM_{2.5}$对不同年龄人群的易感性差异,可以分别使用幼年、青年、老年鼠进行研究。也有报道使用豚鼠或白兔作为研究对象观察$PM_{2.5}$的毒性,但这些动物的应用较少。

2. 动物模型　$PM_{2.5}$对机体各系统的影响具有复杂性及多样性,它不仅可引发呼吸系统疾病,也可能引发心血管疾病、糖尿病等其他疾病。为了能够更清楚地观察$PM_{2.5}$对机体各系统影响的方式及作用机制,可以通过使用不同疾病的动物模型探索$PM_{2.5}$的毒性,这些动物模型也有利于观察$PM_{2.5}$对已患病个体的毒性作用,如探索为什么雾霾天气对患有心、肺疾病的人群影响更大,为什么雾霾天气会促发人群疾病急性发作、加重疾病病情、延长疾病病程。此外,如果探索$PM_{2.5}$对机体毒性作用过程中某个基因在其中的调控作用机制,或者探索$PM_{2.5}$在诱发疾病中对相关基因的影响,也可以使用缺失该基因的基因敲除动物模型来进行研究。

(1) 呼吸系统疾病动物模型

1) 慢性支气管炎动物模型:通过给大鼠或小鼠气管滴注脂多糖(lipopolysaccharide, LPS)建立慢性支气管炎模型。LPS是革兰阴性细菌细胞壁中的一种成分,在细菌死亡溶解或用人工方法破坏细菌细胞后才释放出来,所以叫做内毒素。内毒素耐热而稳定,抗原性弱,可引起发热、微循环障碍、内毒素休克及弥散性血管内凝血等。LPS可以刺激单核细胞、内皮细胞及中性粒细胞合成并释放一系列炎性介质,介导多种组织、细胞的损伤,所以是建立慢性支气管炎模型的首选物质。

慢性支气管炎动物模型建立方法:对于大鼠而言,每只动物气管滴注LPS 200 μg。饲养3周后,取动物肺组织做病理光学显微镜检查以判断模型是否建立成功,判断标准:①气管黏膜层和黏膜下层炎症细胞浸润;②杯状细胞增生;③腺体肥大,分泌旺盛;④黏膜的假复层柱状上皮鳞化;⑤可能伴有肺泡扩张。

复旦大学宋伟民课题组曾使用LPS在SD大鼠上建立慢性支气管炎模型,之后给予大鼠$PM_{2.5}$暴露。结果发现,与没有诱发支气管炎的正常大鼠相比,慢性支气管炎模型大鼠在$PM_{2.5}$暴露后出现更为明显的肺部血管损伤、肺实质细胞损伤以及氧化应激损伤,表现为模型组大鼠肺泡灌洗液中白蛋白

（ALB）、乳酸脱氢酶（LDH）、碱性磷酸酶（AKP）和丙二醛（MDA）的含量比正常组大鼠高，而抗氧化酶谷胱甘肽（GSH）的含量却明显降低。

2）哮喘动物模型：哮喘是由于机体存在哮喘易感基因，同时在环境因素的促发下而诱导产生的以慢性气道炎症伴随气道反应性增高为特征的疾病。患者常出现反复发作的喘息、气促、胸闷和（或）咳嗽等症状，伴有广泛而多变的气流阻塞。大气环境中的过敏原主要包括花粉、动物皮毛、房屋装修或家具中释放的化学物质及其他诸如细菌、孢子和真菌等。由于 PM$_{2.5}$ 的表面会吸附有机物、细菌和真菌等物质，所以 PM$_{2.5}$ 也是一个重要的哮喘致敏原。多项研究已经表明大气 PM$_{2.5}$ 的暴露与成人和儿童哮喘的发病或发作明显相关，但其致病机制尚不清楚，所以建立哮喘动物模型研究其作用机制和可能的健康效应非常有意义。

急性哮喘动物模型的建立可以选用 3~4 周龄的雄性 C57BL/6 小鼠，将小鼠置于无特定病原体（specific pathogen free, SPF）的环境中进行饲养，利用卵蛋白（OVA）对小鼠进行致敏，具体方法：小鼠第 1 天注射含 OVA 100 μg 的氢氧化铝凝胶 0.5 ml 致敏。第 8 天重复致敏一次，第 15 天以 1%（1 g OVA 溶解于 100 ml 无菌生理盐水）的 OVA 生理盐水 5 L/min 雾化吸入 30 分钟诱发哮喘发作，隔天 1 次，连续 2 周共 7 次，从而建立哮喘模型。然后，将哮喘模型动物暴露于大气 PM$_{2.5}$ 来观察 PM$_{2.5}$ 对哮喘急性发作或哮喘病程的影响，检测与哮喘发作相关的基因、蛋白或细胞因子，探索哮喘发作或加重过程中可能存在的生物学效应及分子机制。有研究发现，PM$_{2.5}$ 暴露能加重哮喘模型小鼠的气道炎症，加重哮喘模型小鼠的脂质代谢异常，加重哮喘模型小鼠的免疫损伤，导致哮喘模型小鼠抗氧化酶 SOD 的抑制并促发 ROS 的累积。

3）COPD 动物模型：COPD 是一组以持续存在的呼吸道症状和气流受限为特征的慢性气道炎症性疾病，现已成为全球最流行的慢性疾病之一。其动物模型可采用气管内滴注 LPS 联合烟熏法建立。大鼠每天烟熏 2 次，2 次间隔 10 小时，每次在自制吸烟染毒箱内被动吸烟 30 支，共 50 天；造模第 1 天、第 28 天每只大鼠气道内滴入 LPS 0.2 ml（200 μg），该日内不予烟熏。经过 50 天后建立 COPD 模型。用于研究的正常对照组每天在自制吸烟染毒箱内呼吸相同时间的正常空气，并于造模第 1 天、第 28 天每只大鼠气道内滴入 0.2 ml 生理盐水。确定模型建立成功的方法是：于第 52 天取大鼠肺组织进行病理组织学观察及形态分析或细胞定量分析。

观察 PM$_{2.5}$ 对 COPD 的影响：一般通过给 COPD 大鼠或正常对照大鼠吸入或气管滴注 PM$_{2.5}$，观察肺组织及血清中相关细胞因子、蛋白、基因等的表达,通过比较正常大鼠和模型大鼠组织或血液的分子生物学改变来评估 PM$_{2.5}$ 的毒性作用。

4) 肺癌动物模型:目前通过建立肺癌动物模型研究大气 PM$_{2.5}$ 毒性的研究很少,但国际上也有研究者通过建立肺癌动物模型来研究肺癌的转化和治疗,该方法在未来也可能用于研究 PM$_{2.5}$ 在肺癌发展和转化中的毒性。

建立肺癌动物模型的方法:主要是取肺癌细胞(如 A549 细胞)悬液,经胰酶消化,用磷酸缓冲盐溶液(PBS)重悬后与 Matrigel 基质胶按 1:1 比例混合,取 100 μl 含 1×10^6 个细胞的混合悬液,对准 BALB/c 小鼠的左肺切口缓慢注射,进针深度约 3 mm。注射结束后停针 5 秒,然后旋转缓慢拔出注射针头。

(2) 心血管疾病动物模型

1) 自发性高血压大鼠模型(SHR 模型):SHR 是 Okamoto 和 Aoki 在 1959 年用一只收缩压持续在 150～175 mmHg 的雄性 Wistar 大鼠与收缩压为 130～140 mmHg 的雌性 Wistar 大鼠交配得到收缩压都 >150 mmHg 的子代,再选用血压较高的大鼠进行近亲交配,大约 20 代后获得稳定的高血压遗传性,从而建立了 SHR 品种。SHR 模型目前是研究人类高血压、心血管疾病发生、发展应用最广泛且最为理想的模型。高血压大鼠约在 5 周龄时血压开始升高,并且持续上升,到 10 周龄时血压可达 150 mmHg。SHR 模型有很多优点,其发病机制、发病过程、心血管并发症、外围血管阻力的变化和对盐的敏感性等都与人类高血压相似,是目前国际公认的最接近于人类原发性高血压的动物模型。所以,SHR 模型是目前研究 PM$_{2.5}$ 对心血管系统损伤的常用模型。

笔者团队的研究认为,与普通 Wistar 大鼠相比,SHR 模型暴露于大气 PM$_{2.5}$ 能出现更为明显的心血管损伤,如心电图改变、心肌内炎症细胞增多等损伤,同时循环系统中也出现明显的炎症因子如白细胞介素-6(IL-6)和肿瘤坏死因子 α(TNF-α)的表达。所以,PM$_{2.5}$ 对已患有心血管疾病的机体能产生更为明显的毒性损伤作用,这也解释了为什么在空气污染严重的时候患有心血管疾病的人群更易于出现明显的临床反应,也会出现更严重的临床结局。

2) 血管紧张素 II(Ang II)依赖型高血压动物模型:血管紧张素转换酶 2(ACE2)定位于人 X 染色体 Xp22 区域,主要表达于血管内皮细胞和肾小管,是 Ang 合成的主要限速酶,水解 Ang II 生成 Ang-(1-7),可阻断 Ang II 在高血压发生、发展中对机体的不利作用,是肾素-血管紧张素系统中非常重要的一个成员。在研究大气 PM$_{2.5}$ 对高血压的影响中,可以使用 ACE2 基因敲除(ACE2$^{-/-}$)小鼠建立 Ang II 依赖性高血压动物模型,然后给予动物 PM$_{2.5}$ 暴露,观察 PM$_{2.5}$ 在高血压发生、发展中的作用机制,探索其对 ACE2-Ang II 系统的影响。目前已有一些研究对 PM$_{2.5}$ 与 Ang II 的关系进行了探索,发现 PM$_{2.5}$ 可增加 Ang II 的表达。但关于 PM$_{2.5}$ 与 ACE2 关系的相关报道甚少。2018 年来自中国台湾地区的一项研究采用 C57BL/6 和 ACE2$^{-/-}$ 小鼠通过气管滴注暴露于 PM$_{2.5}$(每天 6.25 mg/kg)。滴注 2 天后,肺内炎症因子、ACE 和金属蛋白酶(MMPs)明显增加;但滴注 5 天后,C57BL/6 小鼠肺损伤明显修复,但 ACE2$^{-/-}$ 小鼠仅有部分修复作用。结果表明,ACE2 基因缺失能明显增加 PM$_{2.5}$ 暴露所致的肺损伤。

3) 载脂蛋白 E 基因缺失(ApoE$^{-/-}$)小鼠模型:ApoE$^{-/-}$ 小鼠是一种载脂蛋白 E(ApoE)基因敲除小鼠,这类小鼠在喂食高脂饮食后易诱发动脉粥样硬化。所以,ApoE$^{-/-}$ 动物模型对研究大气 PM$_{2.5}$ 对动脉粥样硬化发生、发展的影响具有重要意义。

ApoE$^{-/-}$ 小鼠建立动脉粥样硬化模型的方法:给 6~8 周龄的 ApoE$^{-/-}$ 小鼠以高脂饮食喂养 8~12 周,检查颈动脉和主动脉粥样硬化斑块来判断模型建立成功与否。目前有研究认为,ApoE$^{-/-}$ 小鼠给予高脂饮食 8 周后,主动脉已经有轻微的动脉粥样硬化斑块形成。

2005 年,国际著名学术期刊 *JAMA* 杂志曾发表了一篇由美国俄亥俄州立大学 Qinghua Sun 教授发现的研究成果。该研究发现,给予 ApoE$^{-/-}$ 小鼠高脂饮食和正常饮食 12 周后,高脂饮食的 ApoE$^{-/-}$ 小鼠成功建立动脉粥样硬化模型;之后不同饮食的两组小鼠再暴露于浓缩 PM$_{2.5}$ 的空气和过滤 PM$_{2.5}$ 的空气 6 个月。结果发现,吸入浓缩 PM$_{2.5}$ 空气的 ApoE$^{-/-}$ 小鼠较吸入过滤 PM$_{2.5}$ 空气的小鼠颈动脉出现更为明显的动脉粥样硬化斑块,同时血管舒张、收缩功能也明显改变。由此可见大气 PM$_{2.5}$ 的暴露对于机体动脉粥样硬化斑块的形成具有重要作用,是促发机体动脉粥样硬化形成的重要危险因素。

(3) 糖尿病动物模型

1) KKay 小鼠:2 型糖尿病(T2DM)作为一种慢性非传染性疾病,已经成为仅次于心血管疾病和肿瘤的严重威胁人类健康的第三大疾病,而空气污染与 2 型糖尿病发生的关系也是目前科学界及社会关注的热点。KKay 小鼠是由 Lataste 于 1977 年首次公布的,具有明显的肥胖和糖尿病症状,与人类 2 型糖尿病表现极为相似,该动物对胰岛素不敏感,对葡萄糖耐受量小,糖尿病发病率高,从 5 周龄开始即表现为高血脂和高血糖,出现以肥胖、高血糖症、脂质代谢紊乱和高胰岛素抵抗等为特征的代谢异常综合征,是一种良好的 2 型糖尿病动物模型。美国有研究者曾采用 KKay 小鼠作为 2 型糖尿病模型,观察 PM$_{2.5}$ 吸入暴露对 2 型糖尿病发生、发展的影响。结果表明,吸入暴露于

PM$_{2.5}$ 能加速 KKay 小鼠糖尿病的发生,增加胰岛素抵抗,促发糖脂代谢紊乱及慢性炎症反应。

2) db/db 小鼠模型:db/db 小鼠是由 C57BL/KsJ 近亲交配株常染色体隐性遗传衍化而来,属 2 型糖尿病模型。动物在 4 周龄时开始贪食及发胖,继而产生高血糖和高胰岛素,一般在 10 个月内死亡。db/db 小鼠可发生严重的糖尿病症状,能出现早发的高胰岛素血症,体重下降和早死。所以,可使用 db/db 小鼠建立 2 型糖尿病模型,然后给小鼠暴露大气 PM$_{2.5}$,观察 PM$_{2.5}$ 对小鼠糖脂代谢、胰岛素抵抗、血管功能、脂肪细胞炎症等与 2 型糖尿病发展相关的风险因素的影响,探索 PM$_{2.5}$ 促发 2 型糖尿病发展的作用机制。笔者课题组在使用 db/db 小鼠的研究过程中发现,PM$_{2.5}$ 能加重 db/db 小鼠糖尿病的发展进程,表现为血糖升高、糖耐量异常、胰岛素抵抗和全身炎症反应,而对正常 C578L/6 小鼠的影响较小。

3) 胰岛素受体底物 2(IRS-2)基因敲除小鼠:IRS-2 与 T2DM 和胰岛素抵抗密切相关,主要分布在肝和胰岛 B 细胞中。胰岛素与胰岛素受体结合后,胰岛素受体的 B 亚基近膜区酪氨酸自身磷酸化并与 IRS-2 结合,催化 IRS-2 上酪氨酸的磷酸化,通过 SH2 区与信号蛋白分子结合形成复合物,激活下游通路,以介导胰岛素信号转导。IRS-2 基因敲除的小鼠由于阻断了胰岛素信号转导,所以是一种研究 2 型糖尿病很好的模型。

4) 腺苷酸活化蛋白激酶(AMPK)基因敲除小鼠:AMPK,一种高度保守的丝氨酸/苏氨酸蛋白激酶,其在细胞和机体能量代谢与平衡等方面发挥重要作用,所以有研究者采用 AMPKα2 基因敲除小鼠研究 PM$_{2.5}$ 对能量代谢及其他相关功能的影响。结果发现,PM$_{2.5}$ 暴露能导致肺损伤和左心室功能障碍,而这些损伤可能与 PM$_{2.5}$ 所致的 AMPK 抑制有关。此外,关于 AMPK 在 PM$_{2.5}$ 促发代谢性疾病中的作用机制,有研究采用腹腔注射 AMPK 激动剂(AICAR),观察注射激动剂后对 PM$_{2.5}$ 暴露小鼠代谢功能的影响。研究发现,PM$_{2.5}$ 暴露能抑制 AMPK 激动剂对代谢损伤的保护作用,表明 AMPK 信号通路在 PM$_{2.5}$ 所致代谢损伤中具有一定的作用。

(二) PM$_{2.5}$ 动物实验染毒方法

在 PM$_{2.5}$ 的毒理学研究中,动物暴露于大气 PM$_{2.5}$ 的方式目前在国际上通用的包括气管滴注染毒、鼻滴入染毒和全身或口鼻吸入染毒 3 种。

1. 气管滴注染毒　气管滴注染毒是呼吸毒理学试验中常用的染毒方法,可将染毒物质通过气管直接注入动物呼吸道和肺泡。PM$_{2.5}$ 进行气管滴注染毒包括几个重要步骤:大气 PM$_{2.5}$ 的采集、大气 PM$_{2.5}$ 悬浮液制备和气管滴注染毒。

(1) 大气 PM$_{2.5}$ 的采集与制备

1) 颗粒物滤膜：购买大气 PM$_{2.5}$ 采样玻璃纤维滤膜、石英滤膜或特氟龙滤膜,滤膜经过 200℃ 的烤箱烘干,去除静电;然后,将滤膜安装在大流量颗粒物采样仪上,按照一定的采样速率采集空气中的 PM$_{2.5}$ 于滤膜上。采样时间依据采样当天大气中 PM$_{2.5}$ 的浓度进行调整。如果污染浓度较低,可适当延长采样时间,如 3～4 天更换一张滤膜;如污染物浓度较高,可缩短采样时间,如 1～2 天更换一张滤膜。如果需要长期保存采集有颗粒物的滤膜,可将滤膜置于培养皿或封口袋中于－20℃ 冰箱保存备用。临用前,将采集到 PM$_{2.5}$ 的滤膜在除静电仪上去除静电,之后将滤膜剪成约 1 cm×3 cm 大小,浸入去离子水中,在冰上经超声振荡洗脱 3 次×10 分钟;倾出上清液,再加入去离子水振荡 3 次×10 分钟;将两次所得的振荡液合并后经 6 层纱布过滤,滤液经过冷冻真空干燥,获得粉末状 PM$_{2.5}$;样品置于－20℃ 低温冰箱保存备用,使用前配制成所需浓度的 PM$_{2.5}$ 混悬液。

2) 实验室人工合成颗粒物：为了探索 PM$_{2.5}$ 中某种成分对机体的毒性作用,也可以通过实验室人工合成颗粒物。根据试验目的采用不同粒径的石墨、炭黑颗粒在其外面包被一种或几种 PM$_{2.5}$ 中含量较高的化学物(如硫酸盐、硝酸盐、金属等),制备成不同粒径大小的颗粒物,如 PM$_{10}$、PM$_{2.5}$ 或 PM$_{0.1}$。将制备的不同粒径的颗粒物给动物进行染毒,比较不同粒径颗粒物的毒性大小。实验室制备的颗粒物主要以炭黑颗粒为主,还可以在包被的颗粒物上标记同位素,如 Fe、Ni 和 V 等同位素金属元素,通过同位素示踪法监测颗粒物经肺进入机体后在体内的转运、分布和排泄。其优点是能明确颗粒物的具体成分,其毒性也比较明确,可以探索颗粒物进入体内后的代谢、分布途径及分布位置,以便于探索大气颗粒物的毒性基础,为后续的大气 PM$_{2.5}$ 研究提供依据;另外,人工合成颗粒物的毒性作用不受来源、气候、气象等环境因素的影响,成分明确,成分的含量也明确。其缺点是人工制备的颗粒物成分单一,与实际大气中 PM$_{2.5}$ 在成分组成和含量上有很大差异,如金属成分、有机物成分和惰性成分均有很大的不同,所以人工制备的颗粒物不能完全反映人体实际接触的大气颗粒物,其毒性也不能完全代表空气中颗粒物的毒性。因此,采用这种颗粒物获得的毒理学试验证据外推到大气颗粒物暴露对人群健康影响上时有一定的不确定性。

(2) PM$_{2.5}$ 混悬液的配置：在气管滴注之前,称取一定量的上述经冷冻真空干燥收集到的大气 PM$_{2.5}$ 粉末,使用生理盐水配置成实验所需浓度的 PM$_{2.5}$

混悬液,4℃冰箱保存备用。临用前,超声震荡混匀备用。此外,为了探索 $PM_{2.5}$ 中不同成分对机体的毒性作用,也可以提取 $PM_{2.5}$ 中的有机成分、水溶成分和非水溶成分对实验对象进行染毒。

1) $PM_{2.5}$ 水溶成分和非水溶成分的制备:称取一定量的粉末状大气 $PM_{2.5}$,用生理盐水分别配制成染毒所需浓度的 $PM_{2.5}$ 混悬液,充分混匀,于 4℃静置过夜,离心(13 000 g/min,20 分钟),取上清液作为该浓度下 $PM_{2.5}$ 的水溶成分混悬液。对离心后的沉淀,用相同体积的生理盐水超声重悬,作为该浓度下 $PM_{2.5}$ 的非水溶成分混悬液。

2) 有机提取物的制备:将采有 $PM_{2.5}$ 的滤膜裁剪为 1 cm×3 cm 大小,浸入 30 ml 氰化甲烷中超声振荡 30 分钟,振荡液用 6 层纱布过滤,然后滤液混合物通过氮气流以去除氰化甲烷,得到有机提取物。称重,用 1 ml DMSO 溶解有机提取物,然后加入生理盐水配制成染毒所需浓度的有机提取物溶液,于 4℃静置过夜。

(3) 气管滴注染毒方法:气管滴注方法目前主要用于大鼠和小鼠的 $PM_{2.5}$ 染毒。

1) 操作方法:将动物固定在动物固定板上,用细绳将动物门齿挂住并固定头部,将动物颈部拉直及固定身体。用手调手术灯照射动物的咽部,用不锈钢压舌板压住鼠舌根,暴露咽部的气管入口,用气管滴注针(注射器上安装钝性光滑滴注针)经气管插入 2～4 cm。如针头有经过环状软骨的感觉,表示针头已进入气管,然后将 $PM_{2.5}$ 染毒混悬液缓缓推入气管。待所有液体滴注完之后,保持动物向上直立 1～2 分钟,同时按摩肺部,防止滴注液由气管呛出体外或进入食管。气管滴注液量过多会造成动物窒息,滴注液量以每次 1.5 ml/kg(体重)为宜。

2) 优缺点:①优点:方法简单,不需要特殊的仪器,剂量准确;可一次给予大剂量毒物,染毒物质直接通过呼吸道进入肺;染毒物质在实际大小、成分和毒性特点方面在进入肺时没有任何变化,易于掌控其毒性作用。通过气管滴注染毒方法给动物滴注大气 $PM_{2.5}$,可预先对 $PM_{2.5}$ 进行成分分析来确定其优势成分,比较不同成分的毒性差异。②缺点:气管滴注这种机械操作对动物呼吸道可能有一定损伤,易使动物出现短暂的应激反应;$PM_{2.5}$ 注入时在肺组织内分布可能不太均匀,导致肺左、右叶分布量可能有很大偏差;通过这种方法进行长期染毒可能对动物存在持续的机械损伤,所以此方法不适合进行 $PM_{2.5}$ 的长期毒性研究。此外,气管滴注染毒是将 $PM_{2.5}$ 混悬液注入呼吸道和肺泡来观察 $PM_{2.5}$ 暴露对机体的影响,与人体正常的通过呼吸吸入暴露于大气 PM$_{2.5}$ 的方式不同。因为人体实际上是长期低剂量吸入暴露于大气 PM$_{2.5}$，而气管滴注染毒的染毒浓度是人体实际接触量的几倍甚至几十倍，所以动物实验的结果外推到人体存在一定的偏差。

2. 经鼻滴入染毒 在研究大气 PM$_{2.5}$ 对机体毒性作用的时候，由于气管滴注染毒需要特制的三脚架和气管滴注针；同时，气管滴注方法是一项操作难度很大的实验技术，一般只有特定技术人员或呼吸科临床医生才能顺利操作。所以在不能进行气管滴注染毒的情况下，经鼻滴入染毒也是一种常用的研究颗粒物呼吸毒性的染毒方法。

(1) 主要步骤：制备 PM$_{2.5}$ 混悬液，制备方法同气管滴注染毒法中混悬液的制备。固定小鼠或大鼠，用无针注射器抽取一定剂量的 PM$_{2.5}$ 混悬液，缓慢均匀地将混悬液滴入动物鼻腔。如遇动物呛鼻，可适当减慢滴注速度。

(2) 优缺点：①优点：操作简单、快速，基本无机械刺激，可以进行间隔较短的多次染毒，可用于研究 PM$_{2.5}$ 对机体的急性毒性作用，特别是在诱导哮喘的研究中是一种非常好的方法。②缺点：经鼻滴入时部分 PM$_{2.5}$ 可能进入口腔，进而通过吞咽动作进到胃部或者呛出鼻腔之外，这些都可能损耗颗粒物而使染毒剂量出现偏差；鼻滴入方式与人体实际长期低剂量通过呼吸道暴露大气 PM$_{2.5}$ 的方式也有很大不同，所以在结果外推和解释方面存在一定偏差；由于部分 PM$_{2.5}$ 可能由于动物的反抗而吞咽进入胃部，所以不能排除 PM$_{2.5}$ 通过消化道的吸收而导致机体全身系统损伤的可能性。

3. 吸入染毒 吸入染毒是研究大气 PM$_{2.5}$ 毒性的一种与人体实际接触空气污染物方式非常相似的且更为可靠而科学的 PM$_{2.5}$ 暴露方式，可以分为鼻罩吸入染毒和整体动物动态吸入染毒。

(1) 鼻罩吸入染毒：将采集于滤膜上的大气 PM$_{2.5}$ 经上述(详见气管滴注染毒相关内容)冷冻真空干燥的方法制备 PM$_{2.5}$ 粉末，采用冷凝单分散性气溶胶发生器将 PM$_{2.5}$ 粉末制备成单分散性悬浮颗粒(粒径 $0.9 \sim 4\ \mu m$)，用清洁空气将分散的 PM$_{2.5}$ 稀释到所需的暴露浓度。然后将含有 PM$_{2.5}$ 的空气混合物引入到有独立暴露的小室，每个小室向外有鼻罩连接动物口、鼻处进行 PM$_{2.5}$ 暴露。这种暴露是在实验室暴露场景下进行的，可测量动物的呼吸参数、心率变异性等；其暴露 PM$_{2.5}$ 的浓度可随实验目的而人为调节。其优点是 PM$_{2.5}$ 仅通过鼻部呼吸进入机体，避免通过其他途径如皮肤等部位的吸收。缺点是大气 PM$_{2.5}$ 要经过采集、洗脱成粉末状颗粒物，再通过气溶胶发生装置分散到空气中，在这些过程中可能损失 PM$_{2.5}$ 中的一些成分；同时，如果 PM$_{2.5}$ 分散不均匀而发生团聚，使进入机体的 PM$_{2.5}$ 与大气中 PM$_{2.5}$ 的粒径存在一定的差异；发散采集的颗粒物成气溶胶状态，需要颗粒物的量会很大，所以采集颗粒物就需要相当长的准备时间；暴露过程中动物必须保持固定状态，不能自由活动，这也与人体实际是在自由活动状态下吸入 $PM_{2.5}$ 的方式不同；如果长期染毒，动物始终处于不活动状态也不利于动物正常摄入食物及饮水，从而影响动物的正常生长。

（2）整体动物动态吸入染毒

1）$PM_{2.5}$ 过滤系统：这种动态暴露系统主要是由一套过滤系统组成，其原理是暴露仓的动物吸入正常外界空气，空气中 $PM_{2.5}$ 浓度与外界空气中 $PM_{2.5}$ 的浓度始终相同，即随外界 $PM_{2.5}$ 的实际浓度变化而变化；对照仓的动物吸入的是过滤了 $PM_{2.5}$ 的外界空气。所以暴露仓和对照仓相比，除 $PM_{2.5}$ 浓度不同外，空气中的其他组成成分完全相同。这种暴露方式的研究原理是观察吸入过滤了 $PM_{2.5}$ 的空气（也就是降低 $PM_{2.5}$ 的暴露）是否对机体健康有一定的保护作用。这种暴露方法的优点是动物自由吸入空气，与人体的实际暴露方式相同。缺点是 $PM_{2.5}$ 的暴露浓度依赖于外界空气中的颗粒物浓度，不能随不同实验目的而进行高浓度暴露或低浓度暴露调节；同时，如果外界空气中 $PM_{2.5}$ 的浓度很低，比如夏季空气非常洁净时，暴露仓和对照仓 $PM_{2.5}$ 浓度会非常接近，研究的意义将很难体现。

2）$PM_{2.5}$ 浓缩-过滤系统：这种动态吸入暴露系统是由 $PM_{2.5}$ 浓缩设备（通过切割装置，只允许 $PM_{2.5}$ 进入设备，然后经过冷凝设备、压力系统对管道中的 $PM_{2.5}$ 进行浓缩）、$PM_{2.5}$ 过滤设备（在管道内安装过滤膜，使大气 $PM_{2.5}$ 被过滤）、进气管道（$PM_{2.5}$ 进入暴露仓和对照仓的管道）、出气管道（废气净化管道、废气排出管道）、试验仓（若干个对照仓和若干个暴露仓，每个仓可分割成若干个小室，每个小室可放置 1～5 只动物）、监测设备（可以实时动态测定每个试验仓中 $PM_{2.5}$ 的浓度，同时可以通过分管道采集进入试验仓的颗粒物于滤膜上，便于口后进行 $PM_{2.5}$ 成分分析）、干燥系统（对试验仓和管道中的气体进行干燥）、动物饲养室（动物每日暴露结束后，夜晚饲养于饲养室内，给予正常饮水和食物）、自动清洗装置（对动物饲养笼等设备进行清洗）等部件组成。这种动态吸入暴露系统的工作原理是将外界空气中的 $PM_{2.5}$ 进行过滤和浓缩后分别进入对照仓和暴露仓。依据实验目的，使所需粒径的颗粒物经浓缩后进入暴露仓（在进口处安装不同粒径颗粒物切割头，依据不同目的，只有空气动力学直径 $\leqslant 10\ \mu m$、$\leqslant 2.5\ \mu m$、$\leqslant 0.1\ \mu m$ 的颗粒物进入暴露仓），经装置过滤掉 $PM_{2.5}$ 的空气进入对照仓，空气中基本不含有 $PM_{2.5}$。暴露仓中 $PM_{2.5}$ 浓度可比外界空气中 $PM_{2.5}$ 的浓度高 1～10 倍，浓缩倍数依据试验目的可自行在暴露系统中调节。经装置浓缩或过滤 PM2.5 的空气,除 PM2.5 浓度不同外,空气中其他物质的成分及浓度均完全相同。

每个对照仓和暴露仓又由若干个小室组成,每个小室放置动物饲养笼进行暴露,动物饲养笼内的动物可在暴露过程中自由摄入食物和水。通过实时 PM2.5 监测装置可动态实时监测暴露仓和对照仓中 PM2.5 的浓度,以确定动物的暴露浓度;同时,可通过 PM2.5 采样仪采集暴露仓和对照仓进气口处 PM2.5 样品,通过滤膜称重法计算 PM2.5 浓度,以便与光化学法实时测得的 PM2.5 浓度进行比对;也可通过采集 PM2.5 进行化学成分分析,以探索 PM2.5 不同成分在引发机体毒性效应中的作用。PM2.5 暴露时将动物置于对照仓和暴露仓中,每日暴露 8 小时(9:00~17:00),或依据实验目的增加或减少暴露时间。暴露结束后,关闭暴露装置,第 2 天继续进行 PM2.5 暴露。一般 1 周暴露 7 天。也可依据实验目的确定暴露周数,如观察长期效应可暴露 3 个月、6 个月,甚至更长的时间;如观察短期急性效应,可暴露 1 天、3 天、7 天或 1 个月等。

3) 气象-环境动物暴露系统:上述动态吸入暴露系统是目前研究颗粒物毒性的最为先进的设备。美国纽约大学、俄亥俄州立大学和美国马里兰大学等科研院所都有这样的装置。2015 年,复旦大学公共卫生学院和长三角环境气象预警预报中心也联合建立了一套空气污染动态吸入暴露系统,命名为“气象-环境暴露系统”(图 4-1)。该暴露系统除具有上述暴露系统的功能外,还可对暴露仓和对照仓内的温度、湿度和气压等进行调节,所以除了可进行 PM2.5 暴露实验外,还能进行温度与 PM2.5 的联合暴露。

图 4-1　复旦大学气象-环境动物暴露系统

该暴露系统的优点：①能真正做到模拟人体实际长期低剂量 PM$_{2.5}$ 暴露方式进行动物暴露。②可探索 PM$_{2.5}$ 对机体的急性毒性、慢性毒性作用,暴露时长可以是几小时、几天,也可以是几个月。可以根据实验目的观察 PM$_{2.5}$ 对人类慢性疾病如心血管疾病、糖尿病和肿瘤等疾病发生、发展过程的影响。③通过不同的研究设计,观察 PM$_{2.5}$ 对机体各系统的早期生物学效应,有利于发现 PM$_{2.5}$ 的未知毒性,便于对 PM$_{2.5}$ 的毒性进行预防、干预和靶向治疗。④通过更换进气口的切割头,观察不同粒径颗粒物的毒性效应,比较不同粒径颗粒物在疾病发生发展中的作用差异。⑤通过调节 PM$_{2.5}$ 浓缩倍数来控制暴露浓度,观察 PM$_{2.5}$ 与机体生物学效应的剂量-反应关系。

综上所述,在动物毒理学实验中,各种 PM$_{2.5}$ 暴露方式各有优、缺点。气管滴注染毒的优点是每个动物的染毒剂量比较准确,操作比较简单,不需要染毒室等复杂且昂贵的染毒系统。但其缺点是染毒方法与人体实际吸入暴露方式不同,且操作过程可能会对气管造成一定的机械损伤,不适宜长期毒性研究。而动态吸入暴露系统的优点是其暴露途径为正常动态吸入暴露,动物吸入的空气与外界空气完全相同,只是对 PM$_{2.5}$ 进行了浓缩或过滤;同时,该系统可依据实验目的调节暴露浓度和暴露时间,且对动物没有机械损伤,非常适合进行慢性毒性暴露研究。但其缺点是需要建立动态吸入暴露实验室,技术难度高,价格昂贵。

二、体外细胞实验

体外细胞实验是提取人体或动物的细胞在体外通过适宜的培养基进行培养,然后直接将含有 PM$_{2.5}$ 的空气或通过发生器制备的 PM$_{2.5}$ 气溶胶通入细胞界面进行染毒,也可采用制备好的 PM$_{2.5}$ 悬浮液加入细胞培养基内进行染毒。染毒后,观察 PM$_{2.5}$ 对细胞存活率及细胞其他功能的影响,通过检测细胞分泌的细胞因子或检测相应细胞器功能的变化来了解 PM$_{2.5}$ 的毒性。体外细胞实验的细胞一般提取自人体或动物细胞,可以是进行原代培养的细胞,也可以是能够传代培养的细胞株。

(一) 实验细胞

1. 心血管疾病相关细胞 常用的是人脐静脉血管内皮细胞(HUVEC)、人、大鼠或小鼠血管平滑肌细胞(VSMC)、心肌细胞等。HUVEC 是来自于人脐静脉血管内皮的一种细胞模型,主要用于观察化学物对血管内皮功能影响的一种细胞。VSMC 与许多动脉疾病的发生发展密切相关,是血管疾病进展的关键因素,目前可通过培养人、大鼠或小鼠 VSMC 来观察 PM$_{2.5}$ 对血管功能的影响。主要方法是使用一定浓度的 PM$_{2.5}$ 刺激细胞,观察其炎症反应、氧化应激和内皮功能等效应指标来了解 PM$_{2.5}$ 的毒性,以此来评估 PM$_{2.5}$ 对心血管系统的可能影响。HUVEC 是目前最常见的用于研究 PM$_{2.5}$ 对内皮功能损伤或导致氧化应激损伤的细胞系。

2. **呼吸道内皮相关细胞**　常用的有人肺成纤维细胞(HLF)、人支气管上皮细胞(16 - IIBE,BEAS - 2B)、II 型肺上皮细胞、肺泡内皮细胞和肺腺癌上皮 A549 细胞等。A549 细胞是腺癌人类肺泡基底上皮细胞,最早是在 1972 年由 Giard 等通过一例 58 岁的白种人男性的外植体肿瘤转移并培养肺肿瘤组织而得到的。A549 细胞作为呼吸道腺癌的代表性细胞,常被用于研究 PM$_{2.5}$ 对肺癌的影响。目前的体外细胞实验主要通过测定细胞存活率、细胞凋亡率、DNA 损伤程度、细胞氧化损伤程度或分泌炎症因子等来观察 PM$_{2.5}$ 的呼吸道毒性。

3. **免疫细胞**　提取大鼠或小鼠肺泡巨噬细胞、骨髓巨噬细胞、T 细胞或树突细胞,然后对细胞进行 PM$_{2.5}$ 染毒。大鼠或小鼠肺泡巨噬细胞可通过分离肺泡灌洗液获得;腹腔巨噬细胞可通过抽取大鼠或小鼠腹腔内细胞,经过培养基多次洗涤来获得;T 细胞或树突细胞可通过流式细胞仪技术从脾中分离获得。此外,上述各种细胞还可以从大鼠或小鼠股骨中的骨髓来提取获得;也可以提取人体血液中的免疫细胞如淋巴细胞、巨噬细胞、树突细胞等免疫细胞进行研究。主要通过测定细胞分泌的细胞亚型、炎症因子的表达及细胞氧化损伤来观察 PM$_{2.5}$ 对免疫细胞的毒性作用。对于巨噬细胞,也可以通过测定巨噬细胞的吞噬功能变化观察 PM$_{2.5}$ 对细胞的毒性。

4. **癌细胞和生殖细胞**　目前研究主要使用的是人肺腺癌上皮 A549 细胞及提取于其他组织的癌细胞进行体外实验,探索 PM$_{2.5}$ 在癌症发生中的作用;也可使用卵母细胞、生精细胞、支持细胞、间质细胞、胚胎细胞等其他生殖细胞研究 PM$_{2.5}$ 对生殖系统的影响。

5. **多层细胞共培养**　体内的各种细胞是相互作用、相互影响的,不同细胞或其分泌的细胞因子又会影响自身或其他细胞的功能。所以,采用体外细胞实验对单一细胞进行 PM$_{2.5}$ 染毒不能观察到颗粒物对健康的实际危害,也没有考虑到细胞之间的相互作用与相互影响。多层细胞共培养可以使细胞之间形成紧密连接,也可以进行细胞间的交流和物质传递。目前,在细胞培养的技术上,可以利用肺泡上皮细胞、内皮细胞、巨噬细胞等呼吸系统内存在的细胞,以及免疫细胞或其他来自不同基因敲除动物的细胞,建立单层或多层细胞暴露模型,模拟体内大气颗粒物暴露后细胞之间的相互作用模型,保证体外大

气 $PM_{2.5}$ 暴露过程更接近体内细胞真实暴露时的环境条件。可以将支气管上皮细胞、巨噬细胞和树突细胞进行共培养，$CD4^+$ T 细胞与树突细胞共培养，血管内皮细胞和巨噬细胞共培养，然后使用 $PM_{2.5}$ 进行染毒，观察细胞之间的相互作用。

6. 其他细胞　依据 $PM_{2.5}$ 对不同靶器官和靶细胞的影响，研究者也开始使用不同身体部位的细胞进行研究。有研究者通过对角膜细胞的培养观察 $PM_{2.5}$ 对眼部的影响，探索 $PM_{2.5}$ 对角膜感染的风险因素及可能作用机制，为保护眼睛提供基础研究。也有研究者提取皮肤永生化角质形成细胞株（HaCaT），观察 $PM_{2.5}$ 对皮肤的可能影响，探索 $PM_{2.5}$ 导致特应性皮炎、湿疹、皮肤老化等皮肤疾病的可能性和可能机制。

（二）实验方法

依据研究目的选择细胞株或原代细胞进行培养，将购买的细胞珠或提取自动物的原代细胞在 37℃含有 5‰二氧化碳的培养箱中培养，然后采用 $PM_{2.5}$ 混悬液或气流进行染毒，可以在染毒不同时间后，如染毒 1 小时、2 小时……24 小时或 48 小时后测定 $PM_{2.5}$ 对细胞的毒性作用，包括测定细胞存活率、凋亡率、炎症因子、内皮功能及相关的基因或蛋白等指标。该方法可以比较不同浓度 $PM_{2.5}$ 的毒性作用，建立剂量-效应关系；可以比较不同染毒时间下 $PM_{2.5}$ 的毒性作用，探索 $PM_{2.5}$ 对细胞的毒性效应时间窗；可以提取 $PM_{2.5}$ 总悬浮颗粒物或提取 $PM_{2.5}$ 中的水溶成分、非水溶成分或有机提取物，观察 $PM_{2.5}$ 不同成分对细胞的毒性作用。$PM_{2.5}$ 染毒细胞的作用方式有如下几种。

1. 液-液界面 $PM_{2.5}$ 细胞暴露　采用大流量颗粒物采样仪采集大气 $PM_{2.5}$ 于滤膜上，经冷冻真空干燥制备混悬液（具体采样方法及制备方法详见本章气管滴注染毒相关内容）。制备好的混悬液经超声震荡混匀灭菌，依据实验目的，按照一定的染毒终浓度直接加入到传代细胞株或原代培养细胞中进行染毒，所以是 $PM_{2.5}$ 液面与细胞液面的接触。如果需要观察 $PM_{2.5}$ 不同成分对细胞的毒性作用，也可以提取 $PM_{2.5}$ 中的相应成分，按照上述方法对细胞进行染毒。目前，国内外使用的细胞染毒方法一般都是直接将颗粒物加入细胞培养液中进行染毒。

2. 气-液界面 $PM_{2.5}$ 细胞暴露　传统的液-液细胞染毒是直接将大气 $PM_{2.5}$ 混悬液或其成分加入细胞培养液中，所以对细胞是一种直接的毒性作用，加入的混悬液也不利于细胞的分化，与呼吸进入体内的气态污染物和体内细胞的接触方式也不同。因为在体内，大气 $PM_{2.5}$ 一般是通过对一些细胞的直接影响而促发这些细胞分泌因子或激活蛋白、补体、受体的活性，并进一步影响其他细胞的功能或活性。所以,通过共培养细胞,可以模拟体内细胞的 $PM_{2.5}$ 暴露环境,建立单层或多层气-液界面暴露模型;模拟体内呼吸系统气-血屏障,建立大气颗粒物的直接细胞暴露模型。

目前通过气-液界面进行 $PM_{2.5}$ 暴露的方法有两种:第一,将外界空气中 $PM_{2.5}$ 直接进行细胞的气-液界面暴露。具体方法是:将外界的空气、浓缩了 $PM_{2.5}$ 的空气或雾霾天气时的空气通过特定管道通入特制的细胞培养池(培养池要能保证无菌清洁,同时要有通透性微孔膜,保证进入气体能够良好流通),更好地模拟大气 $PM_{2.5}$ 真实环境对细胞的暴露方式(图 4-2)。第二,使用颗粒物采样仪采集不同气象条件(低温、高温、低湿度、高湿度、高气压、低气压、雨天、雪天等不同天气状况)或不同粒径(使用不同切割头的分级采样器,收集 $10\ nm\sim20\ \mu m$ 粒径的大气颗粒物)的颗粒物于滤膜上,通过冷冻真空干燥的方法收集颗粒物样品,采用电喷雾气溶胶发生系统将颗粒物通入暴露管道,建立不同粒径或不同浓度颗粒物与细胞的气-液界面暴露方式。

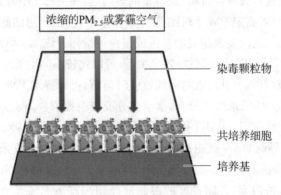

图 4-2 多层细胞大气颗粒物气-液界面暴露模型

上述两种暴露方式可以合理地评价外界实际大气中 $PM_{2.5}$ 的细胞毒性,同时可以对 $PM_{2.5}$ 不同毒性成分和不同粒径颗粒物的毒性进行细胞学毒性效应的评价。

(三) 体外细胞实验的优、缺点

1. 优点　体外细胞实验可以根据 $PM_{2.5}$ 毒效应的关键点,选择性地研究某种效应及其机制。比如,可以选择 $PM_{2.5}$ 对呼吸道影响的靶细胞——肺泡巨噬细胞或肺上皮细胞进行研究,观察 $PM_{2.5}$ 对巨噬细胞吞噬功能或内皮细胞功能的影响。体外细胞实验常用于研究 $PM_{2.5}$ 对支气管上皮细胞、心肌细胞、血管内皮细胞等的毒性作用及其机制,也用于研究 PM$_{2.5}$ 的遗传毒性,如通过 PM$_{2.5}$ 对骨髓细胞的染毒观察其致突变效应等。体外细胞实验的特点是 PM$_{2.5}$ 作用的靶细胞和靶部位明确,剂量(内剂量)准确,效应终点清楚,适用于 PM$_{2.5}$ 毒性作用机制的探究。

2. 缺点　仅对某一种或几种特定细胞或组织进行研究,体外细胞之间的相互作用与机体作为一个整体的功能调节有很大差异。同时,细胞实验所用的 PM$_{2.5}$ 暴露是直接作用于细胞,与机体吸入 PM$_{2.5}$ 后通过血液循环再与细胞接触也有很大差别。

第五章

大气 $PM_{2.5}$ 的流行病学研究方法

第一节 流行病学与 $PM_{2.5}$ 对健康影响的研究

一、流行病学定义

流行病学(epidemiology)是一门方法学,是研究疾病、健康和健康事件的分布及其影响因素,在此基础上提出合理的预防与促进策略和措施,并评价这些策略和措施的效果,以达到防治疾病、促进大众健康、延长寿命、改善生态环境等目的的科学。环境流行病学(environmental epidemiology)是运用环境医学与流行病学的基本原理和方法,研究环境有害因素对人群健康的影响规律的科学,是流行病学的一个分支。

二、环境暴露与健康效应

(一)暴露

暴露(exposure)是指研究对象的任何特征,或其接触的任何可能与其健康有关的因素。一般对健康具有保护作用的因素被称为保护因素,对健康有危害作用的因素被称为危险因素。此处所说的人吸入 $PM_{2.5}$ 就是人体 $PM_{2.5}$ 的暴露,$PM_{2.5}$ 就是人体健康的危险因素。依据人体接触 $PM_{2.5}$ 的暴露量及暴露方式可分为以下 3 种。

1. **环境暴露的检测** 人类生活的室外和室内环境中,时时刻刻都存在着大气 $PM_{2.5}$,人体也时时刻刻处于 $PM_{2.5}$ 的暴露中,所以室内或室外环境中 $PM_{2.5}$ 的浓度被称为人体 $PM_{2.5}$ 的环境暴露。环境 $PM_{2.5}$ 暴露浓度一般可以通过以下 6 种方法检测。

（1）通过国家环境监测站的数据来评估环境暴露：目前在中国城市中,特别是一些大城市和特大城市中,PM$_{2.5}$ 的监测范围、监测手段、数据记录与计算、评估方法及科学的研究方法都得到了迅速发展,依据城市功能分区及周围居民区的分布在城市中布设 PM$_{2.5}$ 监测点,安装 PM$_{2.5}$ 监测设备,因此,大多数城市都设置了众多的 PM$_{2.5}$ 监测点,被称为国控点。监测数据以每日或每小时为间隔实时地通过网络、电视、广播或手机 App 等媒介向全社会公民开放,公民可以随时通过这些媒介查阅此时此刻或过去几个月、几年的 PM$_{2.5}$ 污染浓度。

各居民区或工业区等外环境中 PM$_{2.5}$ 暴露浓度可依据就近原则,以最近的环境监测中心的 PM$_{2.5}$ 数据进行评估。具体方法：①直接以最近的环境监测中心 PM$_{2.5}$ 数据作为该评估地区环境 PM$_{2.5}$ 暴露数据；②采用 GPS 定位,确定需要监测的 PM$_{2.5}$ 区域的位置,通过加权平均的方法计算环境 PM$_{2.5}$ 暴露浓度。其优点是能通过准确的测量（一般国家环境监测站使用的是金标准——滤膜称重法测定 PM$_{2.5}$ 浓度）获得大气环境中 PM$_{2.5}$ 的真实浓度；同时,在应用于科学研究时,对人群的环境暴露进行评估并分析其与健康的相关性时,通过环境监测中心获得数据更为方便,节约现场环境监测的人力物力,可以进行人群大样本调查研究。缺点是获取每个环境监测中心数据较难；此外,由于各城市中环境监测中心布设的监测点数目较少,这就使监测点覆盖范围及空间密度不够,以某个监测点的数据作为城市中某一区域 PM$_{2.5}$ 的浓度,代表性不足。比如,需要监测的区域距离某一环境监测点的距离不是非常接近,或者监测的区域具有明显的污染源,那么使用环境监测点的数据就不能真实地反映所需监测区域实际环境中 PM$_{2.5}$ 的污染浓度。所以,以就近的环境监测点的监测数据代表研究地区人群的环境 PM$_{2.5}$ 暴露数据存在一定偏倚。

随着科学技术的发展,环境监测点的 PM$_{2.5}$ 浓度结合空间插值法、大气扩散模型、AOD、土地利用回归模型（LUR）等方法来更精确地评估某一环境区域大气 PM$_{2.5}$ 的浓度,已经成为目前研究的主要方向。

（2）中分辨率成像光谱仪（MODIS）遥感影像反演评估 PM$_{2.5}$ 浓度：大气 PM$_{2.5}$ 可吸收和散射太阳短波辐射以及地球长波辐射,可影响地气系统辐射平衡,也可影响云的辐射特性。MODIS 遥感影像反演方法是基于卫星观测数据中获得的 AOD 与 PM$_{2.5}$ 浓度数据之间的化学转移模型估算影像覆盖区域 PM$_{2.5}$ 浓度分布的方法。其主要原理是：AOD 的测定主要是基于太阳反射波段的卫星观测数据和气溶胶粒子对于太阳辐射的散射机制,而 MODIS 为气溶

胶的反演提供了丰富的信息。其优点是覆盖范围广，其分辨率可达到 1 km×
1 km 或更小的空间范围；同时，评估 PM$_{2.5}$ 浓度的时间范围也可以精确到 24
小时平均浓度。其缺点是不能通过 MODIS 获得某时间点的实时 PM$_{2.5}$ 浓度
或 1 小时内的 PM$_{2.5}$ 平均浓度。

依据下列公式可以从表观反射率反演得到气溶胶光学厚度：

$$\rho^*(\theta_s, \theta_v, \varphi) = \rho_x(\theta_s, \theta_v, \varphi) + \frac{\rho}{1-\rho_s} T(\theta_s) T(\theta_v)$$

式中，ρ^* 为卫星观测表观反射率；θs、θ_v、φ 分别为太阳天顶角、卫星天顶
角和相对方位角；$T(\theta_s)$ 和 $T(\theta_v)$ 分别为向下和向上整层大气透过率；s 为大
气球面反照率；ρ 为地表反射率。$T(\theta_s)$、$T(\theta_v)$、s 取决于单次散射反照率
（ω_0）、气溶胶光学厚度（τ）和气溶胶散射相函数（P）。

采用 MODIS 遥感影像反演方法评估大气 PM$_{2.5}$ 的浓度时，由于环境湿度
对气溶胶光学厚度的影响，在模型中需要使用校正绝对湿度的 AOD 进行
PM$_{2.5}$ 的评估。此外，这种 PM$_{2.5}$ 评估方法尚处于初级阶段，在多云、降雨或降
雪等不利于卫星监测的气象情况下，评估 PM$_{2.5}$ 浓度会有很大偏差。

（3）土地利用回归模型（land use regression, LUR）评估 PM$_{2.5}$ 浓度：该方
法是通过建立模型，利用空气质量监测点的 PM$_{2.5}$ 数据加上大气 AOD 数据及
该地周边地理要素变量（包括土地利用、道路交通、人口分布、气象和其他地理
要素等）来评估该地 PM$_{2.5}$ 浓度的方法。构建完整的土地利用模型，可以依据
AOD 反演生成的 AOD 栅格图、人口密度栅格图、交通主干道和次干道路网矢
量图、土地覆盖/利用类型栅格图数据，以研究区域内 PM$_{2.5}$ 监测点为中心，在
500 m 缓冲半径范围内提取特征变量，一般可包括 AOD 值、平均人口密度、道
路总长度、水体占有量、绿地占有量、裸地占有量、建设用地占有量、其他土地
类型占有量及叶面积指数总量，然后基于最小二乘的多变量线性回归模型手
段构建土地利用模型。模型公式可表示为：

$$y = \beta_0 + \beta_1 x_1 + \beta_2 x_2 + \beta_3 x_3 + \cdots\cdots + \beta_p x_p + \varepsilon$$

式中，β_0 为回归参数，β_1、$\beta_2 \cdots \beta_p$ 为回归系数；因变量 y，为监测站点观测
的 PM$_{2.5}$ 每小时平均浓度；x_1、$x_2 \cdots x_p$ 分别为 AOD 值、平均人口密度、叶面
积指数总量等特征自变量；ε 是随机误差。借助统计软件可构建土地利用
模型。

土地利用模型的优点是覆盖范围广，能够评估整个城市，甚至整个国家不
同区域的 PM$_{2.5}$ 浓度；同时，随着构建模型的日益成熟，有望实现在小范围内

进行 PM$_{2.5}$ 的评估,使评估值更为精确。其缺点是,选取土地利用的地理要素时不规范或不能完全涵盖,使评估结果出现偏差;同时,模型时空迁移能力差,建模时易受气象因素或重要节日等因素的影响。

(4) 大气扩散模型(atmospheric dispersion management system,ADMS):该方法是将地理信息系统(电子地图数据确定道路、河流、铁路、当地行政区和建筑物等层面,坐标用经纬度表示)、气象特征(风速、风向、气温、云量、降水量)或污染源特征(点源、面源)应用于环境测评中,利用环境监测点的测定数据,结合空气污染物浓度迁移、扩散和转化规律,建立大气扩散模型,对污染物的扩散情况进行模拟,以评估污染物的污染浓度,获得可视化显示结果。

大气扩散模型是大气扩散主流模式之一,是国际上使用较多的一种大气扩散模型,也是中国大气环境影响评价导则推荐的模型。ADMS 是由英国剑桥环境研究中心与英国气象局和 Surrey 大学等机构合作开发研制。ADMS 模型可以模拟体源、线源、面源、点源的传输与扩散;也可以对一定高度的、近地面或者地面的污染源排放的浓度进行预测;还可以针对不同的地形参数设定,对一些复杂地形进行污染源扩散模拟;预测的区域较广,最大可以达到数百千米。基于 ADMS 模型开发的 ADMS-urban 模型,对于预测城市整个区域内的污染物浓度非常有意义。

大气扩散模型的优点是能大范围评估污染物浓度。缺点是需要假定扩散模式,并需要大量的数据输入如地形数据和 PM$_{2.5}$ 的排放数据等。

(5) 嵌套网格空气质量预报模式系统(NAQPMS):该模式系统由中国科学院大气物理研究所研发,在充分借鉴吸收了国际上先进的天气预报模式、空气污染数值预报模式等的优点后,结合中国各区域、城市的地理、地形环境、污染源的排放资料等特点的基础上所建立的数值预报模式系统。该系统在研制过程中考虑了自然源对城市空气质量的影响,设计了东亚地区沙尘暴形成机制的模型,并采用城市空气质量自动监测系统的实际监测资料进行计算结果的同化。成功实现了在线的全耦合(包括多尺度、多过程)数值模拟模式,可同时计算多个区域的结果,对各计算区域边界进行数据交换,从而实现模式多区域的双向嵌套。考虑的空气污染物主要包括 SO$_2$、NOx、CmHn、O$_3$、CO、NH$_3$、PM$_{10}$、PM$_{2.5}$ 等,以及污染物排放,平流输送,扩散,气相、液相及非均相反应,干沉降和湿沉降等物理与化学过程。

(6) 使用 PM$_{2.5}$ 监测仪测定:对于小范围内环境中 PM$_{2.5}$ 的监测也可以使用便携式 PM$_{2.5}$ 采样仪或实时监测仪来完成。依据观察目的,可以把仪器安置于交通主干道、建筑工地、工业企业污染物排放口、卧室、客厅或厨房等不同地点来测定室内外环境中 PM$_{2.5}$ 污染浓度。其优点是可以准确测定不同地点、不同时间 PM$_{2.5}$ 浓度，对于在小范围内测量 PM$_{2.5}$ 浓度是非常便捷的方法；同时，数据也更为准确可靠。但该方法在评估环境中 PM$_{2.5}$ 浓度时不能大范围地评估整个城区或城市 PM$_{2.5}$ 的浓度。如果要评估大范围空气中 PM$_{2.5}$ 的浓度，需要保证便携式 PM$_{2.5}$ 采样仪或检测仪的安置密度，保证能够尽可能地监测到该范围内所有监测点 PM$_{2.5}$ 的浓度，以便对整个范围内 PM$_{2.5}$ 的浓度进行精确评估。

2. 个体暴露水平的检测　个体暴露是指人体实际暴露于某种污染物的量。PM$_{2.5}$ 个体暴露水平是指人体在某一空间范围内、某一时间范围内实际暴露 PM$_{2.5}$ 的水平。如监测对象在北京市某居民区 1 周、1 天、1 小时或 1 分钟的实际 PM$_{2.5}$ 暴露量。由于人是随时处于活动状态的，比如早上上班，在各种交通工具上，白天在办公室，晚上下班后乘坐各种交通工具回家。那么，单纯监测室外环境、办公室环境或家庭环境中 PM$_{2.5}$ 的浓度就不能反映该个体 1 天内或一段时间内实际 PM$_{2.5}$ 暴露水平，也就是说不能反映其个体暴露水平。所以，个体暴露水平的准确测量要能真实地反映个体在某一空间范围内、某一时间范围内 PM$_{2.5}$ 的实际暴露量，对于评价 PM$_{2.5}$ 的个体暴露及建立暴露-效应模型也更有意义。个体暴露的测定和评估方法目前有如下几种方法。

（1）个体 PM$_{2.5}$ 监测仪：是通过个体佩戴便携式 PM$_{2.5}$ 监测仪的方法实现，便携式 PM$_{2.5}$ 监测仪可以实时读取 PM$_{2.5}$ 的瞬时浓度并记录，或者通过在监测仪中安装采样滤膜来采集 PM$_{2.5}$ 样品，再通过实验室方法（称重法）计算 PM$_{2.5}$ 的暴露浓度或 PM$_{2.5}$ 的化学组成成分。

1）具体方法：佩戴便携式 PM$_{2.5}$ 监测仪，使仪器进气口置于人体呼吸带高度的位置，这样能够更好地代表人体呼吸过程中实际接触环境中的 PM$_{2.5}$ 情况。从佩戴监测仪开始计时，到佩戴监测仪结束，可以通过加权平均计算该段时间内人体实际的 PM$_{2.5}$ 暴露浓度。

2）优、缺点：最大的优点就是，不论监测对象的活动范围如何，能够准确地计算监测对象在一段时间内 PM$_{2.5}$ 实际暴露水平。其缺点是，便携式 PM$_{2.5}$ 监测设备价格昂贵，如果做大样本人群流行病学调查，需要许多台设备同时运行，耗费巨大的人力物力，所以该方法只能进行人群小样本的调查。此外，这种方法需要研究对象有较好的依从性，需要在监测时间内时刻佩戴监测仪。如果是监测一天 24 小时的个体暴露浓度，需要研究对象在家、在交通工具上、在公共场所或在工作单位等任何地点都要佩戴仪器，晚上休息时还需要将设备置于靠近头部一侧附近，便于更准确地测定夜间的个体暴露水平。

（2）国家环境监测站的监测数据：在研究对象样本量较大或实验室没有足够多的个体 PM$_{2.5}$ 监测仪时，也可以利用就近的国家环境检测站的数据来作为个体 PM$_{2.5}$ 暴露数据。依据具体实施方法的不同，也可以分为以下几种评估方法。

1）居住区定位系统定位：全球定位系统（GPS）的方法是依据研究对象的家庭住址或工作地址，通过 GPS 定位，以此地址最近的环境监测中心的 PM$_{2.5}$ 监测数据作为该个体在该段时间内的 PM$_{2.5}$ 暴露水平。该方法的优点是，可以使用现有环境监测中心的资料直接评价个体暴露水平。缺点是，由于城市中环境监测中心的数量有限，如果单纯以几个监测中心的数据来反映整个城市人群每个个体的实际暴露水平，往往不能详细区分个体暴露的实际差异。此外，研究对象是处于随时活动状态的，如白天在单位上班、晚上回家，还有一部分时间是在交通工具上或公共场所活动，那么以家庭住址附近的环境监测中心的数据来作为个体 PM$_{2.5}$ 的暴露水平，仅能反映研究对象在家里时的暴露水平，不能反映其位于其他地点时的暴露水平，所以也存在一定的偏倚。

2）GPS 定位手环：这种方法是给研究对象佩戴 GPS 定位手环，记录其一天的活动范围；再依据就近原则，以不同活动地点距离最近的环境监测中心的数据作为该活动地点及活动时间内个体 PM$_{2.5}$ 的暴露水平；通过加权平均法将一天内或一段时间内所有活动范围内获得的环境监测中心 PM$_{2.5}$ 的数据进行加权平均，作为该个体一天内或一段时间内 PM$_{2.5}$ 的个体暴露水平。计算公式如下：

$$y = (\bar{x}_1 + \bar{x}_2 + \bar{x}_3 + \cdots\cdots + \bar{x}_p)/p$$

式中，y 为研究对象监测时间段内的个体 PM$_{2.5}$ 平均暴露浓度，$\bar{x}_1$、$\bar{x}_2$…$\bar{x}_p$ 为研究对象在活动点 1、2……p 停留时间内 PM$_{2.5}$ 的平均暴露浓度。

3）手机 App 对 PM$_{2.5}$ 暴露浓度进行加权平均：基于智能手机的广泛普及，目前科学研究者正在研究并已投入使用的一种新方法是使用手机 App 定位研究对象的位置，同时安装在 App 内的分析模型可以自动实时加权平均附近几个环境监测站的 PM$_{2.5}$ 实时浓度，计算的加权平均值即为研究对象该段时间内 PM$_{2.5}$ 个体暴露水平。这种方法虽然也是依据国家环境监测中心数据进行 PM$_{2.5}$ 评估，但比前两种方法在精确度上有了更大的改进。一方面是对于研究对象所在的位置进行了准确定位；另一方面，如果研究对象的位置距离就近的国家环境监测中心不远，可以对附近几个环境监测中心的数据进行加权平均，更准确地反映该位置的 PM$_{2.5}$ 暴露浓度；手机 App 内的分析模型还可以对环境监测点 PM$_{2.5}$ 数据进行实时同步,以获得某时某地个体 PM$_{2.5}$ 的暴露浓度。

(3) GIS 和 LUR 综合模型:地理信息系统(GIS)是多种学科交叉的产物,它以地理空间为基础,采用地理模型分析方法,实时提供多种空间和动态的地理信息。使用时空 GIS 模型(spatiotemporal GIS model)对个体 PM$_{2.5}$ 暴露水平进行精细评估是另一种评估 PM$_{2.5}$ 个体暴露浓度的方法。该方法的原理是,将获取的 AOD 数据结合土地利用率、路网数据、气象资料和环境监测站点的日均 PM$_{2.5}$ 监测数据和当地区域性源排放数据等进行时空模型构建和验证,通过 GIS 结合调查问卷中的居住信息和常规出行路线进行个体 PM$_{2.5}$ 暴露水平的长期精细评估,或者结合 GPS 定位手环对个体出行路线进行精确评估,进而评估个体 PM$_{2.5}$ 的长期暴露水平。该方法的优点是,使用环境监测中心数据同时结合 LUR、气象资料等对个体 PM$_{2.5}$ 暴露进行评估,在精确度上更进一步。缺点是,该方法更适合于对长期暴露水平的评估,最多精确到 PM$_{2.5}$ 每日暴露浓度,不能精确到每小时甚至瞬时的 PM$_{2.5}$ 暴露浓度。

3. 内暴露剂量的监测 内暴露与上述的个体暴露有一些不同,内暴露是指实际进入人体的 PM$_{2.5}$ 浓度。由于人体的呼吸频率、PM$_{2.5}$ 在肺内的沉积率及其他个体因素的差异,即使测得人体的个体 PM$_{2.5}$ 外暴露水平,也不能真正反映进入肺内甚至进入机体循环系统的 PM$_{2.5}$ 量,而内暴露剂量的检测可以反映进入机体的 PM$_{2.5}$ 量。一般化学物质的内暴露剂量可以通过检测血液中或其他生物样品中该种物质或其代谢产物的剂量来估算。但由于大气 PM$_{2.5}$ 是由数百种污染物组成的混合物,且不同地区由于污染源、污染浓度、气象因素等的不同,致使 PM$_{2.5}$ 的组成成分也有很大差别,不同组成成分进入机体所形成的代谢产物种类也形式各异、千差万别,所以并不能找到其特异的代谢产物,也很难检测到其在体内的含量或代谢产物的含量。所以,估算 PM$_{2.5}$ 的内暴露剂量已经成为目前研究面临的重要问题。如果能够获得其内暴露剂量,对于了解其在体内的代谢情况及建立其对机体损伤的剂量-反应关系模型非常有意义。

(1) 多路径粒子剂量测量模型:多路径粒子剂量测量模型(MPPD)是一种新型的评估 PM$_{2.5}$ 内暴露的方法。该模型是由美国哈姆纳健康科学研究院和荷兰国立公共健康与环境卫生研究所共同研发的一种数学模型,用于研究不同粒径的单分散或多分散气溶胶在动物或人体头部、气管、支气管、肺泡内的沉降百分率及暴露量,用于推算颗粒物在人体内沉降的数量浓度和质量浓度,颗粒物的粒径可以精确到几纳米或几百纳米。

MPPD 可以分为单通道模型和多通道模型。研究认为,多通道模型更接近于人体气道的结构。对于人体气道结构,有 5 种模型可供选择,包括 Yeh-Schum 单通道模型、Yeh-Schum 5 叶模型、随机模型、年龄别综合模型和年龄别 5 叶模型。依据研究的人群不同可以选择不同的模型。模型一般输入的参数包括功能残气量、上呼吸道容积、呼吸频率和潮气量。该模型的优点是,能够评估机体不同部位颗粒物的暴露数量浓度和质量浓度,方法简便,易于施行。缺点是模型需要输入颗粒物的密度初始值,研究对象自身的健康状况、体育锻炼情况、职业因素会影响模型的准确性。

(2) 生物样品中炭黑水平的测定:炭黑是大气 PM$_{2.5}$ 中的固有成分,且是含量最多的物质。目前,有研究者试图通过测定尿液中炭黑的含量来反映亚慢性或慢性暴露于生物燃料相关的细小颗粒物之后其在体内分布的情况,以评价其暴露的积聚性。这种方法为细小颗粒物从肺进入循环系统的可能性提供了有力的证据,这对于观察个体暴露特征并探索低剂量颗粒物暴露与健康关系的研究迈出了重要一步。有研究者发现,尿液中炭黑的含量能反映隔日生物燃料相关的颗粒物污染的积聚。此外,有研究者发现呼吸道巨噬细胞中炭黑的面积与其个体暴露 PM$_{2.5}$ 的水平有关。所以,呼吸道巨噬细胞中炭黑的含量(面积)也可能成为个体 PM$_{2.5}$ 内暴露的评价指标。

4. 生物有效剂量(biological effective dose) 也叫靶剂量,是指到达作用部位的量,或到达靶器官并与之相互作用的量。对于 PM$_{2.5}$ 的生物有效剂量的测定,目前尚没有有效的测定方法。一方面,PM$_{2.5}$ 是一种混合物,各种化学成分进入机体后可能与机体内物质发生反应而分解为其他物质;另一方面,PM$_{2.5}$ 中的化学成分很多都是人体常量元素或必需微量元素,只有一小部分是对机体有害的微量元素,而这些元素在机体内也可通过其他途径,如饮食、皮肤等进入机体,所以具体 PM$_{2.5}$ 到达器官的生物有效剂量非常难以获得。

(二)健康效应

健康效应(health effects)是指某种环境因素作用于机体后,引起机体一定的应答性反应。健康效应(机体应答性反应)的范围很广,从无效应、分子和细胞水平的结构改变、分子和细胞水平的功能改变、疾病的前期状态(亚临床改变)、病理学特征改变、疾病和死亡,都称之为不同的效应终点(endpoints)。宏观上,也可以是人群寿命损失、经济损失等指标。一般情况下,研究 PM$_{2.5}$ 对健康的影响,常用的健康效应指标如下。

1. 发病率、死亡率和入院率 因某种疾病所致的发病、死亡或入院的频率。目前研究比较多的是人群的全死因死亡率、死因别死亡率、病因别入院率,以及呼吸系统或心血管系统等的疾病发病率或死亡率等。

2. 亚临床症状　是指机体发生代谢或功能上某种程度的变化,但无明显的临床症状和体征,亚临床症状的一些体内表现可通过生理、生化、免疫等方面的检验手段进行检测。

3. 临床症状与体征　如咳嗽、咳痰、呼吸困难、心慌、胸闷、气短、头晕、心律失常等。

4. 实验室指标检测　如血液炎症指标、氧化损伤指标、内皮功能损伤指标、凝血功能障碍指标和免疫损伤指标等检测,血压、心率、心律等自主神经功能检测,肺泡灌洗液的检测,基因组学检测,代谢组学检测等。

5. 机体功能检测　如心功能、肺功能、肾功能、免疫功能或血管功能等检测。

6. 寿命损失计算

(1) 健康期望寿命(healthy life expectance,HLE):是指一个人在完全健康状态下生存的平均年数。由于 PM$_{2.5}$ 的污染可明显降低人群的健康期望寿命,所以,在健康效应评估时也可以通过评估 PM$_{2.5}$ 降低健康期望寿命的程度来了解 PM$_{2.5}$ 对健康的影响。一项来自欧洲的研究认为,PM$_{2.5}$ 每年导致386 000 人死亡,并使欧盟国家人均期望寿命减少 8.6 个月。

(2) 伤残调整寿命年(disability-adjusted life year,DALY):是指从发病到死亡所损失的全部健康寿命年,包括因早死所致的寿命损失年和伤残所致的健康寿命损失年两部分。DALY 是一个定量的计算因各种疾病造成的早死与残疾对健康寿命年损失的综合指标。是将由于早死(实际死亡年数与低死亡人群中该年龄的预期寿命之差)造成的损失和因伤残造成的健康损失两者结合起来加以测算的。

在欧洲开展的一项研究评估了比利时、芬兰、法国、德国、意大利和荷兰 6个城市中苯、PM$_{2.5}$、铅、交通噪声及二手烟暴露对人群 DALY 的影响。评估PM$_{2.5}$ 的疾病负担一般通过人群心肺疾病死亡率、肺癌死亡率、非意外死亡率、慢性支气管炎和限制活动的天数来计算。该研究结果发现,PM$_{2.5}$ 作为首要危险因素与每年每 100 万人的 4 500～10 000 的 DALY 有关。美国环境健康中心于 2015 年对空气污染的疾病负担的评估指出,PM$_{2.5}$ 能导致 420 万人的死亡,并导致 10 310 万 DALY 的损失。

在评估损失过程中,也有研究者提出伤残调整期望寿命年(disability-adjusted life expectancy,DALE)的概念。DALE 是一种新型的健康综合衡量指标,是以完全健康状况下生活年数为基础,评估空气污染等危害所致的人体从发病到死亡所损失的全部健康寿命年,包括因早死所致的寿命损失年和伤残所致的健康寿命损失年两部分。DALE 在评估 PM$_{2.5}$ 所致的健康效应方面具有重要的作用,一些研究已经表明 PM$_{2.5}$ 能导致 DALE 的增加。

7. 疾病负担　疾病负担的增加包括机体对外源化学物的负荷增加、意义不明的生理和生化指标改变。疾病负担已经广泛用于评估危险因素与健康的关系,每年全球疾病负担(global burden of disease, GBD)专家组都会对上一年度全球健康进行评估,研究结果发表于 *Lancet* 上。2017 年的 GBD 结果显示,在全球范围内,PM$_{2.5}$ 污染所导致的公共健康风险比通常认为的要严重得多,在全球,大气 PM$_{2.5}$ 每年导致 320 万人过早死亡及 7 600 万健康寿命年的损失;而在中国,大气 PM$_{2.5}$ 的增加导致 120 万人超额死亡及 2 500 万健康寿命年的损失。

三、剂量-效应(反应)关系

大气 PM$_{2.5}$ 暴露量的增加导致机体生物学效应的改变称为剂量-效应关系(dose-effect relationship),如大气 PM$_{2.5}$ 增加与机体的临床表现、心功能、肺功能和机体生物学效应指标等健康效应的关系。环境因素暴露量的增加,所引起的具有某种生物效应人数的变化,称为剂量-反应关系(dose-response relationship),如大气 PM$_{2.5}$ 导致人群发病率或死亡率的增加。

(一)流行病学研究中 PM$_{2.5}$ 对健康影响的剂量-反应关系

采用流行病学研究大气 PM$_{2.5}$ 暴露与健康的关系,在建立统计模型和分析中常常采用 PM$_{2.5}$ 浓度的增加使发病率、死亡率或健康效应指标等增加或减少多少来评估其危害的大小。但是,浓度增加多少在不同的研究方法中或不同地区的研究中均有不同。

1. PM$_{2.5}$ 增加固定浓度值　最常用的如 PM$_{2.5}$ 浓度增加 1 $\mu g/m^3$、5 $\mu g/m^3$、10 $\mu g/m^3$ 后效应的变化程度来评价效应发生的变化,后面介绍的队列研究、病例-对照研究、时间序列研究和病例交叉研究等都可以用这种效应值来评定。PM$_{2.5}$ 浓度增加的幅度是 1 $\mu g/m^3$、5 $\mu g/m^3$ 还是 10 $\mu g/m^3$,一般依据研究中人群暴露的实际浓度和研究所在地区实际大气中的 PM$_{2.5}$ 浓度来确定。如在中国,外界大气中 PM$_{2.5}$ 浓度和人群 PM$_{2.5}$ 暴露都很高,致使人群暴露浓度的变化幅度也较大,不可能只变化 1 $\mu g/m^3$,所以一般研究采用的增加幅度为 10 $\mu g/m^3$。而在美国、欧洲等地区 PM$_{2.5}$ 污染浓度较低,相应的人群 PM$_{2.5}$ 暴露浓度的变化幅度也较小,所以一般采用 1 $\mu g/m^3$ 的增加幅度来计算。这种方法虽然能通过设定基本统一的 PM$_{2.5}$ 浓度来计算效应的变化,使结果多了一些比较的可能性,但由于各地区 PM$_{2.5}$ 的污染浓度千差万别,所以统一限定为 1 μg/m^3、5 μg/m^3 或 10 μg/m^3 不能充分反映不同地区自身的特点。

2. PM$_{2.5}$ 增加四分位数间距(interquartile range, IQR)　一些研究也开始采用 PM$_{2.5}$ 增加的 IQR 来评估其对健康效应的影响。四分位数(quartile)是统计学中分位数的一种,即把所有数值由小到大排列并分成 4 等份,处于 3 个分割点位置的数值就是四分位数,第 3 四分位数与第 1 四分位数的差即称为 IQR。在 PM$_{2.5}$ 与健康关系的研究中,首先测定所有研究对象 PM$_{2.5}$ 暴露浓度,然后计算暴露浓度的 IQR。以 IQR 为 PM$_{2.5}$ 暴露浓度的变化幅度带入统计模型并计算 PM$_{2.5}$ 每增加 IQR 后健康效应的变化。阚海东等的研究发现,PM$_{2.5}$ 每增加 IQR(35.8 μg/m^3),人群的早晨第 1 秒用力呼气量(FEV$_1$)、晚间 FEV$_1$、早晨最大呼气量(PEF)和晚间 PEF 分别累积减少 33.49 ml(95％$CI =$ 2.45~54.53)、16.80 ml(95％$CI = 3.75$~29.86)、4.48 L/min(95％$CI =$ 2.30~6.66)、1.31 L/min(95％$CI = -0.85$~3.47)。

采用 IQR 作为增加幅度来研究 PM$_{2.5}$ 效应的优点是,能够充分结合研究对象的实际暴露浓度,能够充分考虑低暴露人群和高暴露人群的健康效应状况,更好地确定该暴露浓度下健康效应的变化。

3. PM$_{2.5}$ 增加低浓度设定值(low concentration cut-off, LCC)　LCC 是另一个用于研究 PM$_{2.5}$ 增加相应浓度值对健康效应影响的设定值。LCC 的设定是依据研究地区 PM$_{2.5}$ 污染浓度、人群暴露浓度及 PM$_{2.5}$ 在不同地区的空气质量标准来综合考虑的。研究中假设在 LCC 浓度下,PM$_{2.5}$ 对研究的健康效应影响的风险为 0,计算高于该浓度的暴露并与其相比较后对健康效应的风险,即对浓度高于 LCC 时 PM$_{2.5}$ 对健康的影响进行风险评估。LCC 的取值在不同的研究或不同地区的研究中均不同。例如,在美国当地的研究中,LCC 一般取美国环境保护局制定的 PM$_{2.5}$ 质量标准(日平均质量浓度 35 μg/m^3 和年平均质量浓度 12 μg/m^3),或世界卫生组织对 PM$_{2.5}$ 制定的准则值、过渡期目标值。在中国当地的研究一般取国家环保局制定的 PM$_{2.5}$ 质量标准值 75 μg/m^3(日平均)和 35 μg/m^3(年平均),或世界卫生组织对 PM$_{2.5}$ 制定的准则值、过渡期目标值,或美国 EPA 制定的质量标准值。除了各种质量标准外,也可以取根据人群权重得出的 PM$_{2.5}$ 暴露最低浓度等值。由此可见,其取值的基本原则就是,假设在该浓度下 PM$_{2.5}$ 对健康的影响较低或没有影响,然后评估浓度在该值以上时对健康效应的风险。所以,LCC 的取值较为灵活,可以依据研究目的设定不同的 LCC,可以是国家的空气质量标准,也可以是世界卫生组织的指导值等。通过与 LCC 浓度下健康风险的比较,评价 $PM_{2.5}$ 质量标准是否能最大限度地保护人群健康,同时也能比较不同 $PM_{2.5}$ 空气质量标准下的健康风险差异。

英国的一项对全世界 183 个国家采用 LCC 评估 $PM_{2.5}$ 对婴儿早产的影响,LCC 设定为 $10\ \mu g/m^3$ 和 $4.3\ \mu g/m^3$。结果发现,LCC 设定为 $10\ \mu g/m^3$ 时,$PM_{2.5}$ 大约对 270 万的婴儿早产有影响;LCC 设定为 $4.3\ \mu g/m^3$ 时,$PM_{2.5}$ 大约对 340 万的婴儿早产有影响。

(二)毒理学研究中 $PM_{2.5}$ 对健康影响的剂量-反应关系

采用毒理学研究探索 $PM_{2.5}$ 对健康影响的剂量-反应关系,一般设置对照以及低浓度、中浓度、高浓度的 $PM_{2.5}$ 对动物或细胞进行染毒,通过比较不同浓度 $PM_{2.5}$ 对动物或细胞毒性的大小,分析其对健康的影响是否具有剂量-反应关系。在动物染毒实验中,$PM_{2.5}$ 浓度一般采用动物呼气量、体重、$PM_{2.5}$ 在肺内的沉积率等并结合空气质量标准等计算一个最低染毒浓度,然后中剂量组和高剂量组逐级加倍,以此来观察其剂量-反应关系。笔者课题组之前的研究对大鼠的染毒剂量为 $0\ mg/kg$、$1.6\ mg/kg$、$8.0\ mg/kg$ 和 $40.0\ mg/kg$,结果发现 $PM_{2.5}$ 对大鼠血压循环系统和心肌炎症及心脏自主神经功能等的影响随着 $PM_{2.5}$ 浓度的增加而增加,即这种影响具有剂量-反应关系。

第二节 大气 $PM_{2.5}$ 的流行病学研究方法

环境流行病学(environmental epidemiology)主要研究环境因素的暴露与人群健康反应的关系。其最终目的是阐明由环境因素导致健康影响的因果关系并提出防治措施,消除或减轻健康危害。因此需要发现环境暴露与健康影响的因果关系,而不仅仅是一种可能的暴露因素与健康危害的联系。

一、流行病学研究方法的分类

空气污染对人群健康影响的流行病学研究方法可归纳为两类:短期效应研究和长期效应研究。短期效应研究是指 $PM_{2.5}$ 短期暴露所致的健康效应,与其相对应的就是长期效应研究。一般按照流行病学研究的设计类型可分为现况研究、队列研究、病例-对照研究、时间序列研究、病例交叉研究、固定群组研究和实验研究等。

二、大气 PM$_{2.5}$ 对健康影响的流行病学研究方法

(一) 现况研究

现况研究(prevalence study)又称为横断面研究(cross-sectional study)。在研究 PM$_{2.5}$ 的健康危害时,该研究方法是通过调查特定时间点或较短时间内 PM$_{2.5}$ 与疾病或事件发生现状的关系,通过观察发病率、患病率、死亡率或血压、血脂、炎症反应指标、免疫功能等生理、生化检测指标状况,研究这些健康效应的发生与 PM$_{2.5}$ 的关系。在研究 PM$_{2.5}$ 与健康的过程中,通过了解某一时间点(如某天、某月或某年)人群 PM$_{2.5}$ 暴露水平与人群健康效应状况,建立大气 PM$_{2.5}$ 暴露与健康效应之间的关联。现况研究只是对一段时间内暴露和效应进行描述,提供暴露与效应的关系线索,并不能得出暴露与效应的因果关系结论。因为在调查过程中,暴露和效应在时间上是同时发生的,没有先后的关系。

(二) 病例-对照研究

病例-对照研究(case-control study)是流行病学研究中最基本、最重要的研究类型之一,属于回顾性研究,研究的时间顺序是从"果"到"因"。基本原理是,以确诊的患有某种特定疾病的患者或具有某种病理学特征的研究对象作为病例,以未患有该病及相关疾病或没有某种病理学特征的且与病例具有可比性的个体作为对照,通过问卷调查、实验室检查或复查病史,收集既往各种可能的危险因素的暴露史,测量并比较病例组与对照组各因素的暴露差异,经过统计学检验,控制了各种偏倚之后,比较某一种或几种因素在两组人群健康结局中的影响有无统计学意义,来确定该因素与健康效应之间是否存在统计学关联(图 5-1)。

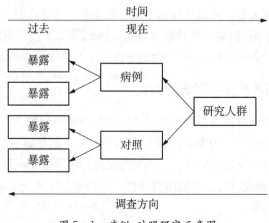

图 5-1　病例-对照研究示意图

　　在研究 PM$_{2.5}$ 与健康的病例-对照研究中,可以患病的人群(如患有心血管疾病的人群)作为病例组,然后匹配不患有心血管疾病的人群作为对照组,通过问卷调查或收集过去的 PM$_{2.5}$ 污染资料对两组人群过去暴露于 PM$_{2.5}$ 的状况进行回顾性调查,计算病例组中暴露与非暴露人数的比例及对照组中暴露与非暴露人数的比例的比(即比值比),了解 PM$_{2.5}$ 暴露与心血管疾病发生的关系。病例-对照研究一般采用 logistic 回归分析方法进行暴露与效应的关系分析。

　　2016 年发表在《环境健康展望》的一篇文章采用病例-对照研究探索不同来源和不同成分的颗粒物与早产的关系。研究发现,怀孕期间母亲 PM$_{2.5}$ 的暴露导致早产的相对危险度为 1.133(95%$CI=1.118\sim1.148$)。

(三) 队列研究

　　队列研究(cohort study)是公认的评价暴露与效应关系的结论最为可靠的方法。一般可以采用队列研究方法观察 PM$_{2.5}$ 长期暴露对人群健康的影响,这种方法能建立暴露与效应的因果关系。其原理是,首先选定一个大样本的人群单位,连续跟踪测定人群中个体 PM$_{2.5}$ 的暴露水平和健康效应终点,通过统计分析模型计算暴露组与非暴露组健康效应终点发生的概率之比值,即相对危险度,探讨暴露与健康效应之间有无关联或关联的大小(图 5-2)。队列研究的研究周期长,人力物力投入巨大,但获得的健康与效应之间的关系也更明确,被认为是流行病学中探索因果关系最为可靠的方法。同时,队列研究也能够发现一些预料之外的健康效应,比如在使用此方法研究长期 PM$_{2.5}$ 暴露对人群心血管疾病发生的影响时,也许会发现 PM$_{2.5}$ 暴露与肺癌或 2 型糖尿

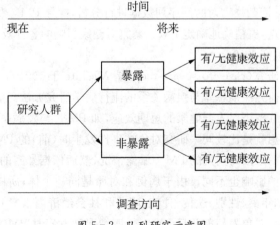

图 5-2　队列研究示意图

病等其他健康效应的相关关系,对于研究暴露与健康效应的关系具有重要的意义。所以,队列研究一直被认为是研究环境与健康的最为重要也是最可信的研究方法。队列研究一般采用 logistic 回归分析方法进行暴露与效应的关系分析。

目前国内外研究者采用队列研究进行了一系列空气污染与健康的研究,如来自意大利的空气污染与 2 型糖尿病关系的研究;来自北京的 PM$_{2.5}$ 与男性非意外死因别死亡率的关系,PM$_{2.5}$ 与新生儿出生体重的关系;来自加拿大的空气污染与老年性痴呆发生率的关系。所有这些研究都为空气污染与健康效应之间的关联提供了有力的因果关系证据。

(四) 时间序列研究

在医学科研工作中,按某种时间间隔(相等或不相等)对客观事物进行动态观察,由于随机因素的影响,各次观察的指标 x_1, x_2, x_3, $\cdots x_i$,都是随机变量,这种按时间顺序排列的随机变量称为时间序列。时间序列中每一数值都是各种因素共同作用的总结果。时间序列研究(time-series study)结果较精确,是一种短期效应研究方法,它的结果不受个体暴露因素(如吸烟、职业)的混杂影响,且不排除建立在因果关系上的回归预测模型。但值得注意的是,时间序列研究要求基础人群(如总人口数量,人口内部组成等)在一定时间内相对稳定。通常,在研究 PM$_{2.5}$ 与人群死亡率、患病率、发病率、入院率或门诊率关系的时候,可以通过收集每日大气 PM$_{2.5}$ 暴露水平,同时收集每日人群某种疾病的发病人数或死亡人数,然后通过统计分析模型分析 PM$_{2.5}$ 与健康效应的关系。由于 PM$_{2.5}$ 暴露与健康效应之间可能存在一定的滞后效应,即健康效应的发生可能是由于几小时之前或几天之前 PM$_{2.5}$ 的暴露所致。所以,可以采用 Possion 回归模型对时间序列数据进行分析,探寻 PM$_{2.5}$ 暴露对健康影响的作用时间点,更精确地确定 PM$_{2.5}$ 暴露对健康影响的急性效应时间。

(五) 病例交叉研究

病例交叉研究(case-crossover study)是 Maclure 于 1991 年首次提出的,它是一种用于研究短期暴露与疾病关系的流行病学研究方法。病例交叉研究可用于研究空气污染对人群健康的短期效应,如 PM$_{2.5}$ 与发病率、死亡率等的关系。基本思想就是比较同一研究对象在事件发生时(前)的 PM$_{2.5}$ 暴露情况和未发生事件的某段时间内的 PM$_{2.5}$ 暴露情况,然后依据暴露的不同,观察是否对健康效应的影响也不同。由于病例和对照是同一个体,所以可有效控制个体特异性(如年龄、性别、遗传、种族、职业和社会经济因素等)混杂因素,可以通过比较研究对象发病前几日 PM$_{2.5}$ 暴露情况和发病时 PM$_{2.5}$ 的暴露情况来观察 PM$_{2.5}$ 对疾病发病的影响,可以建立条件 logistic 回归模型进行统计分析。

(六) 固定群组研究

固定群组研究(panel study)实际上是前瞻性队列研究的一种,是通过一组样本重复测量来观察 PM$_{2.5}$ 对健康效应的影响。这种研究是选取一定数量的人群为研究对象,通过短期或长期跟踪研究对象,定期监测研究对象的 PM$_{2.5}$ 暴露水平(研究对象可以是暴露于实际环境中的 PM$_{2.5}$,或作为研究志愿者暴露于高浓度 PM$_{2.5}$ 的环境中,或暴露于经过净化 PM$_{2.5}$ 的环境中),定期监测研究对象健康效应指标如临床症状、肺功能、心功能、系统炎症反应、免疫反应、胰岛素抵抗等,通过建立统计模型观察 PM$_{2.5}$ 暴露或 PM$_{2.5}$ 干预对健康效应的影响。

固定群组研究的统计分析可通过任仕泉的随机效应模型推导的单因素重复测量设计来计算样本量。计算公式如下:

$$M=[1+(k-1)\rho]\frac{\sigma^2(Z_{\alpha/2}+Z_\beta)^2}{k\delta^2}$$

式中,M 为所需样本含量;$Z_{\alpha/2}$,Z_β 分别为标准正态分布的临界值(单侧检验时用 Z_α,双侧时为 $Z_{\alpha/2}$);δ 为组间可以识别的最小差异;κ 为受试者重复测量次数;σ 为标准差;ρ 代表条件相关系数。

固定群组研究是通过小样本人群的重复测量来观察暴露与效应的关系,其优点是样本量小,研究对象从问卷调查、采样到实验室生物学样品容易控制,也容易获得,样品分析方法一致性较好;在人力和物力上也能节约成本;可以对研究对象给予相同的干预因素或处理因素,如给予空气净化器防御、口罩防御或营养物干预,或者给予高浓度 PM$_{2.5}$ 短期暴露,所以研究方案便于实施;研究人群是通过多次重复测量来建立暴露-效应关系,适合短期或长期的跟踪调查,并能获得急性或慢性的暴露-效应关系。缺点是研究对象的选取要有良好同质性,避免选择偏倚;样本量较小,且样本都是某一方面的同质人群(如年龄相当、职业相当、统一性别、统一身体状况、统一疾病状况和临床治疗状况),所以研究结果外推到整个公众人群有一定的不确定性;通过获得的暴露-效应关系受样本量小和同质性的影响,与队列研究获得的暴露与效应的因果关系有一定差距。

(七) 实验研究

通过招募志愿者,使志愿者短期或间隔暴露于高浓度 PM$_{2.5}$ 或净化了

PM$_{2.5}$ 的空气,通过测量志愿者的健康效应来分析健康-效应的关系,或者通过给予志愿者药物、营养物等来观察其对 PM$_{2.5}$ 所致健康危害的干预作用。关于 PM$_{2.5}$ 与健康效应的临床试验研究也受到了研究者的关注,如研究 PM$_{2.5}$ 与行急诊冠状动脉介入治疗患者发病的关系,研究 PM$_{2.5}$ 与 2 型糖尿病患者并发症发生的关系,研究 PM$_{2.5}$ 与心律失常患者急性发作的关系等。

第三节 PM$_{2.5}$ 对健康影响的流行病学研究案例

一、国际相关研究案例

目前得到公认的 PM$_{2.5}$ 长期暴露与人群死亡率关系的流行病学研究有两个,且这两个研究都是队列研究,分别是美国哈佛大学 6 个城市研究和美国癌症协会的队列研究。

1. 美国哈佛大学 6 个城市研究 从 1974 年开始在美国 6 个城市中跟踪 8 111 名普通民众开展队列研究,研究共持续了 16 年。研究发现,PM$_{2.5}$ 污染最重城市的人群死亡率是污染最轻城市人群死亡率的 1.26 倍;同时,空气污染与人群的肺癌和心血管疾病的死亡明显相关。

2. 美国癌症协会的队列研究 该研究长达 16 年(1982~1998 年),在美国跟踪随访了 50 万名研究对象。结果发现,PM$_{2.5}$ 浓度每升高 10 $\mu g/m^3$,人群总死亡率、心肺疾病和肺癌死亡率可分别增加 4%(95%CI=1%~8%)、6%(95%CI=2%~10%)和 8%(95%CI=1%~16%)。

二、国内相关研究案例

国内也已开展了较多的关于 PM$_{2.5}$ 污染与健康的流行病学研究,由于队列研究的建立难度较大,耗费人力物力较大,所以目前相关队列研究的结果甚少。现有的研究多采用固定群组研究、时间序列研究和病例交叉研究等方法进行探索。

来自中国北京的研究探讨大气颗粒物(PM$_{10}$ 及 PM$_{2.5}$)污染对居民循环系统疾病死亡的影响,通过连续监测 2007~2008 年北京市大气中 PM$_{2.5}$ 日均浓度,并收集同时期海淀区居民循环系统疾病死亡数据、北京市大气污染物和气象条件资料进行分析,采用时间序列模型分析暴露与效应的关系。结果显示,在控制当日气温、相对湿度、平均气压和风速的影响后,PM$_{2.5}$ 每升高 10 $\mu g/m^3$,

循环系统疾病、心血管疾病、脑血管疾病死亡的超额危险度分别为 0.78%、0.85% 和 0.75%,其中颗粒物在温暖季节(每年的 $4\sim9$ 月)对循环系统危害更大。虽然结果与传统认为的冬季气候寒冷颗粒物对健康的影响更大不一致,但也向我们提出警示,不同地区、不同浓度的颗粒物在不同季节或温度下对健康可能有不同的影响。同时,研究也发现大气 $PM_{2.5}$ 对健康的影响比 PM_{10} 更大。此外,来自上海的病例-交叉研究也认为,$PM_{2.5}$ 的暴露能增加人群心血管疾病和呼吸系统疾病的门诊率。

第六章

大气 $PM_{2.5}$ 对健康的影响

第一节 大气 $PM_{2.5}$ 与健康概述

20 世纪 90 年代以来,环境变化对人体健康影响的研究工作得到了空前的重视与飞速的发展,国内外相关研究机构发表了数以千计的关于空气污染与人群健康问题的专题报道与研究成果。国际环境流行病学领域近几十年的研究已经证实,长期或短期暴露于大气颗粒物,特别是暴露于 $PM_{2.5}$ 可导致心肺系统的患病率、死亡率及人群总死亡率明显升高;同时,$PM_{2.5}$ 浓度的升高也与呼吸系统、心血管系统、脑血管系统和代谢系统等疾病的发生、发展密切相关。1997 年美国将 $PM_{2.5}$ 纳入环境空气质量标准,2005 年世界卫生组织(WHO)引入环境空气质量指南,其中针对 $PM_{2.5}$ 提出了 3 个过渡阶段的目标值。世界各国也先后将 $PM_{2.5}$ 的卫生质量标准与 WHO 指导值和目标值衔接。2012 年,中国颁布新修订的《环境空气质量标准》,首次对 $PM_{2.5}$ 的浓度限值制定了卫生质量标准,而且该标准与 WHO 第一过渡阶段的目标值相衔接。

一、开展大气 $PM_{2.5}$ 与健康研究的意义

(一)$PM_{2.5}$ 对相关疾病负担的影响

2016 年《全球疾病负担评估报告》指出,虽然自 1990 年以来,空气污染对健康的危害有所下降,表现为 2016 年空气污染使男性的伤残调整寿命年下降了 14.2%($95\%CI=11.5\%\sim17.1\%$),使女性的伤残调整寿命年下降了 21.3%($95\%CI=17.8\%\sim24.5\%$)。但 2016 年空气污染在全球健康风险因子中仍高居第 6 位,且在 195 个国家和地区中均排在前 10 位,在中国和印度

甚至排在第4位和第3位。由空气颗粒物污染所致的死亡风险最高的发生在中国[11.1%（95%$CI=9.7\%\sim12.7\%$）]和印度[10.6%（95%$CI=9.2\%\sim11.9\%$）]，空气污染所致疾病负担主要体现在下呼吸道感染和慢性阻塞性肺疾病，同时对糖尿病、心血管疾病、脑血管疾病和肺癌也有明显影响。在全球范围内，PM$_{2.5}$污染所导致的公共健康风险比通常认为的要严重得多，每年在全球导致320万人过早死亡以及7 600万健康寿命年的损失；而在中国，大气PM$_{2.5}$的增加导致120万人超额死亡及2 500万健康寿命年损失。GBD研究也指出，早死、缺血性心脏病、慢性阻塞性肺疾病、脑卒中（中风）和肿瘤等疾病归因于颗粒物的大约占15.25%、9.96%、21.01%、2.31%和5.97%。2019年复旦大学阚海东等进行的全球652个城市的PM$_{2.5}$健康研究发现，PM$_{2.5}$浓度每升高10 $\mu g/m^3$，使每日全死因死亡率、心血管疾病死亡率和呼吸系统死亡率分别增加0.68%（95%$CI=0.59\sim0.77$），0.55%（95%$CI=0.45\sim0.66$）和0.74%（95%$CI=0.53\sim0.95$），该研究是在全球范围内对PM$_{2.5}$的健康危害进行评估，为PM$_{2.5}$短期暴露致人群死亡率提供了重要的流行病学证据。

PM$_{2.5}$浓度升高与人群入院率明显相关。有研究认为PM$_{2.5}$日平均浓度每升高10 $\mu g/m^3$，冠心病的入院率升高1.89%，心肌梗死入院率升高2.25%，先天性心脏病发生率升高1.85%，呼吸系统疾病危险度升高2.07%。中国北京市大气PM$_{2.5}$浓度的升高与人群心血管疾病发病危险性和急诊率的增加有关。沈阳市和广州市的研究也发现，PM$_{2.5}$污染与人群总死亡率、呼吸系统疾病及心血管系统疾病死亡率均呈正相关，在65岁以上的老年人群和女性人群中更为明显。另有流行病学研究认为，中国有40%的心脑血管疾病死亡和20%的肺癌死亡可归因于大气PM$_{2.5}$污染。

（二）大气PM$_{2.5}$对健康影响的"分布"

大气PM$_{2.5}$对人群健康的影响实际上是呈"金字塔形分布"（图6-1），即暴露了大气PM$_{2.5}$的一部分人没有明显的临床表现，身体处于健康状态，只是表现为体内PM$_{2.5}$负荷量的增加；一部分人暴露于PM$_{2.5}$后也没有明显的症状，但体内某些敏感的生理学指标可能出现轻微的改变，如炎症指标稍有上升、凝血因子轻微改变及自主神经功能的轻微改变等；还有一部分人也没有明显的临床症状出现，仅是表现为亚临床症状，如机体疾病负荷增加、机体功能下降，或体内某些生理性、病理性指标的改变等；还有一小部分人出现临床症状或体征，即表现为发病，出现明显的临床症状（如咳嗽、咳痰、胸闷、头晕等），甚至需要就医治疗；而极少一部分人会出现死亡等严重结局。所以，根据PM$_{2.5}$暴露导致人群出现不同健康效应的情况，应重点保护易感人群，也就是

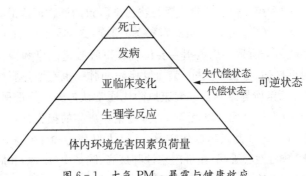

图 6-1　大气 PM_{2.5} 暴露与健康效应

保护易于受到 PM_{2.5} 危害的人群非常重要。

（三）大气 PM_{2.5} 不同成分的毒性作用

　　大气 PM_{2.5} 对健康的影响与其含有多种多样的有毒有害成分有关。如第一章所述，PM_{2.5} 中含有多种重金属、有机物和一些生物来源的物质，而这些物质均是导致 PM_{2.5} 产生毒性作用的重要因素。PM_{2.5} 中各种成分及含量的不同导致环境中不同来源的 PM_{2.5} 危害性也有明显差异。大气 PM_{2.5} 中不同成分的毒性作用见表 6-1。近年来，大量流行病学研究对 PM_{2.5} 不同成分的毒性作用进行了探讨，结果发现，大气颗粒物中的 Fe 和 Ti 与总死亡率明显相关；K、Ca、Mg、有机碳、硫酸盐、铵及硝酸盐与人群呼吸系统死亡率明显相关；炭黑和 Ni 与中风明显相关；有机碳、元素碳、硝酸盐及铵与血压升高、系统炎症、凝血功能障碍及缺血性心脏病明显相关；Sr、Fe、Ti、Co 和 Mg 与内皮功能障碍明显相关。所以，PM_{2.5} 不同成分在促发健康危害中具有不同的作用。

表 6-1　大气 PM_{2.5} 不同成分的毒性作用

成　分	健康影响
金属（铁、铅、钒、镍等）	诱发炎症、引起 DNA 损伤、改变细胞通透性、产生活性氧自由基、引起中毒
有机物	致突变、致癌、诱发变态反应
生物来源（病毒、细菌及其内毒素、动植物屑片、真菌孢子）	引起过敏反应、改变呼吸道的免疫功能、引起呼吸道传染病
离子（SO_4^{2-}、NO_3^-、NH_4^+、H^+）	损伤呼吸道黏膜、改变金属等的溶解性
光化合物（臭氧，过氧化物、醛类）	引起下呼吸道损伤
颗粒核	呼吸道刺激、上皮细胞增生、肺组织纤维化

［注：表引自：杨克敌. 环境卫生学（第七版）. 北京：人民卫生出版社，2012.］

二、大气 PM$_{2.5}$ 对人体健康的危害

（一）急性危害

环境污染的急性危害是指环境污染物在短时间大量进入环境,使得暴露人群在较短时间内出现明显的不良反应、急性中毒,甚至死亡等。大气 PM$_{2.5}$ 的急性危害主要表现为对呼吸系统和心血管系统造成损害。当人体短时间内暴露于高浓度 PM$_{2.5}$ 时,可引起咳嗽、呼吸困难、哮喘、慢性支气管炎急性发作、心律变异性降低及冠心病的急性发作等,也会导致患有非致死性心、肺疾病患者出现过早死亡。老人、小孩、孕妇以及心脑血管疾病患者和呼吸系统疾病患者是 PM$_{2.5}$ 暴露的敏感人群,他们在暴露于 PM$_{2.5}$ 后更易于出现健康危害或不良健康结局。

与颗粒物相关的最著名的大气污染急性危害事件是 1952 年 12 月发生在伦敦的"伦敦烟雾事件"。大量工业生产排出的废气和生活中燃煤取暖排出的废气受高气压逆温气象因素的影响难以扩散,积聚在城市上空,使整个城市被迷雾笼罩,大气中的污染物浓度持续上升,当时空气中总悬浮颗粒的浓度一度高达 $1\,000 \sim 2\,000\ \mu g/m^3$,许多人出现胸闷、气喘、窒息等不适感,人群发病率和死亡率急剧增加。在此次烟雾事件持续的 5 天时间里,据英国官方统计,丧生者达 5 000 多人,在之后的两个月内又有 8 000 多人相继死亡。该事件成为 20 世纪十大环境公害事件之一。

综合国内关于大气污染对人群死亡影响的宏观流行病学研究发现,PM$_{10}$、PM$_{2.5}$ 浓度每增加 $10\ \mu g/m^3$,人群短期暴露的总死亡率分别增加 0.33％和 0.40％;心血管疾病急性死亡率分别增加 0.40％和 0.53％;呼吸系统疾病急性死亡率分别增加 0.65％和 1.43％。最近来自广州的一项研究也发现,PM$_{2.5}$ 每小时激增 $500\ \mu g/m^3$,能导致心血管疾病死亡率、缺血性心脏病死亡率、脑血管死亡率和急性心肌梗死死亡率分别增加 4.55％($95\%CI = 3.59\% \sim 5.52\%$)、4.45％($95\%CI = 2.81\% \sim 6.12\%$)、5.02％($95\%CI = 3.41\% \sim 6.65\%$)和 3.00％($95\%CI = 1.13\% \sim 4.90\%$)。

从以上数据可以看出当空气中的 PM$_{10}$、PM$_{2.5}$ 浓度急剧升高时,应该采取相应措施以降低其对机体的损害,特别是要保护好易感人群。此外,一些病例-交叉研究、时间序列研究也发现大气颗粒物浓度的短期升高与人群的总入院率、门诊率、死亡率或病因别入院率、门诊率、死亡率明显相关,也会促发一些疾病如动脉粥样硬化、心律失常、慢性阻塞性肺疾病、脑血管病等疾病的急性发作,甚至导致不良临床结局的发生。

在分子、蛋白、组织器官损伤等病理生理学指标层面上,动物实验研究和流行病学研究发现,短期暴露于 PM$_{2.5}$ 与下列健康危害明显相关:①氧化应激:活性氧自由基、丙二醛等升高,抗氧化酶谷胱甘肽过氧化物酶(glutathione peroxidase,GSH - Px)、超氧化物歧化酶(orgotein superoxide dismutase,SOD)活性降低;②炎症反应:高敏 C 反应蛋白(high sensitive C response protein,hs - CRP)、IL - 6、IL - 1β、TNF - α 及血管黏附分子等升高;③凝血功能障碍:血黏度升高、凝血因子含量降低或功能失常;④内皮功能损伤:内皮素- 1 升高,一氧化氮合成减少,动脉增强指数升高,血管舒缩功能障碍;⑤自主神经功能障碍:心律变异性降低、血压升高、心率增加等。近年来的研究也认为,大气 PM$_{2.5}$ 的急性暴露与机体糖脂代谢功能异常密切相关。

(二)慢性危害

慢性危害是环境污染对人群健康的最主要危害。大气环境中的有害物质大多是长时间、低剂量反复作用于机体,因此对机体的影响也是一个漫长的过程,更多的是引起慢性健康危害。这些慢性危害一般表现为非特异性的弱效应,不易被察觉。首先 PM$_{2.5}$ 进入呼吸道,刺激并破坏气管黏膜,导致气管黏膜杀灭病毒、细菌和防御外来物质进入肺部组织的功能下降,同时导致气管黏膜的排毒功能降低。在这种情况下,由于反复刺激可能会出现咳嗽、咳痰和气管炎症等症状,而患有哮喘、慢性支气管炎、慢性阻塞性肺疾病、冠心病、脑血管疾病和糖尿病等疾病的人群则会出现更为明显的肺部感染及心脏、血管病变,引起气短、胸闷、喘憋、心悸或心律失常等,增加患者出现肺部感染、心脏负担、心肌梗死或脑梗死等的可能,甚至导致个体死亡。

有研究发现,在北京地区 PM$_{2.5}$ 每升高 10 $\mu g/m^3$,所关联的循环系统疾病、心血管疾病、脑血管疾病死亡的超额危险度分别为 0.78%、0.85% 和 0.75%,非意外死亡率、呼吸系统疾病死亡率、循环系统疾病死亡率分别上升 0.65%、0.63% 和 1.38%。

最经典的美国 6 个城市的研究也发现,空气污染的长期暴露与人群肺癌和心肺疾病死亡率明显相关。其他来自世界范围的人群队列研究也发现,PM$_{2.5}$ 的暴露与糖尿病、胰岛素抵抗、高血压等代谢综合的发生与发展密切相关。

大气 PM$_{2.5}$ 慢性暴露除与疾病的发作有关,目前的研究认为其也可能增加疾病的发作风险,直至促发慢性疾病如呼吸系统疾病、心血管疾病、肥胖和糖尿病的发生。

(三)致畸、致癌和致突变

2013 年,国际癌症研究机构(International Agency for Research on

Cancer，IARC)在里昂的大会上，已经把大气污染物认定为一类致癌物，即对人体确定致癌，其中最主要的致癌物就是 PM$_{2.5}$。同时，WHO 也首次指出大气污染"对人类致癌"，并视其为普遍和主要的环境致癌物。在中国，有研究通过对 189 793 位 40 岁以上男性研究对象的前瞻性队列跟踪研究，发现 PM$_{2.5}$ 环境暴露浓度每增加 10 $\mu g/m^3$，肺癌的危险度为 1.12（95%$CI=1.07\sim$ 1.14）。也有研究认为，PM$_{2.5}$ 环境暴露浓度每增加 10 $\mu g/m^3$，总人群胰腺癌死亡率相对危险度为 1.16（95%$CI=1.13\sim1.20$），65$\sim$84 岁人群为 1.21（95%$CI=1.17\sim1.25$），女性为 1.14（95%$CI=1.10\sim1.18$），城市人群为 1.23（95%$CI=1.16\sim1.30$），农村人群为 1.29（95%$CI=1.22\sim1.37$）。结果表明，PM$_{2.5}$ 暴露不仅与肺癌有关，还可能与其他癌症的发生有关。

目前普遍认为，PM$_{2.5}$ 的暴露可能通过影响表观遗传而导致 DNA 甲基化，引起基因突变，进而导致癌症的发生。在体外细胞实验和对肺癌人群 microRNAs 的测定发现，PM$_{2.5}$ 刺激能导致 miR - 182 和 miR - 185 及目的基因的突变，这可能是 PM$_{2.5}$ 促发肺癌的重要机制。此外，一项来自美国的人群出生队列研究也发现，人类基因组 Alu 序列突变率与 PM$_{2.5}$（$R=0.26$，$P<$ 0.000 1)和黑炭（$R=0.33$，$P<0.000 1$)明显相关，其中 APEX1(7.34%，95% $CI=0.52\%\sim14.16\%$，$P=0.009$)、OGG1(13.06%，95%$CI=3.88\%\sim$ 22.24%，$P=0.005$)、ERCC4(16.31%，95%$CI=5.43\%\sim27.18\%$，$P=$ 0.01)和 p53(10.60%，95%$CI=4.46\%\sim16.74\%$，$P=0.01$)启动子甲基化与 PM$_{2.5}$ 呈正相关，而启动子 DAPK1(-12.92%，95% $CI=-22.35\%\sim$ -3.49%，$P=0.007$)与 PM$_{2.5}$ 呈负相关。这些研究表明，PM$_{2.5}$ 的暴露可能改变胎儿或新生儿的 DNA 修复能力，进而对癌变产生一定作用。

（四）PM$_{2.5}$ 对人群健康负担的影响

2013 年 GBD 研究指出，大气 PM$_{2.5}$ 每年能导致人群早死的数量大约是 300 万，而导致 DALYs 大约减少 7 000 万，中国人群排在第 1 位。而 2017 年发表在 *Lancet* 上最新的 GBD 研究再次指出，全球范围内，有 7.5%（95%$CI=$ 6.6%$\sim$8.4%)的全球死亡[410 万（95%$CI=$660 万$\sim$940 万）]与空气污染有关，而空气污染相关的 DALYs 为 6.8%（95%$CI=6.1\%\sim7.6\%$）。同样，来自尼日利亚、中国广州、波兰、墨西哥、印度和美国等的研究表明，PM$_{2.5}$ 暴露能降低人群预期寿命，增加肺癌疾病负担、归因死亡及 DALYs，增加经济负担。

（五）PM$_{2.5}$ 对人群健康影响的滞后效应

大气 PM$_{2.5}$ 对健康影响的滞后效应，是指其所致的健康效应的发生可能是由于几小时之前或几天之前的暴露而导致当前健康效应的发生。了解 PM$_{2.5}$ 对健康影响的滞后效应,有助于确定 PM$_{2.5}$ 导致健康效应出现的时间点及确定最大健康效应出现的时间点,有助于防护 PM$_{2.5}$ 所致的危害及对敏感人群进行及时防护。滞后效应的计算方法主要是通过研究的统计学模型,将发生效应之前几小时或几天的 PM$_{2.5}$ 浓度带入模型,观察其对效应的影响。

各国研究者通过流行病学研究和动物实验探索了 PM$_{2.5}$ 对各类疾病的滞后效应,由于在研究中非常难以做到将每小时的 PM$_{2.5}$ 浓度与每小时健康效应一一对应,即很难保证将健康效应精确在每小时内。所以,之前的流行病学研究只能精确到将每 24 小时的 PM$_{2.5}$ 浓度与每 24 小时的健康效应进行对应,相应的研究认为暴露的 PM$_{2.5}$ 在 24 小时之后对健康效应的影响最大,而不是 48 小时或 72 小时。同样,通过气管滴注的动物实验研究,也认为 PM$_{2.5}$ 对健康影响的滞后效应在 24 小时时达到最大,而在 24 小时之后的几天内的效应均明显减弱。由于各种检测技术的提升,近年来的研究可以将每小时的 PM$_{2.5}$ 浓度与每小时健康效应一一对应。基于这些技术,有研究发现 PM$_{2.5}$ 导致心律失常的急性发作效应主要是在暴露 2 小时后达到最大,而在 48 小时后效应减弱。由此可以得出结论,PM$_{2.5}$ 在暴露 2 小时之后对心律失常的风险最大。所以,遇到 PM$_{2.5}$ 高污染状态时,应尽可能地在 2 小时之内保护好敏感人群。

将来,应该将 PM$_{2.5}$ 相关的其他疾病及效应也纳入能监测每小时效应的研究中,这样就可以计算其滞后效应,更好地保护人群健康。

第二节 大气 PM$_{2.5}$ 对健康的影响及作用机制

近 30 年来,PM$_{2.5}$ 污染与人群呼吸系统、心血管系统疾病、肺癌的关系受到极大的关注,多项流行病学和毒理学研究表明,PM$_{2.5}$ 与人群呼吸系统疾病、心血管系统疾病、肺癌的发生发展有明显相关关系。近年来,来自流行病学和毒理学的研究发现,除心肺系统疾病外,PM$_{2.5}$ 也与 2 型糖尿病、肥胖、脑血管疾病、皮肤疾病、过敏性疾病甚至肠道疾病等的发生及发展有一定的关联。

一、大气 PM$_{2.5}$ 与呼吸系统疾病

大气 PM$_{2.5}$ 对呼吸系统的影响最先出现的症状是短期暴露所致的急性刺激,即急性呼吸道炎症,出现咳嗽、气喘、呼吸道不适等表现。而长期吸入

PM$_{2.5}$ 与一些常见的呼吸系统疾病如肺功能降低、气管炎、支气管炎、咽喉炎、慢性阻塞性肺疾病和哮喘等密切相关。

（一）肺功能

1. PM$_{2.5}$ 对肺功能的影响　大量的 PM$_{2.5}$ 经呼吸道进入肺部后会对局部组织产生堵塞作用,使局部支气管的通气功能下降,用力肺活量(FVC)和第 1 秒用力呼气量/用力肺活量(FEV$_1$/FVC)的降低是目前普遍监测的大气 PM$_{2.5}$ 对呼吸系统损伤的证据。高知义等研究发现,交通警察(PM$_{2.5}$ 污染的高暴露人群)的肺通气功能下降,肺通气指标与 PM$_{2.5}$ 暴露水平存在负相关,且以限制性通气功能障碍为主。也有研究发现,PM$_{2.5}$ 浓度每升高 10 $\mu g/m^3$,导致研究对象 FEV$_1$ 降低 26 ml、FVC 降低 28 ml 及 FEV$_1$/FVC 降低 0.09%。同样地,来自中国疾病预防控制中心的沈美丽等的研究(以焦炉作业工人为研究对象)发现,人群长期职业暴露于富含多环芳烃的 PM$_{2.5}$ 中,尿液中 1-羟基芘明显增加,同时出现 FEV$_1$/FVC 降低,提示小气道及肺功能的损伤。来自中国台湾的一项以 285 046 名研究对象进行的队列研究发现,PM$_{2.5}$ 每增加 5 $\mu g/m^3$,FVC 下降 1.18%,FEV1 下降 1.46%,最大呼气中期流量(MMEF)下降 1.65%,FEV$_1$/FVC 下降 0.21%,且随着时间的延长,这些指标的下降也在加剧。

在动物毒理学实验方面,来自巴西的一项研究以孕期 BALB/c 小鼠为研究对象,每日以 600 $\mu g/m^3$ 的浓缩 PM$_{2.5}$ 给小鼠暴露 1 小时。结果发现,PM$_{2.5}$ 暴露导致小鼠肺弹性降低及肺泡数量减少,但肺容积和肺泡灌洗液细胞没有明显改变。结果表明,暴露于 PM$_{2.5}$ 能导致研究对象肺功能损伤。

2. PM$_{2.5}$ 对肺功能影响的作用机制　大气 PM$_{2.5}$ 导致肺通气功能下降的作用机制可能在于 PM$_{2.5}$ 在呼吸性细支气管及肺泡中沉积,沉积的 PM$_{2.5}$ 导致肺组织反复发生炎症反应及修复过程,肺泡及间质发生纤维性增生,引起肺顺应性降低,导致限制性肺通气功能障碍,表现为气喘和呼吸困难等。有动物毒理学研究发现,气管滴注 PM$_{2.5}$ 所致的肺阻抗、肺泡萎陷及肺组织炎症反应和氧化应激可能是肺功能改变的重要机制,这也是目前普遍认为的 PM$_{2.5}$ 导致肺功能降低的机制。

（二）慢性阻塞性肺疾病

1. PM$_{2.5}$ 对慢性阻塞性肺疾病(chronic obstructive pulmonary disease, COPD)**发生、发展的影响**　慢性阻塞性肺疾病被认为是影响人体健康最重要的也是发病率最高的呼吸系统疾病,是慢性支气管炎、支气管哮喘和肺气肿 3 种疾病的统称。病理上表现为肺失去弹性,回缩功能降低,肺内压力减小,导致呼出气流减少,相应地吸入新鲜空气的气流也减少,导致缺氧。中国城市居民的 COPD 的患病率和死亡率高于发达国家。吸烟被认为是慢性阻塞性肺疾病发病的重要危险因素,同时有研究认为大气污染是吸烟之外的另一大危险因素,一些研究已经发现大气 PM$_{2.5}$ 能增加慢性阻塞性肺疾病的入院率和死亡率。来自中国的病例-交叉研究也认为,大气 PM$_{2.5}$ 的激增可使慢性阻塞性肺疾病的入院率增加 0.9%;暴露于高浓度 PM$_{2.5}$($>75~\mu g/m^3$ 及 $35\sim75~\mu g/m^3$),使慢性阻塞性肺疾病发生率较低浓度 PM$_{2.5}$($\leqslant35~\mu g/m^3$)分别增加 2.416 和 2.530 倍。来自中国台湾地区的一项队列研究也发现,与暴露于下四分位数 PM$_{2.5}$ 浓度的人群相比,暴露于上四分位数、第2、第3四分位数 PM$_{2.5}$ 浓度的人群发生慢性阻塞性肺疾病的风险分别为 $1.23(95\% CI=1.09\sim1.39)$、$1.30(95\% CI=1.16\sim1.46)$ 和 $1.39(95\% CI=1.24\sim1.56)$。

动物实验方面,采用大鼠和小鼠的研究均认为 PM$_{2.5}$ 能促进慢性阻塞性肺疾病的发展。由于 COPD 的发生需要长期高浓度的暴露,目前通过动物 PM$_{2.5}$ 暴露导致慢性阻塞性肺疾病发生的证据甚少,仅有来自青岛大学的一项研究采用木屑和煤炭充分燃烧后制备 PM$_{2.5}$,以 $500~\mu g/m^3$ 的浓度给健康 Wistar 大鼠进行 3 个月染毒。结果发现,染毒组大鼠出现中性粒细胞百分率及淋巴细胞百分率明显升高、肺表面不规则、出现褐色斑点及炎症细胞浸润、纤维组织增生及肺泡间隔破裂等肺气肿样病理改变。由于冷气流对慢性阻塞性肺疾病的影响,目前也有研究者关注 PM$_{2.5}$ 与冷刺激的联合暴露对慢性阻塞性肺疾病模型大鼠的影响。研究发现,大鼠暴露于 3.2 mg/ml 和 12.8 mg/ml 的 PM$_{2.5}$ 及温度 0℃ 的冷刺激下,肺内 TNF-α、MCP-1 和 Ang-Ⅱ的表达与 PM$_{2.5}$ 浓度有明显正相关,同时 PM$_{2.5}$ 高暴露组也出现明显的 HO-1、NF-κB 和 8-OHdG 升高,而冷暴露能明显加重大鼠的这种危害效应。

此外,个体 PM$_{2.5}$ 暴露浓度的增加能使慢性阻塞性肺疾病患者的咳嗽、咳痰、呼吸困难等症状明显增加,导致肺功能降低,还能增加呼吸系统的炎症反应并导致呼吸系统的免疫损伤。

2. PM$_{2.5}$ 对 COPD 发生、发展的作用机制 大气 PM$_{2.5}$ 导致 COPD 发生和发作的作用机制目前认为可能与免疫细胞激活和炎症反应有关,但相关的生物学信号通路尚不清楚。有研究认为,慢性阻塞性肺疾病患者 PM$_{2.5}$ 暴露水平的增加与呼吸道巨噬细胞内黑炭的面积增加呈明显正相关。多因素方差分析发现,PM$_{2.5}$ 浓度每升高 $10~\mu g/m^3$,能使呼吸道巨噬细胞内黑炭的面积增加 $0.26~\mu m^2$,这也可能是 PM$_{2.5}$ 导致慢性阻塞性肺疾病的直接证据。

(1)线粒体功能改变、自噬及凋亡:自噬是指吞噬自身细胞质蛋白或细胞器并使其包被进入囊泡,与溶酶体融合形成自噬溶酶体,降解其所包裹的内容物的过程。自噬的发生被认为是一种损伤后的表现,但也被认为是一种保护性因素,避免外来刺激对机体或细胞的进一步损伤。来自东南大学的陈瑞等采用人支气管上皮细胞及 $ATG7^{-/-}$ 小鼠的毒理学研究认为,颗粒物暴露导致的慢性阻塞性肺疾病与 CCAAT 增强子结合蛋白的降低,与线粒体功能受损及自噬有关。另一项研究也发现, $PM_{2.5}$ 暴露可诱导巨噬细胞自噬,并介导 SRC/STAT-3 信号通路,增加促血管生成因子(VEGF-A)的表达。此外,也有研究表明,PI3K/Akt/mTOR 信号通路在 $PM_{2.5}$ 暴露所致的 BEAS-2B 细胞自噬中具有重要作用,还能通过激活 AMPK 信号通路而导致 A549 细胞的自噬。所以, $PM_{2.5}$ 介导的细胞自噬在 COPD 的发生中具有重要作用,是其重要机制。

除导致自噬之外, $PM_{2.5}$ 还能改变肺泡上皮细胞的增殖周期及导致细胞凋亡。一些研究认为, $PM_{2.5}$ 能激活 p53 信号通路,并能调控 p53、*Bcl-2* 和 *Bax*,进而导致肺泡上皮细胞的凋亡,进而促发 COPD。

(2)免疫损伤: $PM_{2.5}$ 对呼吸道免疫功能的影响较为复杂。有研究采用慢性阻塞性肺疾病模型小鼠暴露 $PM_{2.5}$。结果发现, $PM_{2.5}$ 能增加免疫细胞 Th1、Th17、Th1/Th2 和 Th17/Treg 的比例,促进这些细胞的相关因子 Notch1/2/3/4、Hes1/5 和 Hey1 蛋白的表达,促进血清中 IFN-γ 和 IL-17 的分泌;最重要的是 $PM_{2.5}$ 能促进 Notch 信号通路的过度激活并加重慢性阻塞性肺疾病的免疫功能紊乱。这些结果表明, $PM_{2.5}$ 能通过增加免疫功能损伤,加重慢性阻塞性肺疾病的发展。也有研究发现 $PM_{2.5}$ 暴露能改变 COPD 患者的气道微生物群,通过抑制免疫细胞的功能而降低其对抗细菌感染的能力。该项研究发现 $PM_{2.5}$ 可能抑制 Th1 细胞并减少 IFN-γ、IL-5 和 IL-13 的表达,从而降低 IFN-γ 介导的肺内抗菌、抗病毒免疫。

(3)氧化应激与炎症反应: $PM_{2.5}$ 所致的氧化应激进而导致的炎症反应也被认为与 COPD 的发生有关,通过对 A549 细胞染毒发现,慢性阻塞性肺疾病能增加磷酸化的 AKT、p65 及 STAT3,而使用 AKT 抑制剂、核因子(NF-κB)抑制剂和 STAT3 抑制剂能明显下调 PM 所致的 ICAM-1 表达,同样地,COPD 患者也表现为血浆内 ICAM-1 和 IL-6 表达的升高。结果表明,PM 所致慢性阻塞性肺疾病的 ICAM-1 升高可能与 IL-6/AKT/STAT3/NF-κB 信号通路的激活有关。有体外细胞实验也发现, $PM_{2.5}$ 能引起 RAW264.7 细胞内 p38 MAPK 和细胞外反应激酶的磷酸化,并能增加炎症基因 TNF-α 和单核细胞趋化蛋白-1 等蛋白的表达,增加血红素氧合酶-1(heme oxygenase-

1，HO-1)的表达，而多黏菌素 B 和 N-乙酰半胱氨酸能降低这些基因和蛋白的表达。该研究发现 PM$_{2.5}$ 在 2 型肺泡细胞引发的炎症依赖于氧化应激而不是 LPS/MyD88，表明 PM$_{2.5}$ 所致慢性阻塞性肺疾病的发生与其所致的氧化应激机制有关。

（三）哮喘

1. PM$_{2.5}$ 与哮喘　人群中哮喘的发病率是 5%～10%，被列为导致 DALYs 损失的第 28 位因素。PM$_{2.5}$ 导致哮喘的发生主要与颗粒物中的金属成分、有机物和生物性成分有关；同时，由于 PM$_{2.5}$ 在哮喘人群肺内的沉积率较健康人群高，也使 PM$_{2.5}$ 对哮喘人群的影响更大。PM$_{2.5}$ 的暴露能增加哮喘的急诊率、门诊率、住院率及住院时长，特别是对女性影响更大。PM$_{2.5}$ 也能增加儿童哮喘的发病率与门诊率，加重哮喘的临床症状，甚至导致恶性事件的发生。动物实验研究发现，支气管哮喘模型小鼠给予 PM$_{2.5}$ 染毒后，在肺部出现明显的炎症反应，能增加气道的高反应性，加重过敏反应。也有研究发现，幼年小鼠暴露于 PM$_{2.5}$ 能增加成年小鼠哮喘的发展。PM$_{2.5}$ 的暴露也能影响呼吸道免疫细胞，导致哮喘发作或加重哮喘的危害。此外，怀孕母亲暴露于 PM$_{2.5}$ 也可能增加子代罹患哮喘的风险。

目前研究认为，炎症反应在哮喘的发作中具有重要的条件作用，而作为哮喘严重性的评价指标呼出气一氧化氮（Fractional exhaled nitric oxide，FeNO）在调节气道炎症方面具有重要作用。FeNO 检测是近年来呼吸科开展的一项新型、无创的检查，只需要做呼气动作就可以完成检查。来自加拿大的一项研究发现，FeNO 在急性哮喘发作期较非发作期升高 50%，而 PM$_{2.5}$ 的升高与 1 天后的 FeNO 升高明显相关，但与当天和 2 天后的 FeNO 无明显关系，也即 PM$_{2.5}$ 的暴露在 1 天后所致的效应最强。

2. PM$_{2.5}$ 对哮喘影响的作用机制　由于 PM$_{2.5}$ 在哮喘发生发展中的重要作用，各国研究者对 PM$_{2.5}$ 影响哮喘的作用机制进行了广泛地探索。有研究发现，呼吸道内抗氧化酶 GSH-Px 的降低能使机体对有机物和金属的敏感性增加，所以 PM$_{2.5}$ 所致哮喘的发生及加重可能与其增加机体气道和呼吸道的氧化负担有关。通过卵清蛋白建立哮喘模型的 BALB/c 小鼠在暴露 PM$_{2.5}$ 后，肺泡灌洗液（bronchoalveolar lavage fluid，BALF）内炎症细胞因子 IL-5、IL-9、IL-13 和 IL-33 明显增加，肺组织内 RORα、GATA3 和 IL-33 的 mRNA 表达也明显增加；同时 PM$_{2.5}$ 也可上调小鼠外周血单核细胞内 Th2 细胞的数量及增加 Th2/Th1 比值。结果表明，PM$_{2.5}$ 促发的 Th1/Th2 细胞不平衡继而导致的免疫功能紊乱和炎症反应也是其导致哮喘发生的机制。此外，

幼年时期暴露 $PM_{2.5}$ 也可能是增加成年哮喘发展的重要机制,表现为 Th2 细胞的增加,而这种结果可能与 $PM_{2.5}$ 所致的持续的氧化应激和 DNA 甲基转移酶(DNA methyltransferases, DNMTs)的基因表达有关。

(四)气管炎和支气管炎

吸附有害物质的 $PM_{2.5}$ 可以刺激或腐蚀肺泡壁,使呼吸道防御功能损害,直接或间接损害肺部组织。经颗粒物刺激的机体组织细胞产生活性氧自由基,最终刺激肺部细胞产生炎症反应,然后通过免疫炎症联级放大效应导致整个呼吸系统的炎症。目前认为与颗粒物引起呼吸道炎症有关的细胞因子有 IL-1β、IL-6、IL-8 和 TNF-α,这些细胞因子在介导气管炎和支气管炎的发生中具有非常重要的作用。此外,在科学研究中可以通过测定肺呼出 FeNO 来观察气道炎症反应。有研究发现,$PM_{2.5}$ 的暴露与 FeNO 的增加有关,表明 $PM_{2.5}$ 的暴露可能导致嗜酸性粒细胞型的气道炎症反应,甚至有研究认为 $PM_{2.5}$ 暴露 2 小时之后即可导致 FeNO 的增加。

(五)肺间质纤维化

肺间质纤维化是一种患病率逐渐增加的慢性呼吸系统疾病。一般认为成纤维细胞与肌成纤维细胞的数量增加和异常胶原与纤连蛋白在细胞外基质中的沉积,引起基质刚度增加和气体交换损害,进而导致组织结构破坏是肺纤维化的主要特征。$PM_{2.5}$ 对肺间质纤维化的研究较少,有研究者以肺间质纤维化患者作为研究对象,观察空气污染对患者呼吸系统的影响,结果发现 $PM_{2.5}$ 暴露与研究对象肺功能低下有关。此外,一项研究发现,吸入高浓度 $PM_{2.5}$(60 mg/kg)可引起大鼠 BALF 中炎症因子 IL-6、TNF-α 以及 I 型前胶原和 Ⅲ 型前胶原浓度增高,表明 $PM_{2.5}$ 可导致大鼠肺纤维化。

(六)肺癌

1. **大气 $PM_{2.5}$ 与肺癌**　WHO 估计大气污染导致全球每年有 62 000 人死于肺癌;在美国每年肺癌的新增病例达 22 万;2015 年,中国肺癌的新增病例竟达 430 万,成为癌症死因之首。2013 年,IARC 已经将大气污染中的颗粒物列为重要的一类致肺癌因素,认为人群中 3‰～5‰ 的肺癌是由大气污染所致。目前认为大气颗粒物的致癌成分主要与多环芳烃类化合物有关。美国癌症中心的研究认为大气 $PM_{2.5}$ 使肺癌的死亡率增加了 14%,使 51～70 岁的女性肺癌死亡率增加 27%。美国 6 个城市的研究也发现,$PM_{2.5}$ 污染较高的城市人群肺癌死亡率增加了 37%。同样地,有研究也发现,$PM_{2.5}$ 浓度每升高 5～10 $\mu g/m^3$,使肺癌的发生率增加 6%～29%。此外,$PM_{2.5}$ 暴露还会降低肺癌病人的存活时间。

2. 大气 PM$_{2.5}$ 在肺癌发生发展中的作用机制 尽管大气 PM$_{2.5}$ 已经被确认为是肺癌的病因之一,但是其致肺癌的确切机制尚不清楚。多数研究认为 PM$_{2.5}$ 中的多环芳烃是导致肺癌的最主要的组成成分。目前国际范围内的研究认为 PM$_{2.5}$ 致肺癌的机制有以下几个方面。

(1) 氧化损伤与炎症反应:虽然个体易感性和遗传变异在 PM$_{2.5}$ 致肺癌发生过程中也发挥着重要作用,但目前的研究提示 PM$_{2.5}$ 直接或间接(后续慢性炎症)导致的细胞氧化性损伤(包括活性氧自由基增加),以及大气 PM$_{2.5}$ 引起的慢性气道炎症的反复发作在肺癌的发生中同样至关重要。有研究认为慢性气道炎症患者 10 年后患肺癌的危险度比正常者高 10 倍以上。

细胞因子、炎性细胞和血管生成的产生与肿瘤转移和肿瘤细胞增殖有关。大量炎症细胞因子和转录因子如 IL-1β、IL-6、TNF-α、NF-κB、STAT-3 存在于肺癌肿瘤微环境中,而 PM$_{2.5}$ 能导致这些细胞因子明显增加。此外,PM$_{2.5}$ 所致的肿瘤细胞迁移和增殖与其所致的 IL-1β 和 MMP-1 表达明显相关,同时肺泡巨噬细胞内 IL-8 和 VEGF 的分泌对肿瘤生长有明显促进作用。

有研究者为了能够将检测技术应用于病人的即时检测而开发了新型便携式智能手机生物传感器。作为便携式的"床旁检测"(point-of-care testing, POCT)装置,进行活体尿液中 DNA 氧化损伤标记物定量检测,对大气细(超细)颗粒物引起的 DNA 氧化损伤的定量快速诊断评估具有极大的促进作用。此外,也有人提出以手机为平台的检测模式,这种方法最大优势是检测数据可立即分析和制图,并与手机的实时定位、定时系统相连,进行快速、及时、实时的数据处理、分析和分享,辅助进行大规模的监控和测量大气环境对人体 DNA 过氧化损伤的定量评价。

(2) 遗传毒性、促细胞增殖效应和基因突变:目前多数研究认为遗传毒性、促细胞增殖效应和基因突变是 PM$_{2.5}$ 致肺癌发生的关键。鉴于基因突变和 DNA 损伤在大气致肺癌中的重要性,目前可以通过检测 8-羟基脱氧鸟苷(8-OHdG)来观察机体的 DNA 损伤。检测 8-OHdG 的常用手段有高效液相色谱电化学法(HPLC-EC)、高效液相色谱-质谱联用技术(HPLC-Mass)、酶联免疫吸附法(ELISA)及彗星分析试剂盒(Comet Assay)等。

microRNAs(miRs)介导的癌基因激活被认为与 PM$_{2.5}$ 诱导的肺癌明显相关。miRs 是一类小的非编码单链 RNA 分子,参与转录后基因表达和 RNA 沉默的调控。研究已经证实,miRs 可调节 50% 的蛋白质编码基因和细胞代谢过程。有研究发现,大气 PM$_{2.5}$ 暴露于人支气管上皮细胞能下调细胞 miR-182 和 miR-185 的表达。另一项来自东南大学的研究,在体内和体外分别探索了

PM$_{2.5}$ 暴露与肺癌中 miR-802/Rho 家族 GTPASE 3（RND3）通路的关系，研究发现 PM$_{2.5}$ 所致的细胞骨架失调及 miR-802 下调可能是促进 PM$_{2.5}$ 所致肺癌生长和转移的重要机制。也有研究者探索了 PM$_{2.5}$ 诱导的长链非编码 RNA（lncRNA）的改变与肺癌之间的相互作用，结果表明 PM$_{2.5}$ 能够通过 ROS 诱导 lncRNA loc146880，促进肺癌细胞自噬和恶性转化。另一项体外细胞实验表明 PM$_{2.5}$ 能促发 A549 细胞的自噬、凋亡、氧化应激、细胞周期阻滞、炎症反应及基因毒性，而这些反应都可能是肺癌发生的重要机制。

（3）补体、蛋白、损伤修复等的改变：吴鸿章等通过体外实验发现，A549 细胞暴露于 PM$_{2.5}$ 可诱导血管内皮生长因子（VEGF）、基质金属蛋白酶 9（MMP-9）和缺氧诱导因子 1α（HIF-1α）基因的过度表达，从而促进肺癌的新生血管形成，加重肺癌的发展。

二、大气 PM$_{2.5}$ 与心血管系统疾病

大气污染对心血管系统疾病的影响已经成为继对呼吸系统疾病影响的另一重要健康危害，多项流行病学研究和毒理学研究已经指出，大气 PM$_{2.5}$ 与心血管系统疾病发病率和死亡率直接相关。2004 年，美国心脏协会（American Heart Association, AHA）发布了"大气污染与心血管疾病的科学"声明，明确提出大气污染是心血管疾病的一个可控制的独立危险因素。研究发现，敏感人群只需数小时至数天暴露于高浓度的 PM$_{2.5}$ 环境中，急性心肌梗死、脑卒中、心律失常和心力衰竭的发生率就会明显增加。长期居住于颗粒物污染浓度较高的地区，其心血管疾病发病率和死亡率均会明显升高，同时与心血管疾病相关的危险因素及生物学效应也明显升高。最新的一项发表在 *JAMA* 杂志上来自中国的随访 7.2 年的队列研究也发现，家庭使用煤、木材燃料的研究对象心血管疾病死亡率的风险（*HR* = 1.20, 95% *CI* = 1.02~1.41）较使用天然气或动力环境等清洁能源的研究对象更高。

大气 PM$_{2.5}$ 主要通过以下途径进入机体，进而对心血管系统产生危害：①PM$_{2.5}$ 中的细小颗粒物通过呼吸系统进入血液循环，然后进入心脏，直接造成健康损害。②部分 PM$_{2.5}$ 通过其他途径，如通过消化道进入循环系统，然后进入心脏并引发毒性作用，但目前认为这种方式进入机体的可能性较小。也有研究者认为进入消化道的颗粒物可能影响肠道正常菌群的微生态系统，进而导致一些疾病的发生与发展，但目前尚没有相关报道。③进入呼吸系统的 PM$_{2.5}$，导致肺部和呼吸道炎症因子、蛋白和补体等的释放，这些物质通过血液循环进入心脏，进而对心脏和血管造成损害。

1. 心律失常

(1) PM$_{2.5}$ 对心律失常的影响：PM$_{2.5}$ 污染对人群心血管系统的危害，在临床上常见的一组疾病为心律失常。心律失常是指心脏活动的起源和（或）传导障碍导致心脏搏动的频率和（或）节律异常。心律失常的发生有时是由于自身情绪激动、器质性心脏病、体内酸碱平衡失调或药物所致。PM$_{2.5}$ 相关的心律失常类型主要包括期前收缩（早搏）、心动过速、心房颤动和心室颤动。关于大气 PM$_{2.5}$ 与心律失常的关系近 20 年来受到广泛的关注，流行病学研究多认为 PM$_{2.5}$ 的升高能增加心律失常患者的门诊率、入院率和死亡率。PM$_{2.5}$ 浓度每升高 1 μg/m^3 能使心律失常患者的就诊率增加 1.13%。来自中国 26 个大城市 175 265 例入院病例的研究发现，PM$_{2.5}$ 每增加四分位数间距（47.5 μg/m^3），心律失常入院率增加 2.09%（95%CI＝1.58%～2.60%），且对 65 岁以上人群的影响更大。

正常情况下，人体心脏节律会随昼夜交替、身体状况变化和外界的刺激而改变，这种心率的规则性变化称为心率变异性（heart rate variability，HRV），而 HRV 降低，也就是机体心脏节律的调节功能降低，会增加人体心血管疾病发病的风险。大气 PM$_{2.5}$ 的长期暴露或短期高浓度暴露均可在一定程度上影响自主神经功能，进而导致心率变异性降低。有研究发现，机动车来源的 PM$_{2.5}$ 暴露浓度增高可导致居民 HRV 明显降低，采暖期室外 PM$_{2.5}$ 暴露可引起健康老龄人群的 HRV 降低。来自加拿大的一项研究表明，每日 3 小时最大空气质量指数增加一个四分位数间距，可使人群每日最大心率增加 0.9%（95%CI＝0.3%～1.5%），心脏传导阻滞频率增加 1.17%（95%CI＝1.07%～1.29%）。同时，PM$_{2.5}$ 暴露也能增加植入型心律转复除颤器患者心室颤动的发生。

观察大气 PM$_{2.5}$ 与心律失常的关系，常用的反映心率变异性的指标有高频（high frequency，HF）、低频（low frequency，LF）、全部窦性心律 RR 间期的标准差（standard diviation of NN intervals，SDNN），以及相邻正常 RR 间期差值的均方根（root mean square of the successive differences，rMSSD）等，通过常规心电图、运动心电图或动态心电图等可获得这些与心率变异性相关的健康效应指标。此外，心脏起搏器、植入型心律转复除颤器（implantable cardioverter defibrillator，ICD）等新型心血管植入性电子器械（cardiovascular implantable electronic devices，CIEDs）在临床医疗的使用，对我们研究大气 PM$_{2.5}$ 对心律失常的影响也有很重要的意义。早在 2007 年，来自美国亚特兰大的流行病学研究以装有 ICD 的患者为研究对象，发现 PM$_{10}$ 与 PM$_{2.5}$ 在冬季时对心动过速的影响更为明显，$PM_{2.5}$ 每升高 $10\ \mu g/m^3$，研究对象心动过速的 OR 值为 $1.008(95\%\ CI=0.967\sim1.050)$。结果表明颗粒物浓度的升高与心动过速的发生虽呈明显的统计学相关性，但是心律失常的发作可能与 $PM_{2.5}$ 相关，同时心律失常是一个快速、急性发作的过程，如果仅研究 $PM_{2.5}$ 日平均浓度与当日心律失常的发作不能很好地说明 $PM_{2.5}$ 对心律失常的实时作用。随着新型设备及临床技术的提高，我们希望能够测到心律失常实时发作与 $PM_{2.5}$ 实时浓度的关系，这将更有利于防护 $PM_{2.5}$ 的危害。

CIEDs 可以提供大量实时的心律失常发作信息，如心律失常发作类型（心房颤动、心室颤动、房性心动过速和室性心动过速等）、持续时间、发作程度和实时发作时间点（可精确到具体是几点几分）等信息，与常规心电图相比，更能准确地捕捉到心律失常的发作信息，且其心律失常检出率较常规心电图的检出率能提高 30%，这样就避免了常规心电图只通过一次监测而获得的不完全的或遗漏的心律失常发作次数。将 CIEDs 监测的心律失常发作信息与空气中 $PM_{2.5}$ 的实时监测浓度对应起来，可详实地获得 $PM_{2.5}$ 实时暴露浓度与心律失常实时发作的关系。2017 年一项来自韩国的研究，对装有 ICD 的 160 例心律失常患者进行随访调查，观察其心室颤动与空气污染的关系。研究发现，PM_{10} 污染浓度与心室颤动发作的 OR 值是 $2.56(95\%CI=2.03\sim3.23)$，且其心室颤动发作在暴露 2 小时后影响最大，即其滞后效应在 2 小时达到最大，这对于探明颗粒物爆发式增长对心律失常影响的时间点具有重要意义。

目前，关于 $PM_{2.5}$ 与心律失常相关的实时急性效应研究尚处于空白阶段；鉴于中国 $PM_{2.5}$ 的高污染状态，非常有必要结合临床 CIEDs 的应用探索中国 $PM_{2.5}$ 对心律失常影响的程度及时间点。

（2）$PM_{2.5}$ 促发心律失常的作用机制

1）离子通道改变：$PM_{2.5}$ 导致心律失常的机制尚不清楚，但一般认为，离子通道改变特别是钙离子通道的改变可能是其中的重要机制。有研究采用膜片钳技术（这是一种以记录通过离子通道的离子电流来反映细胞膜单一或多个离子通道分子活动的技术）观察 $PM_{2.5}$ 暴露对心肌细胞离子通道的影响，结果发现 $PM_{2.5}$ 暴露能激活细胞内钙离子通道，对钾离子通道也有一定的影响。其详细机制还需要进一步探索。

2）氧化应激与 CaMKII 激活：$PM_{2.5}$ 与机体氧化应激的关系受到广泛地论证，同时研究也认为氧化应激能激活钙调素激酶 II（CaMKII）、延长动作电位持续时间（APD）及诱导心肌细胞去极化。所以，$PM_{2.5}$ 是否通过氧化应激和激活 CaMKII 导致心律失常值得探讨。来自韩国首尔的研究给 SD 大鼠进行颗粒物暴露,监测其动态心电图、氧化应激及 CaMKII 活性。结果发现,与对照组相比,颗粒物暴露组大鼠出现室性心动过速、窦性停搏和房室传导阻滞,并能导致动作电位持续时间延长、ROS 的产生及 CaMKII 的磷酸化,而提前给予动物 N-乙酰半胱氨酸制剂,可明显抑制颗粒物所致的动作电位持续时间延长;同时,CaMKII 抑制剂(KN 93)也能抑制颗粒物所致的动作电位持续时间延长、室性心动过速及心肌细胞凋亡。结果表明颗粒物所致的 ROS 产生和 CaMKII 激活可能是颗粒物导致心律失常发作的重要机制。

2. 高血压

(1) PM₂.₅ 对高血压发生、发展的影响:高血压的发生除与一些常见的危险因素,如高盐饮食、高脂饮食、体重、缺乏体育锻炼及个体的遗传基因等因素有关外,环境因素所致高血压的发生也受到了关注,而心血管疾病的危险性多与高血压状态密切相关,高血压患者较正常血压患者发生心血管疾病的危险性显著增高。根据 GBD 研究,高血压已经成为影响人类健康的第一位要素,其发生、发展与临床心、脑血管事件的发生密切相关。高血压在中国的发病率呈逐年上升趋势,目前高血压的患病率为 15% 左右,每年新增高血压患者约为 350 万人,现有高血压患者已超过 1.6 亿,每年因高血压引起的心脑血管病死亡人数在 260 万以上。

1) 成人高血压:全球疾病负担报告指出,大气颗粒物每年造成全球 320 万人过早死亡,已成为全球排名前 10 的健康危险因素,在中国排在第 4 位。流行病学和动物实验研究均认为 PM₂.₅ 与高血压的发生明显相关,来自《环境与健康展望》杂志 2016 年 5 月发表的研究显示,24 个月的 PM₂.₅ 平均浓度每增加 $10 \ \mu g/m^3$,导致人群高血压发生的 OR 为 1.04。同样,来自 *Hypertension* 杂志 2016 年 7 月发表的研究也认为,短期暴露于 PM₂.₅ 每增加 $10 \ \mu g/m^3$ 导致高血压发生的 OR 为 1.069。结果表明长期暴露于 PM₂.₅ 与高血压的发生呈明显相关关系。在美国开展的针对 6 个城市 5 112 名无心血管疾病人群的横断面研究中,收集了监测站的 PM₂.₅ 浓度数据和人群健康资料。分析发现 PM₂.₅ 浓度每升高 $10 \ \mu g/m^3$,研究对象脉压和收缩压分别可升高 1.12 mmHg($95\% \ CI = 0.28 \sim 1.97$ mmHg)和 0.09 mmHg($95\% \ CI = 0.15 \sim 2.13$ mmHg);并且,研究者还发现在距离交通道路较近区域的人群中,PM₂.₅ 暴露与血压之间的关联更加显著。

目前多数研究认为,PM₂.₅ 暴露与人群高血压的发生呈线性相关关系,但来自中国北京的一项使用全国 31 个省市人群资料、包含 39 348 119 位研究对象的流行病学研究发现,长期 PM₂.₅ 对高血压的影响是非线性的。且其对全人群高血压影响的阈值可能是 47.9 $\mu g/m^3$,而对女性、男性、20～34 岁人群和 35～49 岁人群的阈值分别是 56.9 $\mu g/m^3$、45.4 $\mu g/m^3$、49.9 $\mu g/m^3$、39.9 $\mu g/m^3$,超过此阈值即可增加高血压发生的风险。超过阈值后,PM$_{2.5}$ 每升高 10 $\mu g/m^3$ 导致高血压发生的 HR 为 1.010(95% $CI=1.007～1.012$)。同时,超过阈值后,PM$_{2.5}$ 每升高 10 $\mu g/m^3$ 能导致收缩压升高 0.569 mm Hg(95% $CI=0.564～0.573$ mmHg),舒张压升高 0.384 mm Hg(95% $CI=0.381～0.388$ mm Hg)。

但也有一些流行病学研究认为 PM$_{2.5}$ 污染与血压无明显关联,原因可能是这些研究中人群的血压测定多是每年测定一次,同时也无法排除药物使用对研究的干扰;许多研究多是在美国、欧洲等地区,而这些地区大气中 PM$_{2.5}$ 浓度较低,而轻微的 PM$_{2.5}$ 升高也许并不会对血压产生影响;此外,不同地区颗粒物粒径和组成成分的差异也可能是导致差异的原因。

在应哲康等的动物实验研究中,给小鼠吸入高浓度的 PM$_{2.5}$ 6 个月后,小鼠血压呈明显升高状态。此外,笔者团队的研究使用大气 PM$_{2.5}$ 给高血压大鼠和正常大鼠进行气管滴注染毒,结果发现 PM$_{2.5}$ 染毒组大鼠血压和心率明显升高,特别是原本患有高血压的大鼠受到的影响更大,表现为血压升高更明显,循环系统和心肌的炎症细胞和炎症因子的分泌也更多,血管内皮功能受到的损伤也更大,这就提示 PM$_{2.5}$ 可能对患有高血压的个体影响更大,所以在大气 PM$_{2.5}$ 暴露中对患病群体的保护更为重要。

2)儿童高血压:近年来,儿童高血压的发生率呈现逐年上升趋势,儿童血压的轻度升高会伴随心脏、血管、肾等重要靶器官的损害,是成人高血压和心血管疾病的重要预测因素。儿童高血压显著特征为起病隐匿,大多无明显的临床症状,但其伴随的心脏、血管、肾等重要靶器官损害严重,已成为日益突出的公共卫生问题。2016 年 6 月,美国哥伦比亚大学环境健康教授 Frederica Perera 发表在 EHP 杂志的评论文章《石油燃料燃烧对儿童健康的多重威胁:空气污染与气候变化影响》提出,在胎儿时期和 1 周岁之前暴露于空气污染会对儿童造成极高的疾病负担。

一些大型流行病学研究表明,PM$_{2.5}$ 暴露能导致儿童收缩压和舒张压明显升高,特别是来自荷兰的一项前瞻性队列研究发现儿童 PM$_{2.5}$ 暴露与舒张压升高明显相关,特别是与 PM$_{2.5}$ 中的铁和硅元素明显相关。但也有研究认为 PM$_{2.5}$ 暴露与儿童血压关系不大,来自德国的一项依托于德国婴儿营养干预研究(GINIplus)与东德和西德生活方式因素对免疫系统和过敏性疾病发展的影响研究(LISAplus)发现,PM$_{2.5}$ 的数量浓度和质量浓度与儿童的血压无明显相关关系;10 周岁的学龄儿童收缩压和舒张压的升高与其居住地和学校所在地的空气污染水平密切相关。

(2) PM$_{2.5}$ 促发高血压的作用机制：大气 PM$_{2.5}$ 对高血压影响的作用机制目前尚不清楚。一直以来，除遗传因素外，免疫因素、下丘脑-垂体-肾上腺皮质调节系统、肾素-血管紧张素系统(renin - angiotensin system，RAS)在高血压发生、发展中的作用在临床上均是不可忽视的重要环节，所以一些研究者设想大气 PM$_{2.5}$ 对高血压的影响也可能与这些环节有关。

1) 免疫因素：机体适应性免疫损伤所致的肾、中枢神经系统和血管损伤在高血压中发挥着重要作用。临床上霉酚酸酯等药物治疗高血压的机制与其降低肾皮质内 T 细胞有关，研究发现通过 T 细胞的过继转移治疗能明显改善高血压的病理状况，所以 PM$_{2.5}$ 对免疫细胞的影响在高血压发生、发展中的作用机制需要进一步探索。已有研究发现，PM$_{2.5}$ 的暴露能促进 CD$_4^+$ T 细胞向Th17 细胞分化，从而增加 IL17A 和 IL - 23 的分泌，进而促进炎症反应，促发高血压的发生。

2) 氧化应激与炎症反应：大量研究已经表明 PM$_{2.5}$ 能导致机体氧化应激与炎症反应，一些研究也探索了氧化应激与炎症反应在 PM$_{2.5}$ 所致高血压中的机制。研究显示，PM$_{2.5}$ 暴露导致大鼠血压升高，同时血浆中丙二醛明显增加，而抗氧化酶 SOD 和谷胱甘肽过氧化物酶明显降低，这些氧化损伤又能通过增加 G 蛋白偶联受体激酶 4(GRK4)而导致血压升高；在使用抗氧化剂干预后，能明显降低 PM$_{2.5}$ 所致的丙二醛升高，并使 PM$_{2.5}$ 所致的 SOD 和谷胱甘肽过氧化物酶的降低有所恢复，重要的是大鼠血压也明显降低。结果表明氧化应激是 PM$_{2.5}$ 诱导高血压的重要机制。

3) 下丘脑-垂体-肾上腺皮质调节系统和肾素-血管紧张素系统：下丘脑-垂体-肾上腺皮质调节系统和肾素-血管紧张素系统是机体调节血压的重要调节系统，所以这两个系统与 PM$_{2.5}$ 所致高血压的发生、发展也引起了研究者的关注。

一项来自美国的研究认为，长期吸入暴露于 PM$_{2.5}$(每日暴露浓度大约100 $\mu g/m^3$)能导致小鼠血压升高，尿内去甲肾上腺素及血压也明显升高，同时小鼠下丘脑内前炎症基因的表达增加且伴随着 IKK/NF - κB 通路的激活。结果表明，PM$_{2.5}$ 导致血压升高的机制可能与交感神经张力增加及伴随的下丘脑弓状核炎症反应有关。相应地，来自中国的人群固定群组研究，通过对研究对象进行多次健康测量及 PM$_{2.5}$ 个体暴露监测发现，研究对象 PM$_{2.5}$ 个体暴露浓度每增加四分位数间距，分别使血清内激素如促肾上腺皮质激素释放激素、促肾上腺皮质激素和皮质醇水平增加 13.46%(95%CI = 3.73%~24.10%)、

87.56%($95\% CI=9.58\%\sim221.06\%$)和 13.25%($95\% CI=1.32\%\sim$ 26.58%),结果也提示 PM$_{2.5}$ 暴露能影响下丘脑-垂体-肾上腺皮质调节。

肾素-血管紧张素系统在高血压调节中发挥着关键核心作用,其中血管紧张素转换酶(ACE)能将 Ang Ⅰ 转化为能收缩血管的 Ang Ⅱ 来控制血压。来自人群的固定群组研究发现,PM$_{2.5}$ 的人体短期暴露与人体血压短期升高明显相关,探索其机制发现,PM$_{2.5}$ 通过诱导机体 ACE 甲基化进而影响 ACE 蛋白的合成,导致血压的改变。而 ACE 的同系物 ACE2 能水解 Ang Ⅱ 生成 Ang (1-7),舒张血管,发挥与 ACE 相抗衡的作用。有研究发现,PM$_{2.5}$ 的暴露可能降低 ACE2,进而使 Ang Ⅱ 水解减少,从而对血压产生影响。

4)尿钠排泄影响机制:众所周知,钠排泄受包括多巴胺在内的多种激素和体液因子的调节。多巴胺在维持钠稳态和血压调节中起着重要作用。在中度钠过量的情况下,肾的多巴胺系统主要是多巴胺 D1 受体(D1R)调节着 50% 以上的肾钠排泄量。已有研究表明,肾多巴胺和 D1R 反应异常所致的钠负荷增加有助于高血压患者和啮齿动物的利钠肽反应减弱和血压升高。D1R 功能受损主要与过度磷酸化有关,进而导致 D1R 与 G 蛋白的解偶联。在长期 PM$_{2.5}$ 暴露的大鼠中发现血压明显升高,并伴随着肾 D1R 的过度磷酸化及 GRK4 的上调。所以,其机制可能与肾 D1R 介导的利尿和利钠作用明显受损有关;同时 PM$_{2.5}$ 所致的 GRK4 表达上调也可能是其导致 D1R 磷酸化增加的重要机制。在细胞实验中也证实通过 siRNA 下调 GRK4 后,能降低 PM$_{2.5}$ 所致的细胞内 Na$^+$-K$^+$-ATPase 活性的增加,同时能逆转 PM$_{2.5}$ 所致的 D1R 激动剂对 Na$^+$-K$^+$-ATPase 活性的抑制作用。

5)亲代暴露颗粒物对子代血压的影响机制:近年来,有研究者提出,父母亲 PM$_{2.5}$ 高暴露可能与子代高血压明显相关。来自约翰·霍普金斯大学医学院的研究收集了 1 293 位母亲并追踪其孩子(3~9 岁)的 PM$_{2.5}$ 暴露情况及血压,结果发现第三孕期高暴露与低暴露相比,儿童收缩压增加了 4.85%($95\% CI=1.38\%\sim8.37\%$),血压升高的风险增加了 1.61($95\% CI=1.13\sim2.30$)倍;PM$_{2.5}$ 浓度每增加 5 μg/m^3,儿童血压增加 3.49%($95\% CI=0.71\%\sim6.26\%$)。结果表明母亲第三孕期的 PM$_{2.5}$ 暴露可能增加儿童血压升高的风险。同样地,来自美国的研究也认为母亲第三孕期暴露于 PM$_{2.5}$ 与 11 岁儿童收缩压升高有关,而这种影响可能与 DNA 甲基化有关,特别是散在分布的长细胞核因子 1(long interspersed nuclear elements 1, LINE1)甲基化降低有关。结果表明,DNA 甲基化基因重排、LINE1 反转录和表观遗传变异可能是亲代空气污染暴露所致子代血压升高或心血管损伤的重要机制。此外,有研究发现 PM$_{2.5}$ 每升高 10 $\mu g/m^3$，能使儿童肾动脉狭窄 0.35 μm，肾静脉增宽 0.35 μm，所以 $PM_{2.5}$ 对肾微血管的改变也可能是其导致儿童血压升高的机制。笔者课题组也开始采用动物实验探索亲代 $PM_{2.5}$ 暴露对子代血压的影响。研究发现，给予亲代雌鼠和雄鼠每日吸入暴露于 300 $\mu g/m^3$ 的 $PM_{2.5}$，共 16 周，其子代血压较亲代没有暴露 $PM_{2.5}$ 的小鼠有明显升高趋势；同时子代再次暴露于 $PM_{2.5}$ 后，其对 $PM_{2.5}$ 的易感性也明显增加，表现为亲代暴露 $PM_{2.5}$ 后产下的子代再暴露 $PM_{2.5}$ 后，其血压的升高较没有亲代暴露 $PM_{2.5}$ 的子代更高，提示 $PM_{2.5}$ 暴露所致的血压改变可能具有遗传作用。一项采用 SD 大鼠的研究也显示，在大鼠孕期第 8、10、12 天给予口咽滴注 1.0 mg/kg $PM_{2.5}$，结果表明，在孕期给予 $PM_{2.5}$ 滴注的大鼠，其子代血压明显升高，并出现钠排泄损伤、利钠利尿功能降低，伴随肾多巴胺 D1 受体和 G 蛋白偶联受体激酶 4 表达的降低，而这种降低可能与 $PM_{2.5}$ 导致的 ROS 增加有关。虽然以上这些研究表明亲代 $PM_{2.5}$ 暴露与子代血压升高有关，且认为亲代 $PM_{2.5}$ 暴露对子代血压的影响可能与改变个体遗传能力有关，特别是对甲基化和去甲基化遗传能力的改变，但具体作用机制尚不清楚，需要进一步探索。

3. 冠状动脉粥样硬化性心脏病

（1）$PM_{2.5}$ 与动脉粥样硬化的关系：动脉粥样硬化是一种慢性、渐进性动脉疾病，发病时动脉中沉积的脂肪部分或全部堵住了血流，导致周围大血管和（或）心肌缺血缺氧。由于原本光滑坚实的动脉内膜出现粗糙增厚，易被脂肪、纤维蛋白、钙和细胞碎屑堆积形成斑块，即动脉粥样硬化。

动脉粥样硬化的发生与高脂饮食、高血压和机体长期低度炎症状态明显相关。关于空气污染与动脉粥样硬化的关系，目前的研究认为，大气 $PM_{2.5}$ 的长期高浓度暴露会导致动脉粥样硬化的发生和（或）加速其进展。大气 $PM_{2.5}$ 可能促进动脉斑块的形成、积聚甚至破裂，引起血管阻塞，导致身体局部组织和心肌缺血。同时 $PM_{2.5}$ 也会促进心肌的炎症反应并影响血管舒缩功能，加速血管硬化。流行病学研究多认为大气 $PM_{2.5}$ 与动脉粥样硬化的发病率和死亡率明显相关，能增加冠状动脉粥样硬化患者向心肌梗死发展，$PM_{2.5}$ 的浓度升高也与个体冠状动脉介入治疗的支架个数呈明显正相关。流行病学研究也认为居住区距离交通主干道越近的居民，暴露 $PM_{2.5}$ 的浓度也越高，与血管硬化相关的指标如动脉增强指数或血管钙化积分也越大，发生动脉硬化的风险也越高。更直观的动物实验是美国 Sun Qinghua 教授于 2005 年使用 $ApoE^{-/-}$ 小鼠建立动脉粥样硬化模型，观察长期吸入浓缩的大气 $PM_{2.5}$ 对动脉粥样硬化发展的影响。研究发现，$PM_{2.5}$ 的长期吸入暴露能增加小鼠颈动脉的动脉斑块形成，并能加重血管硬化，导致动脉血管舒缩功能障碍，加速动脉粥样硬化形成和发展。

（2）PM$_{2.5}$ 促发动脉粥样硬化的作用机制：关于大气 PM$_{2.5}$ 促发动脉粥样硬化发生发展的作用机制，目前一些研究探索了内皮功能障碍、炎症反应、氧化损伤在其中的作用。

1）凝血功能和内皮功能改变：有研究发现大气 PM$_{2.5}$ 暴露能增加纤维蛋白原、激活凝血因子Ⅱ、凝血因子Ⅶ、凝血因子Ⅹ，并能导致血小板的积聚，改变血管的舒缩功能。PM$_{2.5}$ 的长期暴露也与低踝臂指数（ABI）和高 ABI 的发生率明显相关。而 ABI 数值异常与血管壁钙化及血管收缩功能障碍有关，可用于动脉粥样硬化疾病的危险性评估。此外，颈动脉内膜中层厚度（CIMT）、冠状动脉或主动脉钙化等指标也被用于观察 PM$_{2.5}$ 暴露与动脉粥样硬化的关系。血管内皮功能的损伤导致的血管舒张、收缩功能改变也是 PM$_{2.5}$ 促发动脉粥样硬化的一个重要机制，血管内皮功能损伤的病例暴露于 PM$_{2.5}$ 2 小时后就对血压产生明显的危害。所有这些指标的改变表明动脉血管功能的紊乱与动脉粥样硬化的发生密切相关。

2）炎症反应与氧化损伤：PM$_{2.5}$ 暴露还可能通过增加促炎因子单核细胞趋化蛋白-1（MCP-1）、巨噬细胞集落刺激因子（M-CSF）和血管细胞黏附分子-1（VCAM-1）的表达，导致巨噬细胞进一步分泌炎症因子进而促发动脉粥样硬化的发生。华盛顿大学的一项探索动脉粥样硬化疾病的研究也认为，研究对象长期 PM$_{2.5}$ 暴露与体内 IL-6 的升高有关。也有研究认为，PM$_{2.5}$ 能抑制高密度脂蛋白的抗炎能力，并通过增加肝脂质过氧化物丙二醛及上调核因子红细胞相关因子 2（Nrf2）而调节抗氧化基因及增加脂质过氧化，导致动脉粥样硬化的发生。巨噬细胞内的核苷酸结合寡聚结构域样受体家族 3（NLRP3）炎症小体的激活所致的炎症反应也可能是 PM$_{2.5}$ 导致动脉粥样硬化的重要机制。此外，PM$_{2.5}$ 对机体的氧化损伤也可能是其促发动脉粥样硬化的作用机制，普遍认为 PM$_{2.5}$ 暴露能导致氧化物 ROS 表达增加，而抗氧化物表达降低。有研究认为依赖于 Nrf2 的调节性抗氧化对动脉粥样硬化有明显影响，而 Nrf2 通路对大气 PM$_{2.5}$ 所致动脉粥样硬化发生发展的保护性作用尚不清楚。

3）脂质代谢紊乱：脂质代谢紊乱是动脉粥样硬化发生与发展的重要危险因素。无论是流行病学研究还是毒理学研究，多认为 PM$_{2.5}$ 的暴露能导致机体内甘油三酯、胆固醇和低密度脂蛋白（low density lipoprotein, LDL）的升高及高密度脂蛋白（high density lipoprotein, HDL）的降低。近年来的一些研究发现,在 3 个月的暴露期中,交通污染来源的 PM$_{2.5}$ 每升高 5 $\mu g/m^3$,使人群 HDL 明显下降,结果表明,PM$_{2.5}$ 所导致的 HDL 降低对人群动脉粥样硬化发展具有重要作用。有研究采用 PM$_{2.5}$ 悬浮液给人血清脂蛋白、巨噬细胞和真皮细胞染毒,结果发现,PM$_{2.5}$ 能降低 HDL,HDL 中的载脂蛋白 ApoA-I 明显积聚,而 LDL 中的 Apo-B 消失不见,同时导致巨噬细胞内氧化型 LDL 明显增加。也有研究发现 PM$_{2.5}$ 暴露能导致人体 HDL/LDL 比值降低和 LDL-C 的升高。而这种脂质代谢紊乱与动脉粥样硬化的发生密切相关,但具体的生物学作用机制有必要进一步探索。

4) 主动脉钙化:主动脉钙化是由人体老化、血管弹性降低或血管壁受损所致,是动脉粥样硬化发生的重要危险因素。来自美国多种族动脉粥样硬化研究(MESA)采用 CT 扫描研究对象主动脉,观察 PM$_{2.5}$、NO$_X$、NO$_2$ 和黑炭与主动脉钙化的关系。研究发现,空气污染导致冠状动脉钙化的平均进展率为每年 24 个钙化单位(SD 58),内膜-中层厚度为每年增加 12 μm;PM$_{2.5}$ 浓度每升高 5 $\mu g/m^3$,主动脉钙化每年增加 4.1(95% $CI=1.4\sim6.8$)Agatston 单位。结果表明空气污染与冠状动脉、二尖瓣环及主动脉瓣钙化有关,而这些改变与动脉粥样硬化的发生密切相关。也有研究发现室外 PM$_{2.5}$ 浓度每升高 5 $\mu g/m^3$,主动脉瓣钙化和二尖瓣环的调整患病风险比分别为 1.19(95% $CI=0.87\sim1.62$)和 1.20(95% $CI=0.81\sim1.77$)。结果表明,冠状动脉、二尖瓣环及主动脉瓣钙化也可能是 PM$_{2.5}$ 导致动脉粥样硬化的重要机制。

4. 心肌炎

(1) PM$_{2.5}$ 与心肌炎:心肌炎是由感染、物理或化学因素等引起的心肌的炎症性疾病。大气 PM$_{2.5}$ 的长期或短期暴露均可能导致心肌的炎症病变,但一般情况较为轻微。在研究中,一般认为 PM$_{2.5}$ 能导致心肌细胞炎症浸润或心肌内炎症因子如 CXCL1、IL-1β、IL-6、IL-18、IL-17 和 NF-κB-p65 等蛋白或 mRNA 表达增加。

病毒性心肌炎是心肌炎的一种主要类型。解玉泉等的研究发现,给 BALB/c 小鼠腹腔注射柯萨奇病毒(CVB3),同时给小鼠气管滴注 10 $\mu g/m^3$ 的大气 PM$_{2.5}$,PM$_{2.5}$ 能加重小鼠心肌炎的发生与发展,表现为心肌组织病理学损伤及心肌组织内 MMP-2 和炎症因子的增加,以及 TIMP-1 的减少。结果表明 PM$_{2.5}$ 能加重病毒性心肌炎的进程与症状。

(2) PM$_{2.5}$ 促发心肌炎的作用机制:关于 PM$_{2.5}$ 促发或加重心肌炎发生、发展的作用机制,解玉泉等采用动物实验表明,PM$_{2.5}$ 加重病毒性心肌炎与其导致循环系统(脾)和心肌内 CD4$^+$ T 细胞向 Th17 细胞分化有关,而 Th17 细胞的增加又可促发体内 IL-17A、IL-23 和 IL-6 等免疫炎症细胞因子的联级放大,进而加重心肌炎的发展。

5. 心肌梗死

(1) PM$_{2.5}$ 与心肌梗死:心肌梗死的发生被认为是大气 PM$_{2.5}$ 导致心血管疾病发生的最危险结局。多项流行病学研究发现,PM$_{2.5}$ 浓度升高与心肌梗死的入院率、发生率和急性发作密切相关。在发生心肌梗死前 1 小时 PM$_{2.5}$ 每升高 7.1 $\mu g/m^3$,使 ST 段抬高型心肌梗死(STEMI)发生的风险增加 18%,而对非 ST 段抬高型心肌梗死(NSTEMI)无明显影响。来自中国 26 个城市的短期效应研究也支持了该观点,研究认为 PM$_{2.5}$ 每升高四分位数间距(47.5 $\mu g/m^3$),在滞后 2、3、4 天和 0~5 天时 STEMI 入院率分别增加 0.6%(95% $CI=$0.1%~1.1%)、0.8%(95% $CI=$0.3%~1.3%)、0.6%(95% $CI=$0.1%~1.1%)和 0.9%(95% $CI=$0~1.8%),但是对 NSTEMI 入院率无明显影响。同样地,也有研究认为 PM$_{2.5}$ 每升高 10 $\mu g/m^3$ 能导致 STEMI 事件增加 10.10%。所以,PM$_{2.5}$ 对不同类型心肌梗死的影响也受到很大的关注。

(2) PM$_{2.5}$ 促发或加重心肌梗死的机制:关于 PM$_{2.5}$ 对心肌梗死影响的作用机制多与其所致的心肌细胞凋亡、动脉硬化、动脉斑块破裂、心律失常、血管内皮功能障碍、氧化应激和炎症反应有关,也与其进一步恶化这些因素有关。通过手术建立的小鼠心肌梗死模型暴露于 PM$_{2.5}$ 后,表现为心脏超声数据左心室射血分数(left ventricular ejection fraction,LVEF)和短轴缩短率(fractional shortening,FS)的降低以及左心室舒张末期内径(left ventricular end-diastolic dimension,LVEDD),左心室收缩末期内径(left ventricular end-systolic dimension,LVESD)的升高。伴随着心肌边缘区肌丝密度降低及心肌细胞凋亡,心肌中蛋白测定显示 NF-κB 通路激活,表明 PM$_{2.5}$ 可能通过降低心功能、导致心肌细胞凋亡和促发炎症损伤而导致或加重心肌梗死。通过 PM$_{2.5}$ 对心肌细胞的染毒也发现,PM$_{2.5}$ 能促发细胞凋亡,导致心肌细胞表达的凋亡相关蛋白 Caspase 3 和 Bax 明显升高,而 Bcl-2 明显降低,同时导致细胞内炎症因子 TNF-α、IL-6、IL-1β 的升高及 NF-κB 的激活。

6. 颈动脉疾病　颈动脉疾病是脑卒中和认知障碍的重要危险因素。2010 年,Kunzli 等研究认为居民颈动脉中层厚度与其距交通主干道的远近明显相关。来自纽约、新泽西和康涅狄格州的研究表明 PM$_{2.5}$ 是颈动脉疾病的独立危险因素。当调整了心血管疾病的其他风险因素之后,PM$_{2.5}$ 每升高 10 $\mu g/m^3$ 能导致颈动脉疾病增加 2 倍。此外,一些 meta 分析也表明 PM$_{2.5}$ 与颈动脉中层厚度明显相关。年龄、性别和种族等其他因素也是 PM$_{2.5}$ 导致颈动脉厚度增加的原因。有研究表明暴露于 PM$_{2.5}$ 后,老年人群和中国血统更易于出现颈动脉中层厚度增加。但一些流行病学研究包括 5 年的前瞻性队列研究却发现长期空气污染暴露与颈动脉粥样硬化无明显相关关系。

三、大气 PM$_{2.5}$ 与代谢系统疾病

(一)大气 PM$_{2.5}$ 对代谢系统疾病的影响

1. 代谢综合征 作为严重危害人类健康的前 3 类慢性非传染性疾病(心血管疾病、脑血管病和 2 型糖尿病)的共同病理基础,代谢综合征(metabolic syndrome, MetS)是一组复杂的代谢紊乱症候群,它集蛋白质、脂肪、碳水化合物等多种代谢紊乱于一身,表现为肥胖、高血糖、高血压、血脂异常、高血黏度、高尿酸、脂肪肝等病理状态,这些病理状态是现代人群最常见的病症,影响着全球大约 20% 的人口,其发病率呈快速上升趋势。最近的流行病学资料显示,MetS 的一些异常表现,例如肥胖、高血压和高脂血症,可能会提高 PM$_{2.5}$ 所致心血管疾病发生的敏感性。一些研究已经发现,大气 PM$_{2.5}$ 的暴露能导致机体糖耐量异常、胰岛素抵抗、脂质代谢紊乱和血压升高,而这些都是 MetS 的病理基础。

德国的一项流行病学研究纳入 4 814 位研究对象,观察 PM$_{2.5}$、NO$_2$ 等空气污染物与 MetS 发生率的关系。调整了各类混杂因素之后,PM$_{2.5}$ 的升高与 MetS 的发生率明显相关,PM$_{2.5}$ 每升高四分位数间距(2.2 $\mu g/m^3$),MetS 发生的 *OR* 为 1.14(95%*CI*=1.03～1.26)。美国的一项研究也表明,PM$_{2.5}$ 年平均浓度每升高 1 $\mu g/m^3$ 与 MetS 的发病风险比(*HR*=1.27, 95%*CI*=1.06～1.52)明显相关。董光辉等在中国沈阳、鞍山和锦州市的 11 个社区纳入了 15 477 位研究对象进行的流行病学调查,结果发现 11 个社区 PM$_{2.5}$ 浓度范围为 64～104 $\mu g/m^3$,调整了各类混杂因素之后,PM$_{2.5}$ 每升高 10 $\mu g/m^3$,研究对象发生 MetS 的 *OR* 为 1.09(95% *CI*=1.00～1.18)。

除对 MetS 发病率的影响,PM$_{2.5}$ 也可能影响 MetS 的某些或某种病理状态,PM$_{2.5}$ 可导致血压升高、血脂异常(TG 和 LDL - C 升高,HDL - C 降低)等。来自美国的研究也表明,PM$_{2.5}$ 年平均浓度即使低于美国 EPA 的质量标准(12 $\mu g/m^3$),也能使人群空腹血糖升高的风险明显提高(*HR*=1.33, 95%*CI*=1.14～1.56)。此外,PM$_{2.5}$ 与胰岛素抵抗、糖耐量异常等 MetS 风险因素的关系已经在流行病学研究和毒理学研究中广泛论证,PM$_{2.5}$ 的升高能使空腹胰岛素增加 25%,胰岛素敏感性降低 8.3%,空腹葡萄糖水平增加 1.7%。

2. 2 型糖尿病 心血管疾病、肿瘤和糖尿病是三大严重危害人类健康的

慢性非传染性疾病。国际糖尿病联盟（International Diabetes Federation，IDF）指出，2011 年，糖尿病影响全世界 3.66 亿人口，到 2030 年影响到达 5.66 亿人口。在世界范围内，有大量基于病例-对照研究、时间序列研究、病例交叉研究、队列研究、固定群组研究等流行病学研究表明，$PM_{2.5}$ 的暴露水平和 2 型糖尿病的患病率、发病率、入院率、死亡率、病情恶化率、并发症发生率等存在显著关系。阚海东等在中国进行的横断面调查研究表明，人群大气 $PM_{2.5}$ 暴露浓度每增加四分位数间距（41.1 $\mu g/m^3$），导致 2 型糖尿病的患病年增加 14%（现患比为 1.14）。美国本土的研究也表明，$PM_{2.5}$ 每升高 10 $\mu g/m^3$，糖尿病的总体发生率增加 1%；即使在 $PM_{2.5}$ 小于 15 $\mu g/m^3$ 的环境中，糖尿病的发生率增加也具有显著意义。其他地区如德国、丹麦、加拿大、荷兰、瑞丹、沙特阿拉伯等国家的流行病学研究也表明，$PM_{2.5}$ 的升高与 2 型糖尿病的发生率明显相关。

除了宏观的群体流行病学研究，对人群个体的研究主要关注对 2 型糖尿病相关的一些炎症因子、脂质代谢物、能量代谢物、葡萄糖耐量、胰岛素抵抗以及相关蛋白、补体等指标的监测来评估 $PM_{2.5}$ 暴露与 2 型糖尿病相关风险的关系。肌肉组织、脂肪和肝是葡萄糖利用和代谢的主要器官，通过动物研究测定这些靶器官相关的糖脂代谢、胰岛素抵抗可了解 $PM_{2.5}$ 在促发 2 型糖尿病中的作用机制。大量研究已经发现，暴露于 $PM_{2.5}$ 的动物这些靶器官可出现炎症细胞的浸润，从而降低其对葡萄糖的利用；出现糖耐量异常和胰岛素抵抗，导致血液中血糖水平和糖化血红蛋白升高，加速 2 型糖尿病的发生。

3. 肥胖 肥胖被认为是心血管疾病和 2 型糖尿病发病的重要危险因素。鉴于肥胖在全世界内患病率都处于较高状态并呈快速增长趋势，近年来，研究者也开始关注肥胖与 $PM_{2.5}$ 的关系。对美国人群肥胖与 $PM_{2.5}$ 关系的研究中发现，$PM_{2.5}$ 从低浓度到高浓度的变化使低肥胖率地区人群的心血管疾病死亡率从 309.7/10 万增加到 325.8/10 万，而在高肥胖率地区，人群心血管疾病死亡率从 383.7/10 万增加到 430.4/10 万，表明肥胖对 $PM_{2.5}$ 所致人群心血管疾病死亡率具有明显的促进作用。同时，该研究也表明肥胖对脑卒中的死亡率也有促进作用。结果提示在高肥胖率的地区，$PM_{2.5}$ 能加重人群心血管系统疾病和脑卒中的死亡率。一些队列研究也表明人群体质指数的高低可影响 $PM_{2.5}$ 对心血管疾病死亡率的敏感性。

除了对成年人肥胖的影响，$PM_{2.5}$ 对儿童肥胖的发生也有明显影响。1985～2014 年，中国 7 岁以上学龄儿童超重率由 2.1% 增至 12.2%，肥胖率则由 0.5% 增至 7.3%，分别增长近 5 倍和 14 倍。在美国，2003～2006 年超重或肥胖的儿童已经超过了 15%。美国的母婴队列研究结果发现,母亲暴露于上四分位数间距的 PM$_{2.5}$ 与暴露于下四分位数间距相比,0～2 岁幼儿发生体重超重和肥胖的相对危险度在怀孕前,第一、二、三孕期,整个妊娠期和 2 岁时分别为 1.3(95% CI=1.1～1.5)、1.2(95% CI=1.0～1.4)、1.2(95% CI=1.0～1.4)、1.3(95% CI=1.1～1.6)、1.3(95% CI=1.1～1.5)和 1.3(95% CI=1.1～1.5)。同样,来自美国的研究也认为孕 8～17 周和 15～22 周的 PM$_{2.5}$ 暴露与男孩体质指数 Z 分及脂肪量的增加有关,孕 10～29 周暴露与女孩腰臀比的增加有关。而来自意大利罗马的研究却认为空气污染甚至 PM$_{2.5}$ 与儿童体质指数、血脂和腹部肥胖均为明显相关关系。来自其他地区的研究也不尽相同,虽然多数研究认为 PM$_{2.5}$ 与儿童肥胖相关,但一些研究也认为它们之间无明显相关关系。

(二)大气 PM$_{2.5}$ 对代谢系统影响的作用机制

1. 糖脂代谢及能量代谢紊乱　流行病学研究已经发现,PM$_{2.5}$ 对代谢系统的影响总是伴随糖脂代谢紊乱,表现为空腹血糖升高,代谢能量减少,胆固醇、甘油三酯和 LDL 的升高及 HDL 的降低。血浆中 LDL 是运输内源性胆固醇的主要载体,LDL 通过结合其细胞膜上的 LDL 受体被降解和转化,与冠心病的发病率有明显正相关。而 HDL 颗粒能从载脂巨噬细胞转运胆固醇,对维持动脉壁胆固醇平衡至关重要。HDL 除用浓度表示以外,也有研究用 HDL 颗粒数量(HDL-P)来表示。流行病学研究发现 PM$_{2.5}$ 的暴露能导致 LDL 升高及 HDL 降低。Griffith Bell 等依据美国多民族动脉粥样硬化数据的研究中发现,为期 3 个月的 PM$_{2.5}$ 暴露中,PM$_{2.5}$ 浓度每增加 5 μg/m^3,人体 HDL 降低 0.64 μmol/L。同样,来自中国台湾地区的研究认为 HDL-P 与前一天 PM$_{2.5}$ 暴露明显相关。但一些研究也认为 PM$_{2.5}$ 与 HDL-P 之间的相关性并不明显,出现差异的原因可能是研究地区暴露浓度的差异、暴露时间的不同、采用的流行病学方法不同及可能的混杂因素不同。动物毒理学研究也发现,PM$_{2.5}$ 的暴露能明显降低 HDL 的抗炎能力及对抗脂质堆积能力,但目前关于 PM$_{2.5}$ 对 HDL 功能和结构的影响尚没有进一步的证据。

在毒理学研究中,有研究发现 PM$_{2.5}$ 的高浓度吸入暴露能使小鼠体重增加,但笔者的研究未发现明显变化。包括笔者在内的多项毒理学研究采用代谢笼实验观察 PM$_{2.5}$ 对机体的能量代谢发现,PM$_{2.5}$ 暴露能降低小鼠耗氧量、二氧化碳呼出量及产热量,这些能量代谢的明显降低加剧了脂肪的堆积,进一步导致糖脂代谢紊乱,促发代谢性疾病的发生。

在人群流行病学研究中,可以通过测定外周血液中空腹葡萄糖、糖化血红蛋白来观察 PM$_{2.5}$ 暴露后的糖代谢情况。流行病学研究发现,PM$_{2.5}$ 暴露能导致空腹胰岛素水平升高及糖化血红蛋白的升高。在动物实验中,葡萄糖耐量实验(IPGTT)可以用来测定 PM$_{2.5}$ 暴露结束后小鼠的葡萄糖耐量。具体方法是小鼠禁食 16 小时后,断尾采外周血,用血糖仪测定其空腹血糖(即 0 分钟血糖),同时断尾末梢采血 50 μl 收集血清以测定胰岛素水平。然后,迅速给小鼠腹腔注射 2 mg/g(体重)的葡萄糖,分别于 30 分钟、60 分钟、90 分钟和 120 分钟进行血糖测定,以观察小鼠葡萄糖代谢能力。大量采用 IPGTT 实验的研究已经发现 PM$_{2.5}$ 暴露组与对照组相比,血糖在 30 分钟和 60 分钟内快速上升;当对照组在 90 分钟和 120 分钟血糖通过自身调节有所下降时,暴露组小鼠血糖仍处于较高水平。

2. 胰岛素抵抗　胰岛素抵抗是指各种原因使胰岛素促进葡萄糖摄取和利用的效率下降,血液中血糖的不断升高又会刺激机体大量分泌胰岛素,以维持血糖的稳定,从而产生高胰岛素症。胰岛素抵抗是代谢性疾病发生的重要病理学基础,被认为是 PM$_{2.5}$ 所致 2 型糖尿病发生和发展的重要途径之一。已有动物实验或人群流行病学研究表明 PM$_{2.5}$ 能诱导胰岛素抵抗的发生。

在流行病学和毒理学研究中,可以采用稳态模型评估胰岛素抵抗指数(HOMA‐IR)来评价人体和动物胰岛素抵抗,通过测定胰岛素对葡萄糖的急性反应也可了解胰岛素的敏感性。大量研究表明,PM$_{2.5}$ 能导致人体胰岛素抵抗,降低胰岛素敏感性。人群固定群组研究发现,个体 PM$_{2.5}$ 暴露每增加一个标准差(67.2 μg/m^3),胰岛素抵抗增加 0.22(95%$CI=0.04\sim0.39$)。美国洛杉矶的研究也发现,PM$_{2.5}$ 每增加 4 μg/m^3 使空腹胰岛素增加 26.8%,2 小时胰岛素增加 3.1%。在动物实验中,还可以通过注射胰岛素进行胰岛素抵抗实验(insulin tolerance test, ITT)观察胰岛素抵抗情况。具体方法是小鼠 PM$_{2.5}$ 暴露结束后,禁食 4.5 小时再断尾末梢采血,用血糖仪测定其空腹血糖(即 0 分钟血糖),同时断尾末梢采血 50 μl 收集血清以测定胰岛素水平。之后,小鼠立刻腹腔注射胰岛素(胰岛素浓度为 0.05 U/ml,注射剂量为 10 μl/g),分别于 30 分钟、60 分钟、90 分钟和 120 分钟测定血糖水平,观察胰岛素的敏感性。多项毒理学研究已经显示,暴露于 PM$_{2.5}$ 后的小鼠与对照组相比,注射胰岛素后在 30 分钟和 60 分钟血糖下降缓慢,而在 90 分钟和 120 分钟血糖也会较对照组快速回升,表现为明显的胰岛素抵抗。目前笔者课题组的研究认为,胰岛素抵抗是暴露 PM$_{2.5}$ 后出现最早的一些代谢损伤表现,甚至在小鼠暴露 PM$_{2.5}$(暴露浓度 300 μg/m^3 左右)后 2 周后即可出现。

3. 氧化损伤与炎症反应　肝脏、脂肪、骨骼肌及胰腺的氧化应激和炎症反应与代谢综合征的发生密切相关。一些长期效应研究也认为,PM$_{2.5}$ 所致的系统炎症和氧化应激能导致蛋白激酶的激活,进而导致胰岛素受体信号转导障碍并促发胰岛素抵抗,导致代谢综合征的发生发展。正常脂肪细胞的多种免疫细胞维持着脂肪细胞的完整性和代谢敏感性,其中,巨噬细胞是机体抵抗外来大气污染物的第一道防线。炎症型(M1 型)巨噬细胞的增加表现为促进炎症并分泌 TNF-α、IL-6 和 IL-1β,而抗炎症型(M2 型)巨噬细胞能通过分泌 IL-10 和 IL-1Ra 稳定脂肪细胞,增加其对胰岛素的敏感性。胰岛内炎症巨噬细胞的增加能导致 β 细胞功能障碍;此外,肝巨噬细胞与代谢损伤时的炎症通路激活明显相关。所以,目前的研究认为大气 PM$_{2.5}$ 可能通过氧化应激-炎症通路而导致机体代谢综合征的发生与发展。有研究将小鼠暴露于 PM$_{2.5}$,发现代谢紊乱与脂肪组织、肝等胰岛素敏感组织内 NF-κB 的激活明显相关。

此外,2 型糖尿病患者一直处于慢性低度炎症状态,而空气污染能导致这种炎症状态的持续和加重。研究发现,PM$_{2.5}$ 的暴露能增加机体的血脂并能促发胰岛素抵抗,而这些都与其导致的炎症反应有关。同时,PM$_{2.5}$ 的暴露也能使脂肪细胞数量增加、细胞壁改变、细胞内径增加,导致脂肪系统损伤。还可通过增加白色脂肪组织,以及肝、肌肉和系统中的炎症细胞和炎症因子表达而导致这些组织利用葡萄糖的能力降低,导致胰岛素抵抗。PM$_{2.5}$ 所致炎症反应主要与 NF-κB 的升高有关,在一些动物实验研究中已得到证实 NF-κB 可介导下游炎症因子(IL-6 和 TNF-α)表达、促进组织炎症。所以,目前认为 IKK/NF-κB、Nrf2/JNK 通路介导的炎症反应对 PM$_{2.5}$ 与 2 型糖尿病的发展非常重要;同时,胰腺细胞内外 HSP70 表达的比值改变也是慢性低度炎症状态的重要标记物;棕色脂肪的炎症及损伤也可能是 PM$_{2.5}$ 导致代谢紊乱的一个重要原因。

PM$_{2.5}$ 对肥胖影响的作用机制尚不清楚,但肥胖人群处于脂质代谢紊乱状态,是一种低度炎症状态,所以 PM$_{2.5}$ 加重炎症反应也可能是其导致脂质代谢紊乱的作用机制。有研究显示,在肥胖人群中空气污染与 C 反应蛋白的关系更为明显。

4. 胰岛 β 细胞功能受损　胰岛 β 细胞主要分泌胰岛素,具有调节血糖水平的作用。如果胰岛 β 细胞功能受损,胰岛素分泌绝对或相对不足,从而引发糖尿病,所以测定 β 细胞功能可了解 PM$_{2.5}$ 对代谢系统影响的可能作用机制。已有研究者认为胰岛 β 细胞也参与了 PM$_{2.5}$ 介导的代谢性疾病。β 细胞功能的评价有一套严格的方法,即通过静脉注射葡萄糖后测定全身胰岛素敏感性及胰岛素对葡萄糖敏感性,将数据输入 MINMOD 软件计算处置指数

(disposition index，DI)以评价 β 细胞对糖的敏感性以及组织胰岛素敏感性，以此确定 β 细胞功能。一些人群实验研究已经发现，PM$_{2.5}$ 暴露能导致严重的代谢性损伤，同时 β 细胞功能表现为代偿性反应，导致 β 细胞的耗竭及更为严重的代谢损伤。也有研究认为，PM$_{2.5}$ 能导致 DI 的快速降低，预示 β 细胞功能的下降。

四、大气 PM$_{2.5}$ 与脑血管疾病

脑血管疾病是由脑部血液循环障碍引起的以局部神经功能缺失为特征的一组疾病，严重影响人体健康和生活质量，亦是人类长期以来预防和控制的重点疾病之一。研究表明，颗粒物不仅对呼吸系统及心血管系统产生影响，还可影响中枢神经系统。PM$_{2.5}$ 可通过血-脑屏障等途径进入中枢神经系统，诱发缺血性脑血管病、认知功能损害、脑卒中、自闭症及抑郁症等脑血管疾病和损害。流行病学研究发现，PM$_{2.5}$ 浓度的升高与脑血管疾病的入院率明显相关，特别是一项在北京的研究认为，在春季时 PM$_{2.5}$ 对女性脑血管疾病的入院率影响更大。

(一) PM$_{2.5}$ 与脑血管疾病的关系

1. PM$_{2.5}$ 与脑卒中的关系 脑卒中(cerebral stroke)又称中风、脑血管意外(cerebral vascular accident，CVA)，是一种急性脑血管疾病，是由于脑部血管突然破裂或因血管阻塞导致血液不能流入大脑而引起脑组织损伤的一组疾病，包括缺血性脑卒中和出血性脑卒中，是导致人群死亡的重要原因之一。

最初研究认为脑卒中与室内煤烟暴露有关。目前大量流行病学研究已经提出，距离交通主干道越近，人群出现脑卒中的风险越大。甚至在低污染环境中，脑卒中也与空气污染明显相关。大量研究表明 PM$_{2.5}$ 可增加脑卒中急性发作、入院率、死亡率，并增加脑卒中所致的恶性临床事件的发生与发展。欧洲 11 项队列研究的 meta 分析显示，PM$_{2.5}$ 年平均浓度每增加 5 μg/m^3，导致脑卒中的风险增加 19%。来自全球 20 项研究的 meta 分析显示 PM$_{2.5}$ 长期暴露与脑卒中也明显相关。来自中国、墨西哥、美国、伊朗和西班牙等国家的研究均认为，PM$_{2.5}$ 与人群的脑卒中发生具有相关性。但也有来自美国的病例交叉研究认为 PM$_{2.5}$ 暴露与缺血性脑卒中无明显关系，滞后 1、2、3 天的 OR 值分别为 0.99(95% CI＝0.83～1.19)、0.95(95% CI＝0.80～1.14)、0.95(95% CI＝0.79～1.13)，均无统计学意义。同样地，来自法国的研究也认为 PM$_{2.5}$ 与腔隙性脑梗死(LACI)、部分前循环梗死(PACI)、后循环梗死(POCI)和前循环梗死(TACI)均无明显相关关系。

关于 PM$_{2.5}$ 如何诱导脑卒中的发生及发展,目前还没有确切的毒理学证据,采用动物实验研究 PM$_{2.5}$ 与脑卒中关系的报道也甚少。仅有一项毒理学研究认为,高脂饮食和颗粒物暴露能改变血脑屏障的完整性,增加脑血管中 ox-LDL 信号。

2. PM$_{2.5}$ 与阿尔茨海默病(Alzheimer disease,AD) 空气污染在慢性脑部退化这种全球性老龄化健康问题中可能是一项主导性因素,早期有研究发现长期(>12 年)PM$_{2.5}$ 暴露与 60 岁以上人群 AD 发病风险明显相关。Calderon-Garciduenas 等研究者也发现,空气污染与 AD 的独立危险因素即携带 APOE4 等位基因有关。布朗大学环境健康科技中心的研究认为,PM$_{2.5}$ 的暴露可能与大脑整体容积的减小有关,从而导致退行性脑疾病的发生。来自美国社区动脉粥样硬化风险-认知风险研究(ARIC-NCS)的研究,通过长期追踪调查,采用脑部 MRI 观察大脑灰质体积、大脑 4 个叶(额叶、顶叶、颞叶、枕叶)、海马、深灰色结构(丘脑、尾状核、壳核和苍白球),以及阿尔茨海默病与脑萎缩相关的多个灰质区域的总体积,研究发现,长期(5~20 年)高暴露 PM$_{2.5}$ 与降低脑灰色区域体积有关,也与较小的额叶有关。

3. PM$_{2.5}$ 与帕金森病(Parkinson's disease,PD) 最早来自美国洛杉矶 Ritz 等的病例-对照研究发现,交通来源的空气污染与 PD 的发病风险密切相关。

4. PM$_{2.5}$ 与认知障碍 高水平的颗粒物暴露可导致认知衰退、认知损害和痴呆。对于儿童,PM$_{2.5}$ 可损害儿童认知功能,并能导致言语及非言语型智力和记忆能力均降低,所以 PM$_{2.5}$ 在记忆力减退和老年痴呆等脑损伤中的作用受到极大的关注。

早前的一些研究发现居住地址靠近今天主干道的年龄在 68~79 岁人群发生轻度认知障碍的概率增加,同时也发现机动车尾气污染浓度与一些体检行为有明显的剂量-效应关系,之后的多项大型队列研究也发现了其相关性,特别是 PM$_{2.5}$ 与人群认知障碍密切相关。

(二)PM$_{2.5}$ 促发脑血管疾病的作用机制

目前认为,PM$_{2.5}$ 对神经系统的损害作用可能通过以下两条途径:①PM$_{2.5}$ 进入中枢神经系统引起直接损害。一些动物实验认为,PM$_{2.5}$ 可通过气-血屏障进入大脑,与神经变性和病理改变有关。采用狗进行的动物实验研究也发现暴露于颗粒物后,大脑区域出现镍和钒的积聚。此外,最近一项研究发现长期空气污染暴露引起人脑中超细颗粒物的沉积,在人脑嗅球旁神经元发现了超细颗粒物,在额叶到三叉神经节血管的管内红细胞中也发现了

<100 nm 的颗粒物,为 PM$_{2.5}$ 入脑提供了直接证据。Barbara Maher 等通过磁性分析和电子显微镜也证明含铁纳米粒子可以通过嗅球直接进入人类脑部。所以 PM$_{2.5}$ 中的细小颗粒进入大脑是其导致脑损伤的重要原因。②PM$_{2.5}$ 引起的呼吸系统炎症反应和氧化应激导致的间接损害。这也是目前普遍认可的 PM$_{2.5}$ 导致脑组织损伤的机制。多数研究认为,PM$_{2.5}$ 进入呼吸道,通过导致鼻上皮细胞、上呼吸道或肺部炎症,引发系统性炎症反应,而血清的炎症因子或活性物质也可以通过破坏血-脑屏障引发脑部炎症反应。

1. 脑组织器质性损伤　　目前多数研究认为脑组织不同部位的损伤是空气污染导致脑血管疾病的主要原因。研究发现,生活在高污染地区的野狗出现弥漫性淀粉样斑块以及嗅球、额皮质和海马的 DNA 损伤(无嘧啶位点)显著增加。有研究发现,PM$_{2.5}$ 暴露能导致暴露区居民的神经血管单元异常,同时也影响血管、胶质细胞和神经细胞的相互作用。由于海马区包含丰富的促炎性细胞因子相关受体,使其在 PM$_{2.5}$ 暴露中易受损伤。而海马 CA1 区的神经元与抑郁、学习和记忆相关。10 个月的动物实验显示长期 PM$_{2.5}$ 暴露可以影响海马 CA1 区和 CA3 区神经细胞,进而影响认知水平。此外,PM$_{2.5}$ 引起的脑功能损害可能与神经炎症及神经元损伤(丢失)有关,导致大脑白质病变及神经胶质增生,这也与儿童的认知障碍明显相关。有研究采用核磁共振成像技术的结果显示前额叶皮质的病变是一个重要部位,这都是导致认知障碍的重要机制。

此外,颗粒物引起的神经炎症和脑中与 AD 发病相关蛋白 Ab42 和 α-突触核蛋白的积聚有关,而这也可能是神经退行性病变的潜在机制。同时,PM$_{2.5}$ 可能通过影响性激素而调节 AD 的病理过程。

2. 炎症反应和氧化应激　　虽然 PM$_{2.5}$ 导致脑血管疾病与大脑的器质性损伤有关,但其具体的作用机制尚不清楚。炎症反应和氧化应激被认为是最为普遍的机制。研究发现,PM$_{2.5}$ 所致的炎性反应机制是认知障碍的实质性证据,PM$_{2.5}$ 所致的糖脂代谢障碍(导致血糖升高)进一步导致的炎症反应也是其促发认知障碍的机制。一些研究发现,颗粒物污染较高的地区,脑组织中 CD-68、CD-163、HLA-DR 明显增加,炎症因子 IL-1β 和 COX2 明显增加,与 AD 发病相关蛋白 Ab42 也明显增加,同时伴随血脑屏障损伤和内皮功能的激活。有研究认为,颗粒物暴露所致的 JNK 介导的 MAPK 信号通路激活、神经化学变化、脂质过氧化、NF-κB 激活和行为改变与中枢神经系统疾病密切相关。

除大脑的炎症反应外,系统炎症反应对脑血管疾病也有重要影响,炎症可导致脑卒中、神经退行性疾病的发生。研究者已经在暴露 PM$_{0.1}$ 的小鼠大脑嗅球处监测到炎症因子 IL-1β、TNF-α 和 IFN-γ 的表达。所以炎症反应很大程度上是 PM$_{2.5}$ 导致脑血管疾病的重要机制。

氧化应激也被认为是 PM$_{2.5}$ 导致脑血管病变的机制。来源于缺乏功能性还原型辅酶 II（nicotinamide adenine dinucleotide phosphate，NADPH）氧化酶小鼠的神经胶质细胞对机动车尾气颗粒物诱导的神经毒性不敏感，结果表明小胶质细胞内的 ROS 对机动车尾气颗粒物诱导的多巴胺能神经毒性至关重要，所以颗粒物所致的氧化损伤是其导致脑损伤的重要机制。

五、大气 PM$_{2.5}$ 与免疫系统疾病

免疫系统对大气污染的影响十分敏感，是机体对环境因素发生反应的第一道防线。一方面，免疫系统的天然免疫细胞能对 PM$_{2.5}$ 进行吞噬，清除 PM$_{2.5}$ 所导致的死亡细胞或残片细胞，并能激活淋巴细胞和其他免疫细胞来对抗 PM$_{2.5}$ 所致的损伤；另一方面，PM$_{2.5}$ 污染能影响免疫系统的功能而进一步加重机体损伤。PM$_{2.5}$ 除对天然免疫系统有影响外，还可能通过淋巴细胞的介导影响适应性免疫系统。

（一）PM$_{2.5}$ 对天然免疫的影响

PM$_{2.5}$ 除了对组织中的免疫细胞，如巨噬细胞、淋巴细胞、树突细胞等产生影响外，对机体的免疫调节能力也有一定的影响。研究发现，颗粒物引起哮喘和过敏性疾病的机制与颗粒物的免疫佐剂效应有关。长期生活在大气污染环境中的儿童，在未出现临床症状前机体免疫功能已有不同程度的降低。大气颗粒物进入机体后，其主要成分作为机体的外源异种物质，与机体交互作用，可诱导机体产生相应的细胞免疫和体液免疫应答反应。

呼吸道巨噬细胞是大气 PM$_{2.5}$ 进入机体后的一道重要屏障，PM$_{2.5}$ 暴露后，使用光镜能发现 PM$_{2.5}$ 的炭核存在于呼吸道巨噬细胞。所以，呼吸道巨噬细胞的炭核含量可以作为大气 PM$_{2.5}$ 暴露的重要标记物，也表明机体天然免疫的改变可能是 PM$_{2.5}$ 对健康影响的重要靶器官。

（二）PM$_{2.5}$ 对适应性免疫的影响

1. PM$_{2.5}$ 对细胞免疫的影响　对于细胞免疫中的 T 细胞免疫，杨建军等的研究认为，Pb、Ni、As 等物质多富集在粒径≤2.0 μm 的颗粒物上，对小鼠细胞免疫功能有抑制作用，表现为淋巴细胞转化功能、IL-2 活性、NK 细胞活性等指标的改变。根据 T 细胞表面 CD4 和 CD8 分子的表达情况，分为 CD4$^+$ T 细胞和 CD8$^+$ T 细胞两大亚群。前者为辅助性 T 细胞（helper T cell，Th），

可辅助 B 细胞和巨噬细胞活化;后者为细胞毒性 T 细胞(cytotoxic T cells, CTL),能特异性杀伤靶细胞。研究表明,妊娠早期暴露于 PM$_{2.5}$ 可使胎儿脐血中 T 细胞百分比下降。然而,妊娠后期暴露结果却相反,提示 PM$_{2.5}$ 可能通过脐带血 T 细胞的分布对胎儿免疫功能的发育造成影响。调查表明,在 PM$_{2.5}$ 高污染地区的儿童 T 细胞总数明显高于低浓度地区的儿童,原因可能是长期暴露引起的炎症反应并激活细胞免疫。

正常情况下,CD4$^+$、CD8$^+$、CD4$^+$/CD8$^+$ 值在正常范围内,但当 CD4$^+$、CD8$^+$、CD4$^+$/CD8$^+$ 值发生改变时代表机体免疫功能的改变。研究发现,外勤交警和小区居民的 CD4$^+$、CD8$^+$ 有显著性差异,即交警组 CD4$^+$ T 细胞显著高于居民组,CD8$^+$ T 细胞则正好相反。提示大气环境 PM$_{2.5}$ 可能影响血中 T 细胞免疫表型的分布,从而影响机体免疫状态的平衡,最终影响免疫功能的正常发挥。

在免疫应答过程中,天然免疫细胞包括巨噬细胞、树突细胞等抗原呈递细胞除对颗粒物等外来抗原进行免疫识别外,还可活化适应性免疫细胞 CD4$^+$ T 细胞分化为 Th1、Th2、Th17 和调节性 T 细胞(regulatory T cells, Treg),而这些细胞分泌的细胞因子如 IL-2、IFN-γ、IL-4、IL-5、IL-6、IL-10、IL-17A、IL-23 和 TGF-β 在促进机体免疫反应和介导炎症反应中具有非常重要的作用。其中,Th1 主要与杀伤性 T 细胞的诱导活化有关,也与巨噬细胞在免疫反应局部分泌炎性因子等效应密切相关。

2. PM$_{2.5}$ 对体液免疫的影响　大气 PM$_{2.5}$ 可对体液免疫功能产生影响。体液免疫主要是 B 细胞表面特异性抗原受体识别不同抗原而激活 B 细胞分化为浆细胞,后者产生特异性抗体,发挥体液免疫功能。在过敏原刺激下浆细胞产生的免疫球蛋白 IgE 附着在肥大细胞和嗜碱性细胞表面,当再次受到同一过敏原刺激时就会产生变态反应。IgE 水平的增加与多种过敏性疾病密切相关,如过敏性鼻炎、哮喘等。在以抗体表达水平衡量体液免疫的研究中发现,重污染地区人群唾液中 sIgA 水平显著低于轻污染区人群,但鼻腔灌洗液中总 IgE 和特异性 IgE 水平却明显升高。这些体液免疫功能低下和增强型 IgE 反应的试验结果表明,大气颗粒物污染可引发机体的免疫功能紊乱,一方面抑制免疫功能,另一方面又可能介导过敏反应的发生。一些研究认为大气 PM$_{2.5}$ 能促进 B 细胞分泌 IgE,促进哮喘的发生。

六、大气 PM$_{2.5}$ 与皮肤病的关系

皮肤作为全身面积最大的器官,直接与 PM$_{2.5}$ 接触,其对皮肤的影响也受

到研究者的广泛关注,一方面在于皮肤病对健康造成的不良效应,另一方面在于民众对 $PM_{2.5}$ 所致的皮肤老化、粗糙等外貌的影响越来越重视。一些流行病学研究和毒理学研究认为皮肤疾病的发生与 $PM_{2.5}$ 密切相关,大气 $PM_{2.5}$ 对皮肤的影响包括增加皮炎、荨麻疹等疾病的发病率及皮肤老化、色素沉着等。

(一) $PM_{2.5}$ 与皮肤疾病

1. $PM_{2.5}$ 对皮肤疾病的影响   大气 $PM_{2.5}$ 与特应性皮炎(atopic dermatitis, AD)、过敏性荨麻疹和湿疹等皮肤疾病的关系近年来也受到民众的广泛关注,特别是一些皮肤病专家及皮肤护理专家。有流行病学研究已经获得了一些证据,2010 年的一项研究发现上海地区 3~6 岁 AD 患病率市区明显高于郊区,推测可能与上海市区空气污染严重有关。以上海市郊区和市区的人群为研究对象,发现 $PM_{2.5}$ 的升高与过敏性皮炎和过敏性荨麻疹的门诊率增加明显相关;而对比郊区和市区 $PM_{2.5}$ 的浓度发现,市区日均 $PM_{2.5}$ 浓度均明显高于郊区,而其相应的过敏性皮炎、过敏性荨麻疹门诊率也明显较高。来自北京的一项研究也探索了 $PM_{2.5}$ 与急慢性荨麻疹的关系,结果发现,在控制长期趋势、周末效应、温度、相对湿度及花粉等生物性混杂因素后,大气 $PM_{2.5}$ 对荨麻疹每日门诊量的滞后效应延长,滞后 20 天的累积效应危险比为 1.22(95% $CI=$ 1.03~1.46)。这些研究结果提示 $PM_{2.5}$ 污染可能是皮肤疾病发生的重要危险因素。

2. 皮肤老化   皮肤的年轻、光泽与弹性一直是人类追求美的良好希望,关于高浓度 $PM_{2.5}$ 暴露对皮肤的影响也一直是医学者、化妆品公司和科研工作者关注的方向。一项流行病学研究从 2006~2013 年开始研究 $PM_{2.5}$ 与皮肤老化的关系,该研究首次提出大气颗粒物的暴露可能与皮肤老化有关。色素沉着被认为是亚洲人群皮肤老化的重要特征,而 $PM_{2.5}$ 可增加皮肤色素的沉积。在人群研究中,皮肤老化可通过内在的和外在的皮肤老化分数(score of intrinsic and extrinsic skin aging,SCINEXA)来评估,通过分析 $PM_{2.5}$ 暴露浓度与 SCINEXA 的关系来评估 $PM_{2.5}$ 暴露对皮肤老化的影响。有研究认为,交通来源的颗粒物($475 \, kg/km^2$)能使人群前额和脸颊的色素斑增加 20%。一些体外实验研究采用人角化细胞和黑色素细胞的分析也认为,机动车尾气相关的颗粒物能导致一些与皱纹形成和色斑形成相关的基因的转录表达,而这些基因的激活与细胞内芳香烃受体的激活明显相关。芳香烃受体的激活又能增加活性氧自由基的产生,进一步加重皮肤的老化,而相应的抗氧化剂能明显对抗颗粒物所致的皮肤老化。

（二）PM₂.₅ 导致皮肤疾病的作用机制

一般认为大气 PM₂.₅ 可通过破坏皮肤屏障功能，影响皮肤细胞正常的功能或者穿过皮肤屏障进入血液循环而影响全身系统，进而再反过来影响皮肤。笔者的实验研究发现，虽然皮肤的脂溶性特性和屏障功能使 PM₂.₅ 不易于作用于皮肤细胞，但是 PM₂.₅ 中仍然有一些脂溶性物质可穿透皮肤屏障影响皮肤细胞。关于 PM₂.₅ 对皮肤影响的确切机制尚不清楚，相应的毒理学研究资料也缺乏。

1. 氧化应激　氧化应激被认为是 PM₂.₅ 导致皮肤疾病的最常见的机制。一些体内动物皮肤实验及体外细胞实验对 PM₂.₅ 所致的氧化应激进行了探索。通过给人 HaCaT 细胞进行体外 PM₂.₅ 染毒（25 μg/ml、50 μg/ml、75 μg/ml、100 μg/ml）及 N-乙酰半胱氨酸干预观察 PM₂.₅ 的细胞损伤机制，同时进行动物 PM₂.₅ 染毒及 N-乙酰半胱氨酸干预实验，观察 PM₂.₅ 对动物皮肤的影响。结果发现，PM₂.₅ 能增加动物及细胞内 ROS 的产生，导致氧化应激，进而导致 DNA 损伤、脂质过氧化、蛋白质羰基化、内质网应激、线粒体肿胀、细胞凋亡及细胞自噬，而抗氧化剂 N-乙酰半胱氨酸能明显降低这些损伤。表明 PM₂.₅ 所致的氧化应激是其导致皮肤损伤的重要机制。

2. 免疫反应　一些研究认为多种免疫细胞、细胞因子参与 AD 的发病过程。通常认为 AD 是一个具有两阶段免疫反应的疾病。在疾病发生初期或急性期，表现为 Th2 型细胞分泌的细胞因子（IL-4 和 IL-13）为主导的免疫反应，而在疾病慢性期逐步转变为以 Th1 型细胞分泌的细胞因子（IFN-γ）为主导。有报道认为 Th2 型细胞在 AD 发病早期便向皮损处聚集。有研究者发现在 PM₂.₅ 重度污染期间 AD 急性发作期患者的血清中 Th2 型细胞炎症因子 IL-2 水平升高，经病理活检观察到大量 Th2 型细胞在表皮层浸润。这些提示 Th2 型细胞的活化可能在 PM₂.₅ 诱发或加重的 AD 中扮演着重要角色，关于其相应的毒理学机制需要进一步探索。

3. 芳香烃受体改变　一些研究者认为可能与 PM₂.₅ 中携带大量的芳香烃类有机化合物有关，这些化合物可以与芳香烃受体（aryl hydrocarbon receptor, AhR）结合并将其激活，产生大量的活性氧族、COX2 等炎症因子，从而激发特异性皮炎及荨麻疹等发病。相应的研究报告指出，AhR 在 AD 患者急性期皮损处表达高于健康对照，AhR 可介导空气污染物激活人的角质形成细胞的氧化应激反应，由此损伤皮肤屏障功能。在 AhR 持续活化（AhR-CA）的小鼠 AD 模型中，空气污染颗粒物可通过活化角质形成细胞的 AhR 途径，促进神经营养因子 artemin、炎症因子胸腺基质生成素（TSLP）和 IL-33 的合成，诱发皮肤瘙痒和炎症反应,最终导致 AD 的发生。这表明角质形成细胞中 AhR 的活化在空气污染诱发的 AD 中起着重要作用。

此外,PM$_{2.5}$ 及其携带的物质长期悬浮于空气中,与挥发性有机物类似,作为变应原直接刺激皮肤或者经呼吸道进入体内,使机体处于持续的高敏状态,引发各类变态反应,这也可能是 PM$_{2.5}$ 导致皮肤病的机制。

七、大气 PM$_{2.5}$ 与肠道疾病

近年来,一些研究者认为大气颗粒物可影响胃肠道进而导致肠道疾病的发生。流行病学研究发现,颗粒物与肠道疾病如炎症性肠病(inflammatory bowel disease, IBD)、阑尾炎、肠易激综合征、消化道肿瘤、婴幼儿肠道感染密切相关。目前关注较多的是大气 PM$_{2.5}$ 与 IBD 的关系,由于 PM$_{2.5}$ 可影响肠道菌群进而引发的心血管代谢性疾病也受到广泛关注。

(一)炎症性肠病

IBD 是一类广泛存在的病因不明的特发性肠道炎症性疾病,一般累及回肠、直肠、结肠,临床表现腹泻、腹痛,甚至可有血便,可包括溃疡性结肠炎(ulcerative colitis, UC)和克罗恩病(Crohn's disease, CD)。有研究者认为 PM$_{2.5}$ 是 IBD 入院率增加的重要危险因素,能加重 IBD 的临床症状并加快其进程。但也有研究者发现其相关关系并不明显。Kaplan 等于 2010 年在英国初级保健数据库的基础上,采用巢式病例-对照研究设计对 900 例 IBD 和近 5 000 例对照进行流行病学调查,虽然研究发现包括颗粒物在内的空气污染物与 IBD 的发生无明显相关关系,但研究发现,IBD 中的克罗恩病在年轻人(≤23 岁)中更为常见,而且随着颗粒物暴露的增加($OR = 1.73$, $95\% CI = 0.98 \sim 3.03$)IBD 有增加的趋势。

大气 PM$_{2.5}$ 影响肠道导致 IBD 目前认为有如下几个作用机制:①肠道暴露于颗粒物表现为丁酸浓度的降低,而丁酸是结肠细胞和黏膜免疫细胞的必需脂肪酸,所以丁酸的减少必然会影响肠道屏障功能并增加黏膜炎症的易感性;②在动物实验和人群疾病状态的研究中发现 PM$_{2.5}$ 也能增加肠道的通透性,增加肠道炎症反应及肠道免疫细胞激活,导致或加重肠道疾病的发生,如加重结肠炎症及减少结肠收缩性;③PM$_{2.5}$ 也能对肠道内皮细胞产生毒性,如导致内皮细胞 DNA 损伤等;④PM$_{2.5}$ 所致的 IBD 与其对肠道菌群的改变有关,如导致肠道菌群失调,影响肠道菌群的生物群丰度,已有研究证实 IBD 患者的微生物群与健康对照组不同,共生菌群多样性也明显降低。

（二）肠道菌群失调

人体肠道内有超过 10^{14} 个微生物，肠道菌群失调与多种疾病，如 2 型糖尿病、代谢性疾病和 IBD 密切相关，所以有研究者开始探索 $PM_{2.5}$ 所致的代谢性疾病是否与其所致的肠道菌群失调有关。一些研究也认为 $PM_{2.5}$ 主要通过影响肠道微生物群丰度和组成进而影响代谢过程，导致疾病的发生。来自美国的一项研究发现，$PM_{2.5}$ 长期暴露于小鼠与葡萄糖稳态的损害及胰岛素耐受性损害有关，通过粪便微生物代谢分析表明，葡萄糖稳态的损害与粪便细菌 ACE 和 Chao - 1 估计值（群落丰富度指标）的降低有关；细菌 Chao - 1 估计值的改变对 $PM_{2.5}$ 暴露诱导的葡萄糖耐量异常具有显著的介导作用，$PM_{2.5}$ 暴露与过滤 $PM_{2.5}$ 的空气暴露的动物中有 24 种细菌和 21 种真菌分类存在差异性，其中 14 个和 20 个细菌分类群分别与胰岛素抵抗和糖耐量异常相关。

八、大气 $PM_{2.5}$ 对生殖系统及婴幼儿的影响

（一）大气 $PM_{2.5}$ 与生殖系统

根据中国社科院与中国气象局联合发布的《气候变化绿皮书》，确认大气 $PM_{2.5}$ 对生殖健康的影响。大量的流行病学研究和毒理学研究也发现了 $PM_{2.5}$ 与生殖系统的广泛关联。2018 年来自美国 520 县的 2 900 万出生队列研究发现，孕前 $PM_{2.5}$ 暴露每增加 5 $\mu g/m^3$ 与生育能力减少 0.7%（95%CI＝0.0%～1.4%）相关。非线性分析表明生育能力的降低与 $PM_{2.5}$ 浓度之间具有次线性关系，并没有安全阈值。此外，年龄在 15～44 岁的每 1 000 名女性中归因于 $PM_{2.5}$ 暴露所致的每年生育数平均减少 1.16（95%CI＝1.15～1.17）。这项研究首次在美国建立了生育能力与 $PM_{2.5}$ 浓度之间的关联，该研究为现有流行病学证据补充了环境污染物对生育率的影响，并扩大了低空气质量对健康影响的研究范畴。在中国的一项流行病学研究也发现，$PM_{2.5}$ 每升高 10 $\mu g/m^3$，导致人群生育能力下降 2.0%（95% CI－1.8%～2.1%）。所以，大气 $PM_{2.5}$ 与生殖系统的关系目前也成为人群健康关注的重点。

1. 大气 $PM_{2.5}$ 对生殖系统的影响

（1）大气 $PM_{2.5}$ 对男性生殖系统的影响

1）精子：早在 20 多年前，一些研究已经发现空气污染与精子形态异常、精子质量、精子数量、精子运动和睾酮水平有关。2009 年，Hansen 等的研究发现 $PM_{2.5}$ 与精子形态异常有关，但其他研究认为 $PM_{2.5}$ 与精子数量、精子运动和睾酮水平无明显相关关系。例如，通过气管滴注或吸入 $PM_{2.5}$ 染毒的动物实验发现，$PM_{2.5}$ 能导致精子形态异常，精子数量和睾酮水平下降。

2) 睾丸：血睾屏障主要是由紧密连接、黏附连接和间隙连接构成。近年来的研究表明，PM$_{2.5}$ 可通过减少睾丸组织中紧密连接蛋白、黏附连接蛋白和间隙连接蛋白的表达及伴随的氧化应激，从而破坏血睾屏障的完整性。大鼠采用气管滴注的方式暴露于 PM$_{2.5}$，能导致睾酮和黄体生成素水平降低及血睾屏障微结构改变，同时睾丸内相关的炎症因子也明显升高，睾丸内 N-钙黏蛋白封闭蛋白（occludin）、密封蛋白（claudin-11）和连接蛋白-43 也明显降低。同时，有研究发现睾丸内氧化酶 HO-1 的升高及抗氧化酶 GPx 和 SOD 的降低，而氧化应激的产生又导致自噬降解，进一步导致自噬体的积聚。

（2）大气 PM$_{2.5}$ 对女性生殖系统的影响

1) 卵母细胞：大气颗粒物对卵母细胞的影响也是其对生殖系统影响的一个方面。由于苯并(a)芘在大气颗粒物中易被检出，也有研究探索了苯并(a)芘对生殖系统的影响。将苯并(a)芘给卵母细胞染毒，观察其对卵母细胞的减数分裂成熟与受精的影响。结果发现，苯并(a)芘暴露破坏了小鼠卵母细胞的正常纺锤体组装、染色体排列和动粒-微管连接，从而损害卵母细胞的减数分裂进程，导致非整倍体卵子的产生，进而导致受精失败，削弱女性生育能力。

2) 卵巢：大气 PM$_{2.5}$ 对女性生殖系统的影响一般包括对母体的影响以及对胎儿和婴儿的影响。对婴幼儿的影响在后面详细介绍，此处主要是研究其对母体和胎儿的影响。有研究探索了大气 PM$_{2.5}$ 对卵巢的影响，雌性小鼠暴露于 PM$_{2.5}$ 后，卵巢病理组织学显示卵巢存在出血状态及血管充血，卵巢内炎症因子 TNF-α 和 IL-6 明显升高，同时氧化应激指标 8-OHdG 也明显升高，测定卵巢内与凋亡相关的蛋白发现 Bax 增加，而 Bcl-2 减少。结果表明 PM$_{2.5}$ 所致卵巢的炎症因子增加及细胞凋亡可能是其对卵巢影响的主要方面。

2. 大气 PM$_{2.5}$ 对生殖系统影响的作用机制

（1）抑制下丘脑-垂体-性腺轴：大气 PM$_{2.5}$ 对生殖系统影响的作用机制尚不清楚，有研究者提出了下丘脑-垂体-性腺（hypothalamic-pituitary-gonadal，HPG)轴的改变可能参与了 PM$_{2.5}$ 对生殖系统的损伤作用。HPG 是调节男性生殖系统发育和精子发生的中枢轴，主要包括从下丘脑分泌的促性腺激素释放激素(GnRH)、黄体生成激素(LH)以及由垂体前部产生的促卵泡激素(FSH)，由性腺产生的雌激素和睾酮。HPG 轴极易于受到环境污染物的影响。Lianglin Qiu 等的研究发现小鼠暴露于大气 PM$_{2.5}$ 后，附睾精子数量显著降低，但精子形态与对照组相比无明显变化；同时，研究也发现虽然睾丸形态无明显变化，但睾丸细管中的 Sertoli 细胞空泡化显著增加，出现细胞层紊乱、生精小管内腔中未成熟生殖细胞的脱位，粗线精母细胞和圆形精子细胞减少,这种损伤伴随着系统睾酮和卵泡刺激素的降低,睾丸内 P450scc、17bHSD、StAR、SHBG 等基因 mRNA 的降低,下丘脑内促性腺激素释放激素的减少,以及炎症因子 IL-1β、IL-6、TNF-α 的升高。结果表明 PM$_{2.5}$ 吸入暴露可能通过诱导下丘脑炎症,抑制促性腺激素释放激素 mRNA 表达,从而抑制 HPG 轴,导致生殖系统的损伤。所以 HPG 轴的抑制可能是 PM$_{2.5}$ 导致生殖系统损伤的重要机制。

(2) 线粒体功能紊乱、DNA 损伤和 RIPK1 介导的凋亡信号通路:有研究将 SD 大鼠给予气管滴注 1.8 mg/kg、5.4 mg/kg、16.2 mg/kg(体重)的 PM$_{2.5}$ 之后,PM$_{2.5}$ 暴露组大鼠表现为精子密度和运动能力呈剂量依赖性下降,测定其睾丸组织内与 RIPK-1 相关的蛋白 FAS、FADD、caspase-3、FAS-L 和 caspase-8 明显升高。同时,体外实验发现,PM$_{2.5}$ 染毒的小鼠精母细胞 GC-2spd 细胞伴随着 DNA 损伤、细胞凋亡、ROS 产生及 RIPK1 的表达升高。结果提示 PM$_{2.5}$ 可能通过 DNA 损伤、细胞凋亡、ROS 产生及 RIPK1 信号通路影响生殖系统,导致精子活性等损伤。

(3) 内质网应激:内质网是许多细胞过程所必需的重要细胞器,内质网作为细胞内 Ca^{2+} 的储存库,在体内平衡中起着重要作用。内质网应激也被认为是 PM$_{2.5}$ 导致生殖系统损伤的一个作用机制。Liu X 等的动物实验发现,给大鼠气管滴注 PM$_{2.5}$ 能促进大鼠睾丸生殖细胞凋亡,伴随着内质网应激标记物 GERP78 和 XBP-1 的表达增强,此外,内质网应激介导的细胞凋亡通过上调附睾和睾丸中 CHOP 和 casase-12 的表达而被激活,所以 PM$_{2.5}$ 暴露可通过刺激内质网应激而导致雄性机体的生殖毒性。

(4) 炎症反应和氧化应激:多数研究已经表明 PM$_{2.5}$ 所致的生殖系统损伤与炎症反应和氧化应激机制有关,表现为卵巢、睾丸及全身系统的炎症反应,如 TGF-β/p38 MAPK 通路的激活,IL-6、TNF-α、CRP 的升高等。同时,有动物实验发现 PM$_{2.5}$ 能导致血睾屏障不完整,机体表现为 GPx 和 SOD 等的降低及 HO-1 的升高,而这些氧化损伤能增加自噬小体的数量和自噬标记物 LC3-II 和 p62 的水平。结果表明 PM$_{2.5}$ 所致的血睾屏障不完整与 ROS 的产生有关,而 ROS 介导的自噬反应是其导致生殖系统损伤的一个重要机制。

(二) 大气 PM$_{2.5}$ 与婴幼儿健康

1. 大气 PM$_{2.5}$ 对婴幼儿的影响　大气 PM$_{2.5}$ 对新生儿的影响一直以来都是研究者关注的热点。中国第 6 次人口普查结果显示,截至 2013 年,中国 0～14 岁儿童超过 2.2 亿,约占人口总数的 16.6%。儿童处在生长发育期,新陈代谢较快,户外活动以及运动量较大,免疫系统发展尚未成熟,抵御疾病的能力较差,高浓度的 PM$_{2.5}$ 暴露会对儿童造成许多危害。2016 年 6 月,美国哥伦比亚大学环境健康学教授 Frederica 的评论文章《石油燃料燃烧对儿童健康的多重威胁:空气污染与气候变化影响》发表在 *EHP* 杂志上,她认为在胎儿时期和 1 周岁之前,儿童的身体和大脑尤其易受到伤害,空气污染对他们造成了极高的疾病负担,呼吁制定以儿童为本的能源和气候政策。

此外,越来越多的研究也表明,幼年时期经空气污染暴露可能造成疾病通路的某些基因调控的变化,从而影响子孙后代的健康;同时,空气污染所致的儿童健康危害如高血压、肺功能损害、心血管损害可能是成人后生活中高血压和心血管疾病的重要预测因素。

孕期 PM$_{2.5}$ 暴露对婴幼儿的影响主要是低出生体重、出生长度、头围、肱三头肌和肩胛下皮褶厚度、早产、先天性心脏病及哮喘等,也会对胎儿造成影响,如导致宫内发育迟缓、自然流产等。

(1) 低出生体重及早产:低出生体重(low birth weight, LBW)儿是指怀孕超过 37 周后出生的体重低于 2 500 g 的新生儿。大量研究认为母亲孕期暴露空气污染与婴儿 LBW 明显相关。有研究人员分析 9 个国家 300 多万新生儿的出生体重后发现,在空气污染严重区域生活的孕妇容易产下体重低于 2.5 kg 的低体重儿,而 LBW 与孩子成年后的一些疾病的发生明显相关。PM$_{2.5}$ 每升高 10 $\mu g/m^3$,能导致婴儿体重降低 13.8 g。来自欧洲 12 个国家的 14 项队列研究表明,孕期 PM$_{2.5}$ 每升高 5 $\mu g/m^3$ 与 LBW 的发生率明显相关。特别是第三孕期 PM$_{2.5}$ 暴露更为关键,第三孕期 PM$_{2.5}$ 每升高 5 $\mu g/m^3$,能导致婴儿胎龄出生体重评分降低 0.075。但也有研究发现虽然 PM$_{2.5}$ 与 LBW 发生率有关,但并无明显统计学意义。其他一些研究认为 PM$_{2.5}$ 与婴儿体重无明显相关关系。在 PM$_{2.5}$ 对低出生体重的影响中,有研究认为 PM$_{2.5}$ 中的元素碳和有机碳、钾、铁、铬、镍和钛发挥着重要作用,但与铅或砷无关。

长期暴露在 PM$_{2.5}$ 中,已经被认为是婴儿早产的一个重要危险因素,而早产是儿童生长缺陷的重要危险因素。2010 年,全球与 PM$_{2.5}$ 相关的早产数量估计为 270 万(95% CI = 1.8～350 万),占全球早产数量的 18%(95% CI = 12%～24%)。早产与婴幼儿死亡率密切相关。中国和加拿大的队列研究及美国的回顾性研究均认为母亲 PM$_{2.5}$ 暴露与早产有关。Malley 等对美洲、亚洲、欧洲和非洲的 183 个国家的 PM$_{2.5}$ 与早产的关系进行了探索,结果表明东南亚、北非、中东和撒哈拉以南的非洲西部新生儿早产占全球早产比例最大,与 PM$_{2.5}$ 相关的早产比例也最大。全球范围内,当 PM$_{2.5}$ 设定的最低浓度限值(即假设 $PM_{2.5}$ 浓度低于某浓度限值时,对早产影响的超额风险为 0,而高于该浓度限值的效应与其相比风险如何,在第五章中 $PM_{2.5}$ 暴露效应关系中有详细介绍)是 $10\ \mu g/m^3$ 时,270 万新生儿早产与 $PM_{2.5}$ 相关;当 $PM_{2.5}$ 设定的最低浓度是 $4.3\ \mu g/m^3$ 时,340 万新生儿早产与 $PM_{2.5}$ 相关。

此外,一些研究也发现 $PM_{2.5}$ 浓度的降低能明显减少早产的发生率,如 2008 年北京奥运会期间 $PM_{2.5}$ 的大幅降低也与早产率的降低有关。关于 $PM_{2.5}$ 与早产的关系,目前多是通过全人群调查的土地利用模型或气溶胶光学厚度模型评估孕妇 $PM_{2.5}$ 暴露浓度与早产发生率的关系,较少研究通过孕妇个体 $PM_{2.5}$ 暴露来评估早产的个数、早产的类型及早产相关的一些风险因素的变化,未来这些将是研究的重点。

(2) 生长发育:我们熟知的铅中毒会影响儿童的智力发育,室内环境污染会导致铅中毒,铅常存在于装修材料中。然而,目前认为儿童铅中毒的另一个来源与大气 $PM_{2.5}$ 有关。大城市中燃油以及汽车尾气的排放导致空气中铅浓度明显升高,而这些铅可吸附在 $PM_{2.5}$ 上进入呼吸道,长期吸入会导致铅中毒,影响胎儿、婴幼儿的生长发育。孕期 $PM_{2.5}$ 暴露可通过升高血铅水平抑制新生儿胰岛素样生长因子-1(insulin-like growth factor-1, IGF-1)和 IGF-2 水平,从而影响新生儿身高,可能是影响新生儿生长发育的危险因素。此外, $PM_{2.5}$ 也与胎儿的宫内发育迟缓有关。一些研究发现母体第三孕期时暴露于 $PM_{2.5}$ 能导致胎儿生长降低,增加宫内发育迟缓的发生率。但也有研究认为 $PM_{2.5}$ 与胎儿生长只有弱相关关系。

(3) 儿童哮喘: $PM_{2.5}$ 除影响成人哮喘外,对儿童哮喘的发病率、急性发作和入院率均有明显影响,可导致儿童鼻塞、鼻涕、气喘和肺功能降低等哮喘症状明显加重。国内外的长期追踪研究发现,短期暴露于高浓度 $PM_{2.5}$ 环境中将会导致儿童肺功能的改变及哮喘的发病率增加,且对男孩的影响更为明显。而在孕期 $16\sim25$ 周的 $PM_{2.5}$ 暴露对儿童 6 岁时哮喘发病的敏感性最高。长期 $PM_{2.5}$ 暴露将会诱发儿童的慢性呼吸系统疾病,与呼吸系统疾病所致新生儿后期死亡率相关。

(4) 先天性畸形:大气 $PM_{2.5}$ 除对幼儿、儿童有影响外,也会通过影响孕妇导致新生儿出现一系列不良健康效应。根据目前最新的研究表明,孕妇长期暴露于高浓度的 $PM_{2.5}$ 中,除会导致新生儿早产、低出生体重外,甚至会造成胎儿的先天性缺陷。新生儿的先天性缺陷是新生儿死亡的首要原因,大约占新生儿死亡的 20%,其中先天性心脏畸形占 1%。美国加利福尼亚大学研究人员对 $1987\sim1993$ 年间出生的 9 000 名新生儿进行跟踪研究发现,妇女妊娠早期暴露于空气污染,新生儿患严重先天心脏疾病的概率明显增加。此外,暴露于严重空气污染的孕妇与暴露于清洁空气的孕妇相比,其新生儿患有先天性心脏疾病的可能性达 3 倍之多。

通过对新生儿唇裂的研究发现,除了染色体变异和家族遗传之外,对于那些长期暴露在污染空气,特别是暴露于香烟烟雾和 PM$_{2.5}$ 的孕妇,其新生儿患唇裂的概率较高,即 PM$_{2.5}$ 可能是新生儿患唇裂的危险因素。但一些研究如 Ritz 和 Gilboa 等在加利福尼亚和得克萨斯州的研究均认为空气污染与唇裂的关系较为微弱。所以,其相关性仍需要大样本的队列研究进行验证。

除以上先天性缺陷外,也有研究者探索了空气污染与胎儿神经管缺陷的关系,认为 CO 和 NOx 暴露与胎儿神经管缺陷明显相关,但与 PM$_{2.5}$ 无明显相关关系。

在美国的一项队列研究表明,空气污染特别是 PM$_{2.5}$ 的暴露会危害子宫内的胎儿,导致胎儿基因发生变化,会增加胎儿将来罹患癌症的风险。通过总结各地区的研究,发现 PM$_{2.5}$ 级别的空气细颗粒物对婴儿的致畸率和早产率也有着显著影响。

2. 大气 PM$_{2.5}$ 对婴幼儿健康危害的作用机制

(1)氧化应激和炎症反应:为了探索大气 PM$_{2.5}$ 对胎儿的影响,有研究者通过对胎盘重量进行测定、病理学检测和炎症损伤测定来间接观察 PM$_{2.5}$ 对胎儿的影响。虽然研究并没有发现 PM$_{2.5}$ 和胎盘炎症的关系,但发现 PM$_{2.5}$ 与血栓性的胎盘损伤有明显关系,结果提示胎儿或胎盘对大气 PM$_{2.5}$ 所致的损伤更为敏感。对婴幼儿哮喘影响的作用机制可能与其增加体内 IgE、导致肺发育不良和气道高反应性有关。PM$_{2.5}$ 所致的母亲系统氧化应激和炎症因子释放等,进一步导致胎盘和内皮功能障碍,也是导致婴幼儿免疫损伤和肺发育不良的原因,而后者进一步导致哮喘的发生与发作。氧化应激所致的自由基释放也可导致机体 DNA 损伤,影响 DNA 转录,进一步导致胎盘 DNA 加合物的产生,从而导致胎儿的不良健康效应,如 LBW 或宫内发育迟缓等。

在动物毒理学研究中也发现 Balb/c 孕鼠暴露于颗粒物能增加仔鼠哮喘的敏感性,导致体内 IgE、IgG、IL‐4 和 IFN‐γ 的升高,其机制与颗粒物所致的高气道反应和过敏性炎症有关。

(2)血流动力学改变:PM$_{2.5}$ 对机体血流动力学改变主要是对血压的影响,这与交感神经张力增加和(或)全身系统血管张力调节有关,而母亲血压的变化能增加不良围生期结局的发生风险,出现子痫和溶血、肝酶升高和血小板减少综合征等。已有研究表明母亲血压升高与宫内发育迟缓和早产密切相关,而通过补充营养或其他方式阻止高血压能明显减少 $PM_{2.5}$ 对胎儿的损害,所以胎儿生长发育不良与母体血流动力学适应不良有关。

九、大气 $PM_{2.5}$ 的致癌作用

$PM_{2.5}$ 是一种混合物,目前认为大气颗粒物的致癌成分主要与颗粒物中的多环芳烃类化合物有关。多环芳烃中具有致癌性和致突变性的化合物大约有400 多种。大量流行病学调查显示,大气颗粒物能够增加个体罹患肺癌的危险性。美国癌症学会的队列研究发现,$PM_{2.5}$ 每增加 $10~\mu g/m^3$,肺癌的死亡率将增加 8%。肺癌所致的死亡率在恶性肿瘤中所占的比例高达 17%。在过去的 30 年间,在中国肺癌的发病率也有所增加。WHO 指出,到 2025 年,肺癌的发病人数每年将增加 100 万。长期暴露于颗粒物污染的环境中可引起慢性气道炎症,而慢性气道炎症患者 10 年后患肺癌的危险度比正常人群高 10 倍以上。$PM_{2.5}$ 导致肺癌的原因可能与其所致的 DNA 损伤、DNA 甲基化及 DNA 复合物的形成有关。

$PM_{2.5}$ 与其他恶性肿瘤的关系还未见相关报道,但有研究认为 $PM_{2.5}$ 的暴露与肝癌的危险因素——肝纤维化有关,$PM_{2.5}$ 能够增加肝内胶原的表达,而肝纤维化的形成可能与 $PM_{2.5}$ 所致的还原型辅酶 II(NADPH)氧化酶激活有关,进而导致肝肿瘤的发生。Vopham 等的流行病学研究指出,高浓度的 $PM_{2.5}$ 暴露能增加人群肝癌的发生率,$PM_{2.5}$ 每增加 $10~\mu g/m^3$,其相对危险度为 $1.26(95\% ~CI=1.08\sim1.47)$。此外,肝癌诊断后暴露的 $PM_{2.5}$ 浓度升高可能缩短患者的存活期,且浓度越高其影响越大。

十、其他疾病或损伤

(一)$PM_{2.5}$ 对肝的影响

大气 $PM_{2.5}$ 除对上述系统有明显影响之外,对肝、肾及其他组织或器官的影响也受到了研究者的关注。一些动物实验研究已经表明,无论是气管滴注暴露或吸入暴露于 $PM_{2.5}$ 均能导致小鼠肝出现纤维化、炎症、脂质过氧化物水平升高、内质网应激与细胞凋亡。除对肝的直接损伤之外,$PM_{2.5}$ 也会通过激活 NF-κB 影响小鼠肝的糖脂代谢功能,也可通过激活 Nrf2/JNK 信号通路而导致肝胰岛素抵抗。

(二)$PM_{2.5}$ 对肾的影响

全球肾病负担研究发现,2016 年全球因 $PM_{2.5}$ 暴露所致的慢性肾病发病人数为 6 950 514(95%$CI=5$ 061 533~8 914 745),全球因 $PM_{2.5}$ 暴露所致慢

性肾病的死亡损失生命年、伤残损失年和伤残调整寿命年分别为 2 849 311 人年(1 875 219～3 983 941)、8 587 735 人年(6 355 784～10 772 239)和 11 445 397 人年(8 380 246～14 554 091)。同时,来自欧洲的一项队列研究也发现,PM$_{2.5}$ 每升高 10 μg/m^3,导致肾脏肿瘤入院率的危险比为 1.24(1.11～1.29)。一些动物实验也发现,PM$_{2.5}$ 能导致小鼠肾脏纤维化、系膜扩张、肾小球和肾小管体积减小,肾脏炎症损伤及与肾脏损伤相关的血压升高,同时增加乙烯加合物的表达,进而促发氧化应激的发生。

第三节 大气 PM$_{2.5}$ 对健康的间接危害

一、大气 PM$_{2.5}$ 对环境的影响

大气 PM$_{2.5}$ 作为雾霾首要污染物,是近年来各大城市雾霾产生的源头,特别是在冬季供暖期,在北京、河北、东北三省等大多数地区出现严重的雾霾天气,使整个城市长期处于雾霾笼罩之中。而雾霾的产生除影响人体的健康之外,也有其他的间接危害如破坏环境、影响人体舒适感。

(一) 大气能见度降低

大气能见度(visibility)是反映大气透明度的一个指标。一般是指具有正常视力的人在当时的天气条件下还能够看清楚目标轮廓的最大地面水平距离。2010 年 6 月 1 日,中国气象局行业标准《霾的观测和预报等级》(QX/T 113 -2010)正式实施规定,将能见度分为 4 个等级,轻微、轻度、中度和重度。轻微是指能见度 5.0～10.0 km,而重度是指能见度低于 2.0 km。

大气能见度的降低不仅影响公众的视线,减少舒适感,导致生态环境的恶化,还可能因此导致交通事故的发生。一些调查发现,雾霾所致的大气能见度降低明显增加了交通拥堵及交通事故的发生率,从而也会导致相应的民事及刑事案件的增加,加重整个社会的负担。已有研究发现,近 30 年来,大气能见度呈逐年下降趋势。

(二) 影响生活环境的洁净

建设洁净城市一直是整个国家和人民共同关注的话题,但大气 PM$_{2.5}$ 所致的严重空气污染使城市大气环境逐渐恶化,影响整个城市的美观及人体舒适感。全国的调查显示,许多大城市 1 年内雾霾的天数超过半年,重污染天数甚至超过 1 个月。也就是说,民众看到蓝天白云的天数越来越少,这将严重影

响人体的舒适度和心情。

二、大气 PM$_{2.5}$ 对人类生活的影响

(一)改变人类生活方式

蓝天白云的天气状态时,人们自由地呼吸着清新的空气;可是当大气 PM$_{2.5}$ 浓度增加导致日益严重的空气污染时,更多的人选择佩戴口罩来预防 PM$_{2.5}$ 的吸入,这就在无形中增加了身体各方面的负担,民众被动地佩戴口罩,也增加了生活中的许多不便。同时,长期佩戴口罩,也可能增加自身呼出气中微生物在口罩内的积聚,又会增加机体微生物的感染机会。目前很多家庭选择使用空气净化器来净化空气中的 PM$_{2.5}$,虽然这是家电时代的又一次繁荣与创新,但也明显改变了人类已有的生活方式,促使人们更多地选择门窗紧闭,增加了室内其他空气污染物浓度(如 CO 浓度)的上升,降低了室内的氧气浓度。此外,增加室外活动、增加运动量对于预防慢性非传染性疾病如高血压、糖尿病和心脏病具有重要的作用,但是由于长期的雾霾天气使整个人群运动量明显下降,对于慢性病的防治也是不利因素。

(二)增加经济负担及经济损失

工业发展的加速和城市化使中国的经济快速发展,但是这种经济的快速发展也导致了一定程度的环境和健康的经济损失。经济合作与发展组织最近发表了一篇报道,报道指出到 2060 年,PM$_{2.5}$ 每年能导致 600~900 万人群早死,每年大约增加 2.6 万亿元的费用。GBD 也指出中国的大气颗粒物能导致 91 万人群的早死,导致伤残调整寿命年损失 1 820 万。Lelieveld 等估计 2010 年全球因 PM$_{2.5}$ 所致的人群过早死亡数为 315 万/年,而在中国的死亡数最高,约为 133 万/年。2017 年,Maji 等通过对 190 个中国城市的研究指出,在中国,2014~2015 年 PM$_{2.5}$ 所致的健康经济损失大约为 1 011.1 亿美元,而 PM$_{10}$ 所致的健康经济损失大约为 3 041.22 亿美元。相对于中国在 2014~2015 年的 GDP(103 548.3 亿美元),PM$_{10}$ 所致的健康经济损失大约占 GDP 的 2.94%。

大气 PM$_{2.5}$ 对健康影响的经济损失主要与暴露人群的数量、暴露浓度、研究健康效应终点人群的数量、死亡率估计成本等有关。

1. 国家治理 PM$_{2.5}$ 污染的费用 对于 PM$_{2.5}$ 造成的日趋严重的污染,中国通过采取一系列的措施来应对,包括研发新能源来替代煤炭等燃料的使用,增加投入促使工业、企业节能减排,投入人力、物力限制黄标车的使用。近年来,通过财政拨款治理 PM$_{2.5}$ 污染的费用一直处于财政支出的较高水平。中

国国家科技部门也投入巨大科研基金研究治理大气 PM$_{2.5}$ 的措施以及探索 PM$_{2.5}$ 所致健康危害的作用机制。

2. 预防 PM$_{2.5}$ 的个人支出　为了应对大气 PM$_{2.5}$ 所致的健康危害,许多人选择购买口罩、空气净化器、监测空气质量仪器或购买空气污染相关的保险来应对其所致的危害,这就造成了一定的经济损失。可以采用支付意愿法(willingness to pay,WTP)进行经济损失的评估。WTP 测量的是人们对提高自己和其他人的安全(如环境质量改善而导致的个体死亡/发病风险降低)而愿意付出的货币数值。WTP 的主要优点在于它反映了被测量人群的个人观点和意愿,较好地符合福利经济学的原理,因此在欧美发达国家得到广泛应用。测量个人的支付意愿,一般有劳动力市场研究法、调查评估法以及其他基于市场交换的方法。

3. 治疗疾病或误工的费用支出　在评价环境污染造成的健康经济损失时,通常考虑两方面的损失。一方面为患病所支付的医疗费用及由疾病和死亡所造成的工资损失;另一方面为人类为了减少环境污染所致的危害而愿意支出的费用。评价这两方面经济损失的方法分别有人力资本法、疾病成本法、支付意愿法和条件价值法。这部分内容会在第十章重点介绍。

4. 影响经济的发展　PM$_{2.5}$ 造成的污染通过污染环境、破坏生产力和影响人群健康的方式直接影响着国家的经济发展。

第七章

大气 $PM_{2.5}$ 对健康影响的易感性

疾病的发生是环境因素和宿主因素共同作用的结果,宿主因素包括机体的健康状况、遗传状况、年龄、性别、种族等方面的因素,而这些宿主因素可导致机体对有害物质的易感性明显不同。易感性是指机体暴露于某种特定的外源性化合物时,由于其先天遗传性或后天获得性缺陷而产生不同反应的特性。大气 $PM_{2.5}$ 是最主要的环境污染因素之一,其对人群影响的结局有很大的差异,正如前面提到的大气 $PM_{2.5}$ 对人群健康的影响呈"金字塔"形效应,大多数人暴露于 $PM_{2.5}$ 后表现正常,而其他的少数人会出现明显的病理生理学改变或疾病状态,甚至有的人出现死亡结局,这就与人群对 $PM_{2.5}$ 的易感性不同有关。所以保护居民健康免受 $PM_{2.5}$ 危害的重要措施之一是界定 $PM_{2.5}$ 的易感人群,也就是说确定具有什么样特征的人群对 $PM_{2.5}$ 最为敏感,进而保护这些易感人群。

第一节 疾病易感性

疾病易感性是指健康危害的发生与机体本身的患病状态有关,流行病学研究已经发现患某些疾病的患者对 $PM_{2.5}$ 所致的危害更为敏感。研究发现,患有疾病的人群暴露于低浓度的 $PM_{2.5}$ 也会导致健康危害,而低浓度对正常人可能没有任何可以检测到的健康影响,也就是说 $PM_{2.5}$ 对患病人群没有所谓的安全浓度。患病人群对 $PM_{2.5}$ 易感的原因可能在于患病人群存在许多机体功能方面的不健全及其他不可控制的因素,与健康状态的人相比,他们很难对 $PM_{2.5}$ 暴露有正常的抵御能力。

人群流行病学研究发现,患有心肺疾病的人群对大气 $PM_{2.5}$ 的污染更加敏感。患有支气管哮喘、慢性阻塞性肺气肿等疾病的患者对 PM$_{2.5}$ 的暴露较正常人更加敏感。1948 年美国宾夕法尼亚和 1952 年英国伦敦的大气污染事件就表明,突发暴露于高浓度颗粒物能明显增加那些患有支气管炎、慢性阻塞性肺气肿以及其他心肺疾病人群的入院率和死亡率,加速这些疾病的发展,促使病情恶化。

一、呼吸系统疾病的易感性

(一) 哮喘的 PM$_{2.5}$ 易感性

多项研究认为 PM$_{2.5}$ 在哮喘的发生中具有重要的作用,一些研究者也开始探索哮喘患者在暴露于 PM$_{2.5}$ 后症状的变化以及体内细胞、蛋白、基因的变化。有研究发现,PM$_{2.5}$ 能加重成人和儿童哮喘患者的急性发作,增加就诊人数,使哮喘症状更为明显。此外女性儿童对 PM$_{2.5}$ 更敏感,其哮喘发作症状也更显著。

来自动物毒理学的证据也认为,PM$_{2.5}$ 暴露的哮喘组小鼠肺组织炎症改变及肺泡灌洗液中的炎性细胞总数及嗜酸性粒细胞、中性粒细胞及淋巴细胞计数均显著高于单纯卵清蛋白致敏哮喘组,表明 PM$_{2.5}$ 的暴露加重了哮喘的气道炎症。此外,免疫细胞 CD4$^+$ T 细胞数量和功能失调与哮喘气道炎症及气道高反应性密切相关,尤其是高水平分泌 IL-17 等细胞因子的 Th17 细胞介导的适应性免疫应答在哮喘气道炎症中起关键作用。有研究发现,与哮喘组小鼠相比,PM$_{2.5}$ 暴露哮喘组小鼠中 Treg 细胞及 Treg 细胞相关的转录因子 Foxp3 mRNA 的表达明显降低,而 Th17 细胞及其相关细胞因子明显升高,表明 PM$_{2.5}$ 暴露可加重哮喘的气道炎症反应,这一改变与 Th17/Treg 细胞的失衡密切相关。

(二) 慢性阻塞性肺疾病的 PM$_{2.5}$ 易感性

环境中 PM$_{2.5}$ 浓度的短期增加,可能导致慢性阻塞性肺疾病(COPD)患者的急性发病,其住院率和病死率增加。也有研究发现,大气中 PM$_{2.5}$ 浓度每增加 10 μg/m^3,COPD 急性发病的相对危险度为 1.02,65 岁以上的 COPD 患者发生急性发病的风险更大。此外,一些流行病学和毒理学研究鉴于 COPD 发生的炎症反应、免疫应答和氧化应激机制探索了 PM$_{2.5}$ 对 COPD 患者或模型动物的影响。结果发现,PM$_{2.5}$ 的暴露可以加剧 COPD 小鼠肺泡巨噬细胞吞噬功能障碍;PM$_{2.5}$ 促进 Notch 信号通路过度活化,加重 COPD 小鼠体内 T 细胞亚群(Th1/Th2、Th17/Treg)的失衡,从而促进 COPD 的病情发展;PM$_{2.5}$ 诱导 COPD 小鼠肺组织中核因子 E2 相关因子 2(Nrf2)表达增加,提示 PM$_{2.5}$ 加重哮喘也可能与氧化应激有关。

二、心脑血管疾病的 PM$_{2.5}$ 易感性

（一）高血压患者对 PM$_{2.5}$ 的易感性

高血压是最常见的慢性疾病,是心脑血管疾病最主要的危险因素。近年来的研究发现,高血压患者短期或长期暴露于 PM$_{2.5}$ 能导致血压明显升高,甚至诱发恶性心血管事件的发生。多项毒理学研究也发现,大气 PM$_{2.5}$ 的暴露能导致自发性高血压大鼠比普通正常 Wistar 大鼠出现更为明显的心肌损伤、心电图改变、自主神经功能紊乱、全身炎症和内皮功能障碍。

（二）心脑血管疾病患者对 PM$_{2.5}$ 的疾病易感性

PM$_{2.5}$ 对心血管疾病患者的影响主要表现为显著增加心脑血管事件的风险,导致患者心律失常加重、血管内皮功能障碍加重、氧化损伤和炎症反应加重。有研究表明,短期暴露于颗粒物,使冠状动脉疾病患者发生急性冠状动脉事件的危险性增加。动物毒理学研究发现,高脂血症大鼠对 PM$_{2.5}$ 的易感性更大,PM$_{2.5}$ 暴露组的高脂血症大鼠表现为 C-反应蛋白较正常大鼠明显升高,肌酸激酶同工酶也明显升高,同时心率也明显高于正常大鼠。

三、糖尿病患者对 PM$_{2.5}$ 的易感性

近年来,PM$_{2.5}$ 对糖尿病的影响也受到很多的关注,第六章已经阐述了 PM$_{2.5}$ 对糖尿病的发生有促进作用。有研究也发现 PM$_{2.5}$ 的暴露能增加糖尿病患者的入院率和死亡率,同时也能导致糖尿病并发症的发生并促进这些并发症的恶化发展,如加重糖尿病肾病、糖尿病心肌病、糖尿病动脉粥样硬化和(或)糖尿病视网膜病变等并发症。刘翠青等研究者使用 2 型糖尿病 KKay 小鼠模型的研究发现,动物长期暴露于浓缩的大气 PM$_{2.5}$,使模型小鼠出现更为明显的胰岛素抵抗、糖耐量异常,同时在内脏脂肪表现为更为明显的炎症反应。笔者的研究也认为,长期暴露于浓缩大气 PM$_{2.5}$ 的 KKay 小鼠心肌组织内炎症因子 TNF-α 和 IL-6 的 mRNA 表达明显升高,心肌组织内 NF-κB、IKKβ、MAPK,环氧化酶-2(COX-2)的蛋白表达也明显升高;而使用 NF-κB 拮抗剂后,则炎症反应明显降低。

流行病学研究也发现,PM$_{2.5}$ 能使糖尿病人群和糖耐量异常人群出现更为明显的系统炎症反应,表现为 C-反应蛋白和髓过氧化物酶(MPO)的升高,并能加重动脉粥样硬化疾病的发展和诱发多器官损伤。

第二节 遗传易感性

遗传易感性是指由于遗传因素的影响或由于某种遗传缺陷使后代的生理代谢具有容易发生某些疾病的特性。机体对 PM$_{2.5}$ 的遗传易感性是指机体由于遗传基因的不同，对于 PM$_{2.5}$ 暴露所产生的健康效应也明显不同，也就是具有某些基因的人群可能对 PM$_{2.5}$ 所致的危害更敏感。比如一些人群每天吸烟量非常大，但几十年后也不会发生任何呼吸系统疾病，而有的人群吸烟量很小，却导致了肺癌。所以，有研究者提出疾病是遗传基因和环境因素共同作用的结果，有研究者将基因和环境对疾病的影响形容为枪和扳机，将环境、基因和疾病的关系形象的描述为"基因给枪上了子弹，环境扣下了扳机"（"Genes load the gun，but environment pulls the trigger"）。

一、种属易感性

种属易感性是指不同种族的人群或不同种属的动物可能对 PM$_{2.5}$ 所致的健康危害反应不同。目前，对于 PM$_{2.5}$ 对不同种族人群健康影响的差异还未见相关报道，但有报道认为 PM$_{2.5}$ 在致亚裔人群和欧美人群的皮肤老化方面有一定的差异，这可能与人群种属不同、体内的基因不同有关，也可能与两组人群所暴露的 PM$_{2.5}$ 浓度不同有关。一些动物实验研究采用气管滴注 PM$_{2.5}$ 的方法对遗传背景不同的近交系小鼠（对 PM$_{2.5}$ 敏感的 C57BL/6 小鼠和对 PM$_{2.5}$ 耐受的 C3H/He 小鼠）染毒后，发现 PM$_{2.5}$ 所致的肺部损伤对两种小鼠明显不同，PM$_{2.5}$ 对 C57BL/6 小鼠肺的影响更为明显；研究发现这两种小鼠在一些基因的表达也有明显不同，这也是导致其易感性差异较大的原因。

二、基因易感性

种属不同其基因也会不同，即使同一种属其基因也不会相同。一直以来，基因易感性在研究机体对外来物质的反应方面发挥了巨大的作用。环境可通过影响表观遗传等机制对机体的基因表达进行影响，从而影响疾病的发生发展。基因易感性对 PM$_{2.5}$ 所致损伤的作用，一些流行病学研究和动物实验也进行了探讨，目前认为基因的易感性在 PM$_{2.5}$ 所致心肺疾病中具有很重要的作用。

（一）基因多态性

多项临床实验研究已经发现基因多态性对疾病的发生具有重要作用，但关于大气污染和这些基因多态性的联合作用在疾病发生发展中的作用相关的证据甚少。有研究探索了交通来源的 PM$_{2.5}$ 与 GSTP1、TNF、TLR2 或 TLR4 基因多态性在儿童过敏性鼻炎炎症反应和氧化损伤中的作用，但并未发现相关的环境-基因交互作用。也有研究试图探索 HFEH63D、HFEC282Y、CAT（rs480575、rs1001179、rs2284367 和 rs2300181）、NQO1（rs1800566）、GSTP1 I105V、GSTM1、GSTT1（缺失和不缺失）和 HMOX-1（短和长）基因多态性是否对调节 PM$_{2.5}$ 与血浆的氧化应激指标——同型半胱氨酸的关系具有重要作用。结果发现，每四分位数间距 PM$_{2.5}$ 的增加能导致同型半胱氨酸增加 1.5%，而 HFEC282Y 和 CAT（rs2300181）基因与 PM$_{2.5}$ 有明显的交互作用。

（二）DNA 甲基化

表观遗传学是基因组中在不改变基因序列的情况下，通过对基因 DNA 和组蛋白的化学修饰、RNA 干扰、蛋白质与蛋白质、DNA 和其他分子的相互作用而影响和调节基因的功能及特性，并通过细胞分裂和增殖周期遗传给后代的生物过程。表观遗传学主要涉及 DNA 甲基化、组蛋白修饰、染色质重塑、非编码 RNA 调控等。

DNA 的甲基化是目前研究最多也是最早的最基本的表观遗传学机制，是指在 DNA 甲基转移酶（DNA methyltransferase，DNMTs）的作用下，S-腺苷甲硫氨酸（SAM）提供甲基供体，将甲基（-CH3）转移到 DNA 分子特定碱基上的过程。在哺乳动物中，主要发生在 CpG 位点中的胞嘧啶（C）第 5 位碳原子加上一个甲基化，修饰为 5-甲基胞嘧啶（5-methylcytosine，5-mC）。启动子区的 CpG 甲基化可直接抑制转录因子与启动子区结合，或者通过募集结合蛋白而抑制转录因子结合，从而导致相关基因的表观遗传学基因抑制或沉默，导致疾病的发生。

研究已经发现，人体血液中 DNA 甲基化与心血管疾病、呼吸系统疾病明显相关。关于 PM$_{2.5}$ 对健康的影响是否与 DNA 甲基化有关，近年来研究者开始进行了一系列流行病学和动物实验研究。有流行病学研究发现，大气 PM$_{2.5}$ 能使 CpG 位点 GCR 启动区高甲基化的人群出现更为明显的肺功能降低，同样有研究发现 NO$_2$ 和 PM$_{2.5}$ 暴露所致的儿童哮喘发展的易感性也与 TLR2 的甲基化有关。

第三节　其他易感因素

一、年龄的易感性

不同年龄的人群对 PM$_{2.5}$ 的易感性不同,所致的健康危害也不同。

(一) 儿童

研究发现,儿童与成人相比更易于受到 PM$_{2.5}$ 的危害,易导致机体出现更为严重的损伤。其原因一是儿童户外活动时间长,吸入肺中 PM$_{2.5}$ 多,更易受 PM$_{2.5}$ 的影响。二是因为儿童呼吸道较狭窄,免疫系统发育尚不成熟,上皮组织发育也不完善,抵御外来有害物质的能力较差。三是儿童暴露于颗粒物后,颗粒物在呼吸道的沉积与成人相比具有明显的不同:①总呼吸道的沉积比成人高;②在胸腔外区的沉积明显增多;③直径<5 μm 的颗粒物在气管支气管区的沉积增多;④在肺泡区的沉积增多。这是由于儿童的肺尺寸较小,呼吸速率快,更容易用嘴呼吸,因此单位肺表面积上沉积的颗粒物比成人的量更多,因此儿童受颗粒物暴露的健康风险也更高。

(二) 老年人

老年人群也比年轻人更易于受到 PM$_{2.5}$ 的危害。老年人群由于对外源性化学物的代谢转化和解毒功能减退,机体的基础代谢和免疫功能下降,且多患有慢性呼吸系统和心血管系统疾病,因此对颗粒物的暴露更加敏感。有研究发现,大气 PM$_{2.5}$ 对 57～64 岁老年人群的影响比 65 岁以上老年人更大。

二、性别的易感性

目前普遍认为性别也可能是机体对大气 PM$_{2.5}$ 敏感性出现差异的一个重要原因,但一些研究也认为 PM$_{2.5}$ 对人群死亡率、入院率的影响在男性和女性之间没有差别。

在意大利的一项 9 个城市的研究认为,PM$_{10}$ 对女性心力衰竭入院率的影响高于男性,但心律失常的入院率却与之相反。而来自美国的一项研究认为,PM$_{2.5}$ 的升高使女性呼吸系统和心血管系统疾病的入院率较男性更高。女性比男性对 PM$_{2.5}$ 更易感的原因可能在于:男性和女性的生理结构、行为习惯、健康社会心理、社会经济因素、社会支持、压力和家庭结构、生活模式(如吸烟、饮酒、锻炼、饮食)等不同。相关的研究也发现男性较女性的压力更大,吸烟率也更高,但吸烟对女性肺功能、心肌梗死和冠心病等的影响更大。不过,也有人提出不同的看法。

此外, $PM_{2.5}$ 暴露程度不同也是造成男女健康效应不同的原因,不同地区女性和男性在室外活动的时间有很大差异,使其暴露于室外空气污染的浓度也有很大差异。

三、特殊生理状态下的易感性

由于孕妇处于特殊的生理状态,对于 $PM_{2.5}$ 的暴露比普通人群更易感,出现的损害也更大。已有研究发现大气 $PM_{2.5}$ 暴露能导致孕妇系统炎症反应、氧化应激反应明显增加;也能增加孕妇的胰岛素抵抗和糖耐量异常,使孕妇发生高血压、心血管疾病、糖尿病的风险明显增加。

四、社会、经济因素所致的易感性

社会、经济因素对 $PM_{2.5}$ 易感性的影响相对复杂,人群由于社会职业和经济条件的不同,通常居住环境和工作环境也有较大的区别。一般经济条件较好的家庭会选择绿化较好和空气相对洁净的居民区居住,这些居民区往往距离工业污染源较远,暴露的空气污染浓度也较低。同时,由于城市房价的飞涨,经济条件决定着人群对居民区的选择,比如距离交通主干道更近的居民区房价较低,周围有明显工业污染的居民区房价也较低,致使人群暴露于交通污染相关的颗粒物浓度也较高。此外,现代科学技术的发展也使受教育程度较高或经济条件更好的人群能够更多地了解防治 $PM_{2.5}$ 污染的方法并采取有效的预防措施,如使用空气净化器、使用口罩、雾霾天减少开窗、雾霾天减少户外高强度运动等。

五、体育运动

针对目前大气 $PM_{2.5}$ 污染浓度较高的状况,环境监测部门对于空气污染状况的预报也进行了一系列的改进,除了播报空气污染指数或空气质量指数外,还增加了关于生活指数的预报,包括穿衣、洗车、紫外线、感冒、旅游、运动等指数。运动适宜指数的意义是什么呢? 运动能增加氧气的消耗量,加速气流速率并改变呼吸状况,因而可能增加吸入 $PM_{2.5}$ 的潜在健康风险。在运动中频繁地用口呼吸会导致 $PM_{2.5}$ 在气管支气管区和肺泡区的沉积增加,增加 $PM_{2.5}$ 的暴露量。由运动引起的呼吸频率加快、呼吸量增大也会使 $PM_{2.5}$ 的沉积量增加。有研究发现，在中等运动强度下，大气 PM$_{2.5}$ 在肺内的沉积率能增加 4.5 倍。

一项关于空气污染和运动联合作用对健康影响的研究发现，在 PM$_{2.5}$ 的背景浓度为 50 μg/m^3 时，运动时长达到临界点时，再进行运动对健康的收益不再增加，也即健康收益达到最大，当运动时长达到平衡点时，空气污染所致的危害将超过运动所产生的效益，也即继续运动不能产生更多的有益效益，反而可能有一定的损伤（图 7 - 1）。此外，该研究后续的结果发现，当 PM$_{2.5}$ 浓度达到 90 μg/m^3 时，每天 30 分钟的骑行对健康的有益效应达到最大；当 PM$_{2.5}$ 浓度达到 160 μg/m^3 时，每天超过 30 分钟的骑行将产生不良的健康效应；当 PM$_{2.5}$ 浓度达到 100 μg/m^3 时，如果每天骑行 1 小时 15 分钟或步行 10 小时 30 分钟，与没有运动的人群相比，死亡率没有明显差异。这些结果表明，适量运动和选择合适的空气污染状态进行运动对于控制大气 PM$_{2.5}$ 所致危害并减少人群易感性也非常有意义。

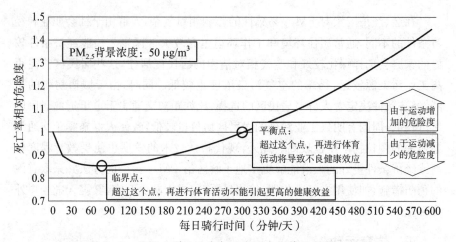

图 7 - 1　依据人群死亡率相对危险度测算的空气污染和
体育活动联合效应的临界点和平衡点图

［图引自：Tainio, M, et al. Can Air Pollution Negate the Health Benefits of Cycling and Walking? *Prev Med*. 2016, 87: 233 - 236.］

图 7 - 1 不同浓度 PM$_{2.5}$ 污染状况下、不同骑行时间对健康影响的最大保护效应线（不同灰度线条）和最大不良效应线（不同灰度线条）。不同灰度线条代表 WHO 监测的 99% 城市的 PM$_{2.5}$ 年均值。

第八章

PM₂.₅ 与其他大气污染物、气象因素的联合效应

大气中的有害物质多种多样,包括物理性、化学性和生物性因素。多种环境介质同时存在时对人体的作用与其中任何一种单独存在时所产生的效应有所不同,它们在体内往往呈现十分复杂的交互作用,彼此影响生物转运、转化、蛋白结合或排泄过程,使机体的毒性效应发生改变。凡两种或两种以上的化学物质同时或是短期内先后作用于机体所产生的综合毒性作用,称为化学物的联合毒性作用(combined toxic effect)。根据多种化学物同时作用于机体时所产生的毒性反应性质,可将化学物的联合作用分为相加作用、独立作用、协同作用和增强作用。大气中多种因素、多种污染物共存,它们之间的交互作用类型和机制越来越受到人们的关注。

第一节 大气 PM₂.₅ 与其他大气污染物的联合效应

大气 PM₂.₅ 可作为其他大气污染物如 SO_2、NO_2、酸雾和甲醛等的载体,通过呼吸进入肺深部,加重对肺的损害。PM₂.₅ 上的一些金属成分还有催化作用,可以使大气中的其他污染物转化为毒性更大的二次污染物。例如,SO_2 转化为 SO_3、亚硫酸盐转化为硫酸盐。此外,PM₂.₅ 上的多种化学成分还可发生联合毒性作用。

一、PM₂.₅ 与臭氧的联合效应

(一)来源

臭氧(ozone,O_3)是光化学烟雾的主要成分,其刺激性强并具有强氧化

性,属于二次污染物。光化学烟雾是大气中的 NO$_2$ 和挥发性有机物(volatile organic compounds,VOCs)在太阳紫外线的作用下,经过光化学反应形成的浅蓝色烟雾,是一组混合污染物。O$_3$ 占烟雾中光化学氧化剂的 90% 以上,是光化学烟雾的指示物。自然本底值中 O$_3$ 的浓度很低,0.4~9.4 $\mu g/m^3$。但是,近几年城市中特别是北京、上海等大城市,随着机动车数量的不断增加,大气中氮氧化物及 VOCs 不断增加,O$_3$ 浓度也不断上升。

(二)PM$_{2.5}$ 与 O$_3$ 的联合健康效应

O$_3$ 的水溶性较小,易进入呼吸道的深部,引起肺功能降低、呼吸系统功能改变以及哮喘的发作。近年来,颗粒物和 O$_3$ 之间的交互作用也受到更多的关注,O$_3$ 也是对人类健康威胁最普遍的大气环境污染物之一。颗粒物浓度在交通高峰期达到最高,O$_3$ 是氮氧化物和挥发性有机物的二次污染物,与光照有关,一般在下午的时候达到最大值。

大量的流行病学资料证明,O$_3$ 和 PM$_{2.5}$ 的污染对呼吸系统和心血管的健康有明显不良影响。O$_3$ 和 PM$_{2.5}$ 的联合暴露会引起肺功能的降低,提高气道反应,加重哮喘及 COPD 的发作和发展,同时增加医疗保健的投入和人群的入院率。O$_3$ 和 PM$_{2.5}$ 的联合作用引起的肺部氧化应激也可能导致下游的心血管系统受到干扰,引起心血管系统亚临床的病理生理反应,包括全身性炎症、血栓、氧化应激、血压增加、血管功能紊乱、动脉粥样硬化和心率变异性降低等,增加心血管疾病的发生率和死亡率。O$_3$ 和 PM$_{2.5}$ 引起的心脏组织和全身系统损伤还存在明显的剂量-效应关系。

流行病学研究还发现,O$_3$ 和 PM$_{2.5}$ 的联合作用能增加糖尿病风险,增加胰岛素抵抗及空腹血糖水平,也能引起心血管系统亚临床的病理生理反应,包括全身性炎症和血栓,氧化应激、血压增加、血管功能紊乱和动脉粥样硬化,心率变异性的降低等。

(三)PM$_{2.5}$ 与 O$_3$ 的联合作用机制

O$_3$ 和 PM$_{2.5}$ 的联合作用机制目前尚没有明确的机制,相关的毒理学研究也比较少。目前认为炎症反应和自主神经功能损伤在其中有着重要的作用。复旦大学公共卫生学院宋伟民课题组的研究发现,给 7 周龄的大鼠亚急性吸入暴露于 0.41 mg/m^3 的 O$_3$(2 次/周,共 3 周)或正常空气 3 小时,然后每组大鼠分别气管滴注 0 mg、0.2 mg、0.8 mg 和 3.2 mg 的 PM$_{2.5}$,每周 3 次持续 3 周。结果发现,大鼠同时暴露于 PM$_{2.5}$ 和 O$_3$,心率明显下降,血压上升,并表现为 C-反应蛋白明显增加,表明 O$_3$ 可增强 PM$_{2.5}$ 所致的心脏自主神经功能障碍和全身炎症反应。后续的研究发现,O$_3$ 还可增强 PM$_{2.5}$ 所引起的大鼠肺内炎症反应以及肺的病理性损伤。因此PM$_{2.5}$与O$_3$具有明显的协同作用。

在自主神经功能机制的探索中,来自密西根大学的一项研究给予SD大鼠高脂饮食或普通饮食,同时暴露于PM$_{2.5}$与O$_3$,观察大鼠心率、血压、心率变异性的影响。结果发现,PM$_{2.5}$与O$_3$短期(9天)联合暴露导致心率明显降低;PM$_{2.5}$与O$_3$联合暴露虽然能导致高脂饮食SD大鼠血压的降低,但对正常饮食组SD大鼠血压无明显影响。此外,O$_3$单独作用能导致心率变异性升高,但PM$_{2.5}$单独作用却导致心率变异性降低。观察PM$_{2.5}$与O$_3$的联合作用时发现,大鼠心率变异性明显降低,提示PM$_{2.5}$与O$_3$的联合暴露中,PM$_{2.5}$对心率变异性的作用起着主导作用。

而另一项来自美国北卡罗来纳州大学的研究探索了浓缩的PM$_{2.5}$、超细颗粒物与O$_3$的联合作用。给雌性正常C57BL/6小鼠暴露于190 $\mu g/m^3$浓缩PM$_{2.5}$及0.642 mg/m^{3}O$_3$,另一组暴露于140 $\mu g/m^3$浓缩PM$_{0.1}$及0.642 mg/m^{3}O$_3$,测定了小鼠心率和动态心电图。结果发现,无论是PM$_{2.5}$或PM$_{0.1}$单独暴露均不能引起心电图的改变,而O$_3$和PM$_{2.5}$的联合暴露导致心律变异性明显降低,O$_3$和PM$_{0.1}$的联合暴露也能明显增加QRS间期、QTc间期和非传导性心律失常,并能降低左心室发展压(left ventricular developed pressure,LVDP)。表明O$_3$和PM$_{0.1}$及PM$_{2.5}$的联合暴露所致的心功能改变可能存在不同的机制,其对心脏的影响不是简单的相加作用,而是综合作用的结果。

(四)预防措施

1. 在夏季控制并减少机动车尾气排放　夏季由于太阳辐射强度大、气温高,这些条件有利于大气中光化学反应,使夏季近地面环境空气中O$_3$浓度明显高于秋季和冬季。有研究对大连市夏季高温期6、7、8月份O$_3$浓度进行监测。结果显示,O$_3$小时浓度的最大值分别为0.201 mg/m^3、0.227 mg/m^3、0.220 mg/m^3,均超过了国家《环境空气质量标准》二级标准规定的0.20 mg/m^3。所以,在夏季控制机动车尾气的排放非常重要。

2. 加强对光化学烟雾的监测　O$_3$是二次污染物,是光化学烟雾的主要成分,很多国家都把O$_3$浓度作为光化学烟雾污染的重要指标进行监测。其浓度主要受环境空气中CO、NOx、VOCs等前体物浓度以及光化学反应强弱的影响,而且白天的光化学反应在很大程度上决定着全天O$_3$浓度的变化趋势。加强对大气NOx污染、光化学烟雾形成条件的监测,建立光化学烟雾发生的预警系统,对于预防O$_3$和PM$_{2.5}$的联合毒性作用非常有效。

二、空气颗粒物与二氧化氮、二氧化硫的交互作用

（一）NO$_2$、SO$_2$ 与 PM$_{2.5}$ 的联合暴露对健康的影响

NO$_2$、SO$_2$ 与 PM$_{2.5}$ 往往共存于大气中，三者有很强的联合作用。由于 SO$_2$ 和 NO$_2$ 易溶于水，95％被鼻腔和上呼吸道黏膜吸收，很少到达呼吸道深部。但如果 NO$_2$、SO$_2$ 与 PM$_{2.5}$ 结合，NO$_2$、SO$_2$ 便可随 PM$_{2.5}$ 进入肺部较敏感的部位（细支气管和肺泡）。PM$_{2.5}$ 不仅可携带 NO$_2$、SO$_2$ 进入呼吸道深部，其中含有的锰、铁等金属氧化物还可催化 SO$_2$ 氧化成 SO$_3$，甚至形成硫酸，而硫酸的刺激和腐蚀作用比 SO$_2$ 大 4～20 倍；同时，PM$_{2.5}$ 也可与 NO$_2$ 发生反应，形成硝酸，产生刺激和腐蚀作用。

随 PM$_{2.5}$ 进入呼吸道深部的 NO$_2$、SO$_2$，对肺泡产生刺激和腐蚀作用，引起细胞破坏和纤维断裂，形成肺气肿，长期作用下将引起肺泡壁纤维增生而发生肺纤维变性。此外，吸附有 NO$_2$、SO$_2$ 的 PM$_{2.5}$ 也是一种变态反应原，能引起支气管哮喘发作，日本的石油工业基地四日市的哮喘病就是典型病例。据对四日市哮喘病的研究，40 岁以上人群发生哮喘，可能与硫酸雾损伤呼吸道黏膜而引起继发感染进而产生自身免疫有关；11 岁以下人群发生哮喘可能与高浓度 SO$_2$ 诱发过敏有关。

（二）NO$_2$、SO$_2$ 与 PM$_{2.5}$ 联合暴露的作用机制

目前，研究者也开始关注 NO$_2$、SO$_2$ 与 PM$_{2.5}$ 联合暴露的作用机制。来自山西大学的一项研究采用大鼠观察 SO$_2$ 与 PM$_{2.5}$ 联合暴露对大脑的影响，研究发现，大鼠联合暴露于 1.5 mg/kg、6.0 mg/kg、24.0 mg/kg 的 PM$_{2.5}$ 及 5.6 mg/m^3 SO$_2$，大脑 TNF-α 和 IL-6 的 mRNA 表达较对照组、单独 SO$_2$ 组或 PM$_{2.5}$ 组明显升高。表明炎症反应的增加可能是 SO$_2$ 与 PM$_{2.5}$ 联合暴露所致机体损伤的重要机制。

同样的研究发现，SO$_2$ 与 PM$_{2.5}$ 联合暴露所致的肺损伤也可能与肺内 TLR4/p38/NF-κB 炎症信号通路有关。近年来，也有研究采用健康 C57BL/6 小鼠，分别给予 28 天低剂量和高剂量 NO$_2$、SO$_2$ 与 PM$_{2.5}$ 的联合暴露（低剂量组：0.5 mg/m^3 SO$_2$，0.2 mg/m^3 NO$_2$ 和 1 mg/kg PM$_{2.5}$；高剂量组：3.5 mg/m^3 SO$_2$，2 mg/m^3 NO$_2$ 和 3 mg/kg PM$_{2.5}$）。结果发现，NO$_2$、SO$_2$ 与 PM$_{2.5}$ 的联合暴露能损伤小鼠的学习和记忆能力，同时出现脑部神经病理学改变。而这种损伤可能与脑细胞凋亡、线粒体功能失调及线粒体分裂蛋白的升高有关，表现为脑内凋亡蛋白 Bax 和 p53 明显升高，同时出现 Bax/Bcl-2 不平衡，脑皮质线粒体的 Mfn1、Mfn2 和 OPA1 蛋白明显升高，而 Fis1 和 Drp1 蛋

白明显降低。

（三）预防措施

在工业中采用无污染或是少污染的工艺技术，主要的治理技术包括排烟脱硫和高烟囱排放。国家环境保护局制定"二氧化硫污染控制区和酸雨控制区"的综合防治规划，包括限制高硫煤的开采和利用，削减 SO$_2$ 的排放总量。目前，全国大气中 SO$_2$ 的浓度较低，普遍低于《环境空气质量标准》，对健康的影响较小。但由于其与 PM$_{2.5}$ 有很强的联合效应，所以还需要有效的控制。

第二节　大气 PM$_{2.5}$ 与气象因素的联合效应

近年来，气象因素中的温度和湿度的联合效应受到了很多的关注。实验和临床研究都表明高温和低温容易使机体产生不良反应，从而增加呼吸系统疾病的发生风险。高温和低温对健康的影响是一个复杂的现象。通常认为，冷、热仅受单一温度要素的影响，实际上冷、热是温度与湿度、辐射和风相互作用的结果。其中最重要的是湿度与温度的相互作用，它们的协同作用还未受到足够的重视。随着城市化的发展，城市复合型大气污染形势严峻，大气 PM$_{2.5}$ 与气象因素的联合效应也成为研究者探讨的热点问题。在中国，多项研究发现，秋季和冬季低温时大气 PM$_{2.5}$ 污染浓度较高，而夏季高温时 PM$_{2.5}$ 污染浓度较低。湿度大时，PM$_{2.5}$ 不易扩散，污染浓度较高。但湿度达到一定程度时，又可以与 PM$_{2.5}$ 结合，促进 PM$_{2.5}$ 的沉降，从而降低 PM$_{2.5}$ 的浓度。

由于大气温度和湿度与 PM$_{2.5}$ 的相关性及这些因素对健康的作用，在采用流行病学方法研究大气 PM$_{2.5}$ 对健康的影响时，往往将温度和湿度作为混杂因素纳入分析模型进行控制，以获得 PM$_{2.5}$ 与健康的真实相关性。

一、大气 PM$_{2.5}$ 与温度的联合效应

近年来，全球呈现以气候变暖为主要特征的显著变化，在气候变暖的背景下，高温热浪、低温冰冻等极端天气气候事件发生频繁，而极端温度事件对城市安全、人体健康都有显著的影响。流行病学研究表明，温度与非意外死亡之间有着 U 形或 V 形的曲线关系，高温和低温都会对健康产生不良影响。在气象和大气污染对呼吸系统疾病协同作用研究方面，国内外大多采用流行病学研究方法，通过回顾性数据分析温度和 PM$_{2.5}$ 对呼吸系统疾病死亡或心血管疾病死亡的影响。多项研究认为，在极端低温或高温条件下，PM$_{2.5}$ 对呼吸系

统疾病死亡的危险更高,提示气温可能会在很大程度上影响 PM$_{2.5}$ 对呼吸系统的损害作用。来自台湾的一项研究发现,高温时大气 PM$_{2.5}$ 对 65～79 岁老年人群 COPD 的急诊率有明显影响。意大利 9 个城市研究也认为颗粒物在高温时能增加人群的死亡率。

同样的研究发现,低温状态下 PM$_{2.5}$ 浓度每增加 10 μg/m^3,能使急性冠脉综合征的发生率增加 6.9%,表明环境因素和气象因素的联合作用可能促发心肌梗死的发生。来自动物实验的证据也发现,COPD 模型大鼠分别在 0℃ 和正常室温环境下通过气管滴注暴露于 PM$_{2.5}$ 后,冷暴露大鼠呈现更为严重的肺损伤,主要表现为肺泡弹性降低、肺泡壁增厚和炎症细胞浸润更为明显,肺内炎症因子 MCP-1 和 TNF-α 明显升高。

二、大气 PM$_{2.5}$ 与湿度的联合效应

湿度也会在一定程度上对污染物的健康效应发挥效应修正的作用,体感温度(气温和相对湿度的综合气象指数)差的天气增加了呼吸系统疾病患者由于 PM$_{2.5}$ 造成的死亡风险,湿度的增加也能加重 PM$_{2.5}$ 所致的 COPD 的急性发作。

第三节 大气 PM$_{2.5}$ 与噪声的联合效应

由于噪声污染与心血管疾病、高血压、脑卒中和糖尿病等疾病均有不同程度的关系,所以一直被认为是研究空气污染与健康关系时潜在的混杂因素,但目前关于空气污染与噪声污染的联合效应研究较少。一些研究者认为,PM$_{2.5}$ 暴露与噪声对人群健康的影响具有交互作用,这种假设存在的依据主要是于交通主干道来源的大气 PM$_{2.5}$ 与人群健康密切相关,而与交通相关的噪声污染与 PM$_{2.5}$ 有明显相关性。

一项依托于 ESCAPE 项目的包含 7 个欧洲队列的 Meta 分析发现,调整了交通噪声之后,PM$_{2.5}$ 对高血压影响的相对危险度有所升高,而调整了 PM$_{2.5}$ 的影响之后,交通噪声对高血压影响的相对危险度没有明显改变。同样有研究对 PM$_{2.5}$ 及噪声对婴儿 LBW 的影响进行了探讨,结果发现调整了 PM$_{2.5}$ 之后,噪声污染降低 LBW 的效应没有明显改变,表明调整了 PM$_{2.5}$ 的混杂作用不能完全控制噪声的效应,也即噪声污染与 PM$_{2.5}$ 污染对新生儿出生体重有一定的联合影响。噪声污染与 PM$_{2.5}$ 的交互作用在糖尿病中也受到了

关注，一项来自加拿大的包含 380 738 个研究对象的队列研究中，$PM_{2.5}$ 平均浓度为 4.1 $\mu g/m^3$，噪声暴露与 $PM_{2.5}$ 存在一定的相关性且与糖尿病的发生率明显相关，调整了 $PM_{2.5}$ 暴露之后，噪声暴露与糖尿病的发生率仍有相关性，表明 $PM_{2.5}$ 与噪声污染对糖尿病的发生也存在一定的联合作用。$PM_{2.5}$、噪声与脑卒中关系的研究发现，不论有无噪声污染，$PM_{2.5}$ 与脑卒中的风险明显相关，但也有研究认为交通噪声与缺血性脑卒中有关，但与空气污染却没有相关性。这些研究表明，$PM_{2.5}$ 与噪声污染的联合暴露确能增加机体的心、脑血管及代谢系统疾病的危险性。

基于大量流行病学研究及临床研究，欧洲心脏病学会（European Society of Cardiology，ESC）于 2019 年发布的指南中首次强调空气污染和噪声对慢性冠脉综合征患者有不良影响，两者均能增加患者心脏病和脑卒中的风险，所以患有慢性冠脉综合征的患者应避免交通噪声，并考虑通过口罩或空气净化器降低颗粒物的暴露。该指南有力地证明了空气污染与噪声污染确有联合作用。

虽然，$PM_{2.5}$ 与噪声对健康的影响可能存在一定的联合作用，但其作用机制明显不同，$PM_{2.5}$ 所致的健康损伤多与氧化应激和炎症反应有关，而噪声污染所致的健康损害多与其导致的内分泌系统失调、睡眠不足、葡萄糖调节紊乱、食欲减退和能量消耗有关。两者如何对机体产生综合性的健康危害有待进一步探索。

第九章

大气 $PM_{2.5}$ 的环境质量标准

第一节 环境质量标准

一、环境质量标准

(一)环境质量标准的定义

环境质量标准(environmental quality standard)是为保障人群健康和保证生活环境质量,对影响人群健康的各种因素(包括物理因素、化学因素和生物因素)以法律形式作出的量值规定,以及为实现量值规定所作出的技术行为规定。环境质量标准也是衡量和评价生活环境质量对健康影响的依据。环境质量标准是国家的强制性标准,属于技术法规范畴,具有法律约束力。它是按照设定的程序和技术路线制定,由国家管理机关批准颁布。其他国家和组织(如 WHO/IPCS、EPA、EU 等)在健康危险度评价的基础上,结合本国具体情况(经济、科学技术、人群暴露、暴露评价)也制定了相应的环境质量标准。

根据环境因素的不同又可以分为大气环境保护标准、水环境保护标准、环境噪声与振动标准、土壤环境保护标准、固体废物与化学品环境污染控制标准、核辐射与电磁辐射环境保护标准、生态环境保护标准及其他。《环境空气质量标准》是大气环境保护相关标准中的一种,对环境空气中污染物的浓度限值进行了规定,即规定大气环境中的某种大气污染物浓度(这里指的是 $PM_{2.5}$ 的浓度)不可以超过一定的浓度限值。《环境空气质量标准》是中华人民共和国环境保护局为贯彻《中华人民共和国环境保护法》和《中华人民共和国大气污染防治法》,保护和改善生活环境、生态环境,保障人体健康而制定的。该标准规定了环境空气功能区分类、标准分级、污染物项目、平均时间及浓度限值、监测方法、数据统计的有效性规定及实施与监督等内容。标准中的污染物浓度均为质量浓度。该标准首次发布于 1982 年,1996 年第一次修订,2000 年第二次修订,2012 年为第三次修订。

目前,中国使用的《环境空气质量标准》(GB3095 - 2012)就是第三次修订的标准,该标准于 2016 年 1 月 1 日起正式在全国范围内实施。该标准分为两类环境空气质量功能区:一类区为自然保护区、风景名胜区和其他需要特殊保护的地区;二类区为居住区、商业交通居民混合区、文化区、工业区和农村地区。依据环境空气质量功能区的划分将空气质量标准分为两级:一类区执行一级标准,保护自然生态环境及社会物质财富,同时也是理想的环境目标;二类区执行二级标准,保护一般公众健康。在普通居住区及探讨 PM$_{2.5}$ 与健康关系的研究中一般遵循的标准是二级标准。

(二) 环境质量标准的术语及规范

在制定各种环境质量标准过程中,一些专业的名词、术语、代号等均有标准化规定。环境空气质量标准中的术语主要有环境空气、总悬浮颗粒物、PM$_{10}$、PM$_{2.5}$、铅、苯并(a)芘、氟化物、1 小时平均、8 小时平均、24 小时平均、月平均、季平均、年平均和标准状态。

制定环境质量标准过程中的采样方法、测定方法、实验方法、实验设备、危害评定标准及评价原则都有相应的标准规定与程序。如毒理学评价程序一般包括一般毒性、遗传毒性、毒物动力学等。

二、PM$_{2.5}$ 的环境质量标准

由于大气 PM$_{2.5}$ 的危害性,在现行的《环境空气质量标准》(GB3095 - 2012)中首次增加了对 PM$_{2.5}$ 所规定的质量标准。大气 PM$_{2.5}$ 的问题已经成为全世界共同关注的问题,WHO、欧美等发达国家及其他国家都制定了大气 PM$_{2.5}$ 的环境质量标准。但是,由于世界范围内环境、经济和技术条件的差异,各国 PM$_{2.5}$ 环境质量标准均是依据本国 PM$_{2.5}$ 的污染状况、PM$_{2.5}$ 对人群健康的影响、经济技术条件和科学技术条件制定的,所以世界各国及 WHO 制定的 PM$_{2.5}$ 质量标准值之间有很大的差异,表 9 - 1 为中国、世界其他国家及 WHO 制定的 PM$_{2.5}$ 环境质量标准。

值得一提的是,PM$_{2.5}$ 对健康的影响在世界范围内尚没有确定其阈值。理论上,有害物质对人体健康的影响都有其阈值(即有害物质对健康无害的安全

表 9-1　大气 PM$_{2.5}$ 的空气质量标准

国家(地区)/组织	年平均 (μg/m^3)	24 小时平均 (μg/m^3)	备注
WHO 准则值	10	25	2005 年发布
过渡期目标-1	35	75	
过渡期目标-2	25	50	
过渡期目标-3	15	37.5	
澳大利亚	8	25	2003 年发布,非强制标准
美国	15	35	2006 年 12 月 17 日生效,2012
	12	35	年 12 月 14 日发布
日本	15	35	2009 年 9 月 9 日生效
欧盟	25	无	2010 年 1 月 1 日发布目标值,2015
			年 1 月 1 日强制标准生效
中国台湾	15	35	2012 年 5 月 14 日发布
中国	35	75	2016 年正式实施

浓度),但各国研究者在实际研究中发现,大气 PM$_{2.5}$ 对健康的影响是没有阈值的,即在 PM$_{2.5}$ 浓度非常低的状况下仍然对健康有不良影响。现有的环境质量标准对于保护健康也并非可靠。也就是说,PM$_{2.5}$ 在不超过目前的环境质量标准的情况下,依然对健康有不良影响。所以,现代社会只有通过科学技术的发展减少 PM$_{2.5}$ 的排放,探索控制 PM$_{2.5}$ 污染的有效手段,对现有的 PM$_{2.5}$ 质量标准进行再修订,以更好的保护人类健康。

如 9-1 表中所示,2012 年,中国制定的环境空气质量标准二级标准中,PM$_{2.5}$ 日均卫生标准为 75 μg/m^3,年均卫生标准为 35 μg/m^3。美国环境保护署在 2006 年将 PM$_{2.5}$ 的卫生标准修订为年均值不超过 15 μg/m^3,日均值不超过 35 μg/m^3;在 2012 年又将年均值标准修订为 12 μg/m^3。世界卫生组织也于 2005 年将 PM$_{2.5}$ 指导值作了限定。这些国家或卫生组织机构将 PM$_{2.5}$ 质量标准的一再修订,一方面是为了更大程度地保护人群健康;另一方面是由于经济、科技技术的发展已经能够使各地区 PM$_{2.5}$ 污染浓度降低到一个更为安全的水平。

参照各发达国家制定的 PM$_{2.5}$ 的卫生质量标准,中国的 PM$_{2.5}$ 年平均质量标准和日平均质量标准均高于 WHO 指导值和其他国家的标准,所以控制 PM$_{2.5}$ 在未来的环境工作中依然是非常重要的一个环节。

第二节 PM$_{2.5}$ 空气质量标准的制定方法

一、PM$_{2.5}$ 空气质量标准制定原则

环境卫生标准是一项政策性和技术性非常强的工作,标准过宽则不能很好地保护人群健康,标准过严在经济和技术上又不能满足。因此,在制定标准时不仅要充分考虑卫生基准资料,还应考虑社会、经济、技术等方面的条件。目前中国制定卫生标准的总原则是:卫生上安全可靠,技术上可行,经济上合理,使卫生标准既有充分的科学依据,又能起到充分保护环境和人民健康的作用,同时也适合中国经济技术水平。PM$_{2.5}$ 空气质量标准的制定应遵循如下原则。

(一) 对主观感觉无不良影响

在该标准限值下不具有明显的异臭、异味、异色和刺激,对主观感觉和感官性状无不良影响,不应引起眼睛、咽喉等黏膜的刺激作用。作为在大气环境中广泛存在的物质,一般在低于现有卫生标准的前提下,PM$_{2.5}$ 对主观感觉均无不良的影响。

(二) 不会引起机体急、慢性中毒及远期效应

对于一般的化学物质,最高容许浓度即卫生质量标准应低于污染物的急性和慢性毒作用阈,包括潜在的远期效应。由于目前的研究认为 PM$_{2.5}$ 在极低浓度下也会对机体产生毒性作用,所以综合经济、技术、健康等条件制定了现有的卫生标准,以便于最大限度地保障暴露人群的健康。

(三) 对人体健康无间接危害

卫生质量标准应低于引起生活卫生条件的恶化和对机体发生间接危害(例如降低大气能见度、影响开窗换气、危害植物生长、腐蚀材料)的阈浓度。

(四) 阈浓度

根据现有资料,确定污染物引起关键健康效应的阈浓度值,作为制定环境质量限值的依据。如选出的关键健康效应终点为一种以上时,取其中最敏感指标作为制定环境卫生限值的依据。如果该种物质无阈浓度时,即使浓度非常低时仍然对健康有危害作用。大气颗粒物就是一种目前研究认为没有阈值的空气污染物。对于没有阈值的污染物,可以依据现有的污染状况、经济技术条件制定质量标准,便于最大限度地保护人群健康。

制定 PM$_{2.5}$ 空气质量标准时,采用多种研究方法和多项指标,研究得出 PM$_{2.5}$ 对机体产生直接和间接影响的各种阈浓度(动物实验的指标应采用阈下浓度),从中选出最低数值(即最敏感指标的限量),再给予一定的不确定系数或称安全系数,即为该物质的基准值。基准是通过科学研究得出的对人群不产生有害或不良影响的最大浓度,是根据剂量-反应关系和不确定系数而确定的,不考虑社会、经济、技术等人为因素,不具有法律效力。然后,再根据经济、技术条件和可行性的验证,最后确定该物质在大气中的最高容许值,这就是卫生标准。

(五)技术的可行性和经济的合理性

制定 PM$_{2.5}$ 卫生标准时还要考虑技术的可行性和经济的合理性,以及考虑实现标准的可能性。如果标准定得太严,而目前 PM$_{2.5}$ 控制技术还达不到要求时,这样的标准很难在全国范围内施行。如果为了达到该标准,需要大量的投资,严重影响经济运行也不可行。所以,要权衡各个方面的利弊加以考虑,这也就是目前中国 PM$_{2.5}$ 卫生质量标准仍高于 WHO 和欧美国家标准的原因。此外,相应的 PM$_{2.5}$ 监测设备也需要配备,要有足够灵敏的分析监测方法能够检出卫生标准以下的 PM$_{2.5}$ 浓度。为了保持测定和研究方法的一致性,既要评审和利用现有相关资料和研究进展,也要考虑方法的连贯性和一致性。

二、PM$_{2.5}$ 空气质量标准制定方法

由于大气 PM$_{2.5}$ 是大气中普遍存在的并与整个人群时刻密切接触的物质,所以它不同于普通的有毒有害化学毒物,制定其质量标准也与其他的化学毒物不同。环境质量标准的制定直接通过综合科学研究资料,以这些研究中对人群不产生有害或不良影响的最大浓度为考虑限值,同时考虑社会、经济、技术等因素,进而制定标准。

(一)流行病学研究方法

设若干个不同 PM$_{2.5}$ 污染浓度的现场,通过现场调查监测大气中 PM$_{2.5}$ 的浓度,并对相应现场的人群效应进行观察,选择敏感、特异、客观的指标作为效应指标。PM$_{2.5}$ 所致健康效应的观察时间应根据 PM$_{2.5}$ 健康危害特点而定,如短暂的高浓度 PM$_{2.5}$ 可能会引起急性危害,如在几天甚至几小时就会导致急性效应(如咳嗽、呼吸困难、胸闷等健康效应)。慢性危害的毒物观察时间较长,因其可能导致的血管功能损伤、凝血功能、远期的致畸、致癌和致突变等效应可能需要较长时间才能显现。通过精确的统计学方法得到大气 PM$_{2.5}$ 暴露

与人群健康效应的关系,确定引起健康效应的可能阈浓度或阈下浓度。

人群流行病学研究有描述性研究、分析性研究(生态研究、队列研究、病例-对照研究、横断面研究)和实验研究(现场实验、干预研究)等。不同的流行病学研究方法各有其优缺点。分析流行病学研究(如队列研究和病例对照研究)的结果更适用于制定环境卫生基准。暴露-反应关系分析的前提是要确定总人群和亚人群(不同年龄和性别等)的暴露,这是流行病学研究中一致公认的重要因素和难点。在流行病学研究中要确定实际暴露剂量,进行暴露分组,以及控制混杂因素。在人群健康效应上,要确定该因素所致不良健康效应的关键效应终点,如死亡、患某种疾病、健康效应指标的改变等。最后通过分析人群暴露程度与健康效应的关系,得到该因素与所引起的健康效应的关联性和剂量-反应关系,为环境卫生基准的制定提供依据。

(二) 志愿者试验

志愿者试验一般用于观察短期暴露后暂时的、轻微的、可迅速恢复的健康效应,如血压、神经行为和一些急性生化改变。志愿者试验因为涉及实验暴露,所以要考虑伦理学的一些因素。志愿者试验在人数上也受到限制。这类试验的优点是由研究者确定暴露组和调查组,能很好地控制数量和质量,并能较好地控制混杂因素,可以通过多次暴露观察不同剂量或不同时间暴露对健康的影响。志愿者试验能帮助我们更好地了解化学物的毒代动力学(吸收、分布、转运和排泄)等过程。

关于 PM$_{2.5}$ 与健康的志愿者研究,目前多采用 PM$_{2.5}$ 暴露仓及 PM$_{2.5}$ 洁净仓,分别使志愿者在不同的仓体内连续或间隔暴露几分钟或几小时,观察 PM$_{2.5}$ 对健康的急性效应,比如对体内生化效应指标或机体相关功能的影响。也有研究采用空气净化器,一部分志愿者暴露于装有空气净化器的室内环境,另一部分志愿者暴露于正常室内环境中的 PM$_{2.5}$,观察其健康效应的差异,以探索 PM$_{2.5}$ 的毒性效应。此外,进行 PM$_{2.5}$ 毒性研究的志愿者试验中,也可以分别给志愿者佩戴口罩或使志愿者暴露于职业暴露的场所进行实验研究。

(三) 大气中有害物质嗅觉阈和刺激作用阈的测定

嗅觉阈是在实验室内,用嗅觉阈测定装置对嗅觉功能正常的健康人进行实验后确定的。刺激作用阈也可用同样方法求得。PM$_{2.5}$ 暴露所致的嗅觉影响和刺激作用较小,所以目前还没有制定相应的嗅觉阈和刺激作用阈。

(四) 毒理学实验

在进行毒理学实验设计时应按照标准的毒理学设计方法进行,同时考虑环境因素的自身特点来选择动物、细胞、暴露手段及健康效应,便于最大限度地评估环境因素的健康效应。其中,主要的要素包括环境因素的理化特性、动物实验和细胞实验的选择、实验动物的选择、实验分组(包括对照组的设立)和每组动物数、暴露途径和暴露时间、有害健康影响的效应指标的确定、资料的统计分析方法,以及后期的健康效应评价。

根据 PM$_{2.5}$ 的毒作用特点,选用较敏感动物,将动物分成若干个染毒组,并设对照组。采用吸入染毒或气管滴注的方法给动物进行 PM$_{2.5}$ 暴露。由于人体是通过吸入暴露于 PM$_{2.5}$ 的,所以在动物实验时通过动态吸入暴露给动物吸入 PM$_{2.5}$ 来研究其毒性作用是明显优于气管灌注染毒方法的。毒效应观察指标应采用较敏感的、较特异的生理、生化、免疫、遗传和病理学指标。试验周期根据毒理实验的性质、研究目的和动物的品种来决定,PM$_{2.5}$ 急性毒性一般是观察一次染毒后几小时、几天或 1 周的毒性作用,或观察几小时、几天或 1 周多次染毒后的毒性效应。亚慢性或慢性毒理实验一般是观察染毒几个月或半年以上,甚至是染毒动物整个生命周期之后的毒性效应。通过毒理学实验确定 PM$_{2.5}$ 经呼吸道暴露的阈浓度和阈下浓度,以此结果外推到人类,了解 PM$_{2.5}$ 对人类的可能阈浓度。

第十章

大气 $PM_{2.5}$ 环境质量评价

　　环境质量是以人为中心的各种环境要素客观存在的一种本质属性。从环境与健康的观点出发,环境质量是以健康为准绳评价环境各要素优劣程度的指标。环境质量是存在于大气、水、土壤等环境介质中的感官性状、物理、化学及生物学的质量。环境质量通常是用环境要素中物质的含量加以表征的。因此,环境质量既是环境的总体质量,也是体现各环境要素中的环境质量,如水环境质量、空气环境质量。

　　环境质量评价(environmental quality assessment)是从环境卫生学角度按照一定的评价标准和方法对一定区域范围内的环境质量进行客观的定性和定量调查分析、描述、评价和预测。环境质量评价的目的主要是掌握和比较环境质量状况及其变化趋势;寻找污染治理重点;为环境综合整治和城市规划及环境规划提供依据;研究环境质量与人群健康的关系;预测和评价拟建的工业或其他建设项目对周围环境可能产生的影响,即环境影响评价。环境质量评价的过程包括环境要素的确定、评价因子的确定、环境监测、评价标准、评价方法、环境识别。因此,环境质量评价的正确性体现在这些环节中的科学性和客观性。

　　环境质量评价类型可以按评价因素分为单要素环境质量评价和综合环境质量评价,前者反映大气、水、土壤等各单项环境因素的质量,如大气质量评价、水质量评价、土壤质量评价和噪声质量评价等;后者反映整个环境中的环境质量,通过综合大气、水、土壤等一切环境要素来评价环境的综合质量,即综合环境质量评价。环境质量评价是一项多学科、多部门参加的较为复杂的系统工程,要对大气、地表水、地下水、土壤、生物、噪声等多项环境要素,以及人群健康效应和社会经济等做出评价。对单项环境因素进行质量评价,通常都用污染物浓度或通过计算污染物参数来表达其质量。评价单个环境因素的质量时,一般需要考虑几个污染物的综合影响,如评价空气质量指数,要同时考虑 PM$_{2.5}$、PM$_{10}$、SO$_2$、NO$_X$、O$_3$ 和 CO 的综合影响。

环境质量调查评价是城市区域环境质量评价的核心内容。环境质量调查评价的方法是先进行污染源调查,再对环境因素和污染物进行监测,收集足够的监测数据,在此基础上进行环境质量评价。同时开展环境对健康、生态等的危害调查分析,做出环境效应的评价,并分析和评价其经济损失等。然后采用数理统计方法对监测数据做分析整理,并以环境卫生标准或环境质量标准进行评价。根据上述调查评价结果,写出报告,最后编制区域环境质量综合评价总体报告。

预测和评价拟建项目建成后或发展政策实施后对其周围地区环境可能产生的影响,这种评价称为环境影响评价。对于有些项目还需作环境健康影响评价。评价工作是在收集足够的现状资料,掌握建设地区的环境质量现状的条件下采用有关专业的模式计算等方法预测拟建项目等可能产生的环境影响。

第一节 大气 PM$_{2.5}$ 的测定方法

大气 PM$_{2.5}$ 是存在于大气中的一种混合物,要了解其污染状况就需要对其浓度进行测定以评价其污染程度。大气 PM$_{2.5}$ 浓度可以用质量浓度或数量浓度表示,其测定方法依据不同的目的和原理也有明显不同,本节内容将详细地介绍大气 PM$_{2.5}$ 的浓度表示方法、监测仪器设备和监测方法。

一、大气 PM$_{2.5}$ 监测仪器与设备

目前在国家环境监测中心或各类科研院所使用的 PM$_{2.5}$ 测定仪包括 PM$_{2.5}$ 监测仪和 PM$_{2.5}$ 采样器。

(一)大气 PM$_{2.5}$ 监测仪

各类大气颗粒物监测仪可分别或同时监测 TSP、PM$_{10}$、PM$_{2.5}$ 或 PM$_{0.1}$ 的实时浓度,实时监测这些不同粒径颗粒物每小时、每分钟甚至精确到每 5 秒钟的质量浓度。其优点是监测操作方法简便、读数简单,且能测定其实时质量浓度;仪器一般较轻巧,便于携带,测定人体的个体暴露浓度效果较好;可以通过更换切割头测定不同粒径颗粒物的质量浓度。其缺点是测定结果受空气湿度、风速的影响较大,数据易于波动;同时这种仪器也不能采集颗粒物样品,也

不能用于对颗粒物进行成分分析或收集颗粒物进行后续的毒理学实验。随着科技的发展,对大气 $PM_{2.5}$ 连续在线监测设备也开始广泛使用。这种设备多用于城市 $PM_{2.5}$ 的连续实时在线监测,以获得城市 $PM_{2.5}$ 实时浓度数据,便于对 $PM_{2.5}$ 浓度进行监控、对外发布及在高污染情况下采取有效措施。

(二)大气 $PM_{2.5}$ 采样器

大气 $PM_{2.5}$ 采样器一般是通过采样泵将 $PM_{2.5}$ 采集到滤膜上,通过测定采样前后滤膜的重量差值即采用"滤膜称重法"计算 $PM_{2.5}$ 的质量浓度,同时采集到滤膜上的 $PM_{2.5}$ 样品可被收集用于动物毒理学实验或进行 $PM_{2.5}$ 组成成分的测定。WHO 和美国 EPA 等组织和机构都把滤膜称重法作为测定颗粒物浓度的"金标准",$PM_{2.5}$ 采样器的优点是其测定浓度的原理是采用"金标准"滤膜称重法来进行,结果稳定可靠,其缺点是操作复杂,需要购置特定的采样滤膜。在一定条件下,经过一定时间的采样,然后称重滤膜来计算 $PM_{2.5}$ 质量浓度,不能实时读取 $PM_{2.5}$ 的瞬时浓度值。这种方法操作精细且复杂:首先滤膜进行干燥,密封保存,临用前用除静电仪去除静电,然后使用十万分之一精准天平称量滤膜;采集 $PM_{2.5}$ 样品后,再次用除静电仪除静电,再次称量滤膜,计算采样前后滤膜重量的差即为 $PM_{2.5}$ 的重量。通过采样时间和采样流量计算这段时间内 $PM_{2.5}$ 的质量浓度(本章后面会详细介绍)。

大气颗粒物监测仪或采样器一般可以是单通道或多通道样式。单通道仪器每台仪器只能单独用于测定某一种粒径的颗粒物,如只能测定 TSP、PM_{10}、$PM_{2.5}$ 或 $PM_{0.1}$ 等颗粒物中的其中一种;而多通道监测仪或采样器,可连接不同的采样切割头,通过更换切割头分别测定 PM_{10}、PM_5、$PM_{2.5}$ 或 $PM_{0.1}$ 等不同粒径的颗粒物。

二、大气 $PM_{2.5}$ 的浓度表示方法

(一)数量浓度

大气 $PM_{2.5}$ 的数量浓度指以单位体积空气中含有的 $PM_{2.5}$ 个数表示的浓度值,单位为粒/ cm^3、粒/L。数量浓度多应用于空气净化技术领域,无尘室、超净工作间等超低浓度环境和需要通过数量浓度来计算 $PM_{2.5}$ 中不同组分所占比例或了解 $PM_{2.5}$ 中不同粒径颗粒物所占比例。来自西安的一项研究调查了办公室和餐厅内不同粒径颗粒物的数量浓度变化,研究发现,颗粒物中粒径为 $0.3 \sim 0.4\ \mu m$ 的颗粒物数量最大。

(二)质量浓度

质量浓度指以单位体积空气中含有的 $PM_{2.5}$ 的质量表示的浓度,大气

PM$_{2.5}$ 质量浓度的国际标准单位是 $\mu g/m^3$，是指单位立方米内 PM$_{2.5}$ 的重量是多少微克（有时也表示为 mg/m^3）。通过测定 PM$_{2.5}$ 质量浓度，可以了解其在大气颗粒物中所占的比例。中国西安的一项研究发现，在不同公共场所 PM$_{2.5}$ 的浓度占 PM$_{10}$ 浓度的百分比均超过 50%。

三、大气 PM$_{2.5}$ 浓度的测定原理与方法

（一）数量浓度的测定原理

1. 化学微孔滤膜显微镜计数法　滤膜显微镜计数法是测量洁净空气中 PM$_{2.5}$ 数量浓度的基本方法。其原理是将 PM$_{2.5}$ 捕集在滤膜表面，再使滤膜在显微镜下成为透明体，然后观察计数滤膜上 PM$_{2.5}$ 的个数。这种方法也叫捕集测定法。

2. 光散射式粒子计数器　光散射式粒子计数器是利用光散射原理测定 PM$_{2.5}$ 数量浓度的方法。其原理是用光照射 PM$_{2.5}$，PM$_{2.5}$ 将引起入射光的散射，光散射强度可由光散射理论公式计算，将被测 PM$_{2.5}$ 的散射光强度与含各种粒径的聚苯乙烯标准粒子的散射光强度相比较，从而计算出不同粒径 PM$_{2.5}$ 的数量浓度。但如果 PM$_{2.5}$ 数量浓度太高的话，计数率也会变低。

（二）质量浓度的测定原理与方法

测定 PM$_{2.5}$ 质量浓度的方法大约有 6 种，包括滤膜称重法、光散射式测量、压电晶体法、β 线吸收法、微量振荡天平法。这里只介绍其中几种常用的方法。

1. 金标准——滤膜称重法　是 PM$_{2.5}$ 质量浓度测定的金标准，其原理是以规定的大气流量进行采样，将空气中的 PM$_{2.5}$ 采集于高性能滤膜上，称量滤膜采样前后的质量，由其质量差求得采集的粉尘质量，其与采样空气量之比即为粉尘的质量浓度。滤膜称重法测定的是 PM$_{2.5}$ 的绝对质量浓度。其优点是原理简单，测定数据可靠，测量不受 PM$_{2.5}$ 形状、大小、颜色等的影响。其最大的优点是能采集 PM$_{2.5}$ 于滤膜上，有利于进行后期的毒理学实验或 PM$_{2.5}$ 成分分析。其缺点是操作烦琐、费时，大流量采样仪笨重、噪声大，测量时需要精密天平和除静电仪等；同时它不能实时监测大气 PM$_{2.5}$，所以不能即时地给出 PM$_{2.5}$ 的实时值。依据此原理生产的代表性 PM$_{2.5}$ 测定仪是美国热电子公司的 Thermo Anderson G-2.5 大流量采样器。目前也有一些小型便携式的 PM$_{2.5}$ 采样仪，如 Thermo Scientific pDR-1500 便携式颗粒物监测仪是根据此原理设计的，对于测定个体的 PM$_{2.5}$ 暴露浓度具有重要意义。

（1）仪器和设备：所用的仪器主要由颗粒物采样仪、十万分之一分析天平和除静电仪等组成，可通过不同的采样器切割头测量 TSP、PM$_{10}$、PM$_{2.5}$ 或

PM$_{0.1}$。采样器孔口流量计可以使用：①大流量流量计，量程（0.8～1.4）m^3/min，误差≤2%；②中流量流量计，量程（60～125）L/min，误差≤2%；③小流量流量计，量程<30 L/min，误差≤2%。

（2）滤膜：根据样品采集目的可选用石英滤膜、Teflon 滤膜（PTFE）和玻璃纤维滤膜。

1）石英滤膜：由超纯的石英纤维素制成，不含玻璃纤维或黏合剂树脂，能耐 1 000 ℃ 的高温。滤膜中的纯石英合成物可防止滤膜与酸性气体发生反应，使得石英滤膜非常适用于重金属浓缩物及少量颗粒的检测。所以石英滤膜的使用对于分析 PM$_{2.5}$ 中的金属成分非常重要。

2）特氟龙滤膜：具有化学稳定性和惰性，以及疏水特性，可滤除空气和气体中的水分，适用于化学腐蚀性强的有机溶剂、强酸和强碱溶液以及高效液相色谱分析中的样品制备，所以特氟龙滤膜的使用对于采集 PM$_{2.5}$ 中的有机成分或分析有机成分含量非常重要。

3）玻璃纤维滤膜：呈化学惰性，不含黏合剂，一般采用 100% 硼硅酸玻璃纤维制造而成。特点是具有毛细纤维结构，能吸附比同等纤维素滤纸更多的水分，流速快，耐高温；价格便宜，适用于大量采集 PM$_{2.5}$。缺点是易吸附水分，滤膜在洗脱过程中易于脱落玻璃纤维。

滤膜依据采样仪器的不同也有不同的形状、不同的孔径和不同的厚度。孔径可以有 0.2 μm、0.5 μm 和 1 μm，分别对应的空气流速为 4.5 L/（min·cm^2）、7.5 L/（min·cm^2）、17 L/（min·cm^2）。厚度可以有 90 μm、120 μm 和 130 μm。滤膜的形状可以有方形和圆形，方形的有 203 cm×254 cm 和 180 cm×230 cm 等，圆形的有直径为 90 mm 和 47 mm 等。

（3）采样条件：采样仪进气口距地面高度不得低于 1.5 m。采样不宜在风速 >8 m/s 的天气条件下进行。采样点应避开污染源及障碍物。如果是测定交通枢纽处的 PM$_{2.5}$，采样点应布置在距人行道边缘外侧 1.2 m 外。采用间断性的采样方式测定日平均浓度时，其次数不应少于 4 次，累积采样时间不应少于 18 小时；采用间断性的采样方式测定月平均浓度时，其采样天数不应少于 10 天。

（4）采样方法：采样时，将已称重的滤膜用经消毒的镊子放入洁净采样夹内的滤网上，滤膜毛面应朝进气方向。将滤膜牢固压紧至不漏气。如果需要多次测定不同时间段内的浓度，每次需更换滤膜；如测日平均浓度，样品可采集在一张滤膜上。采样结束后，用镊子取出。将有尘面对折两次，放入样品盒或纸袋，并做好采样记录。

采样后滤膜样品称量按下面的分析步骤进行：将滤膜放在恒温恒湿箱（室）中平衡 24 小时。平衡条件：温度取 15～30℃ 中任何一点，相对湿度控制在 45%～55% 范围内，记录平衡温度与湿度。在上述平衡条件下，用感量为 0.01 mg 的分析天平（十万分之一天平）称量滤膜，记录滤膜重量。同一滤膜在恒温恒湿箱（室）中相同条件下再平衡 1 小时后称重。对于 PM$_{10}$ 和 PM$_{2.5}$ 样品滤膜，两次重量之差 <0.04 mg 为满足恒重要求。

（5）结果计算：比如在上海市某采样点进行采样，采样器的采样流量为 2 L/min，采集一天共 24 小时，采集前后称取滤膜得到 PM$_{2.5}$ 的重量是 0.144 mg，那么上海市该采样点 PM$_{2.5}$ 的日均浓度为多少？计算公式：$0.144/2 \times 60 \times 24 \times 0.001 = 0.05 \text{ mg/m}^3 = 50 \text{ } \mu\text{g/m}^3$。

2. 光散射式测量仪 测量 PM$_{2.5}$ 质量浓度的原理和光散射式粒子计数器的原理类似，通过散射理论进行监测。由光源发出的光线照射在 PM$_{2.5}$ 上产生散射光，散射光到达传感器把信号转换成电信号，经过放大和分析电路得到相对浓度。依据光散射原理研制的代表性 PM$_{2.5}$ 监测仪是美国 TSI 公司生产的 AM510 粉尘仪，可以实时在线监测空气中 PM$_{10}$、PM$_{2.5}$ 的质量浓度（mg/m^3）。该仪器的优点是仪器体积小、重量轻、便于携带、操作简便、噪音低、稳定性好，可实时直读测定结果，并能通过电脑储存和输出数据，适于现场公共场所颗粒物测定及个体 PM$_{2.5}$ 暴露的监测。缺点是受到的干扰因素比较多，如空气湿度对它的精确度影响很大。

3. 压电晶体法（又称压电晶体频差法） 采用石英谐振器为测量敏感元件，其工作原理是使空气以恒定流量通过切割器，进入由高压放电针和微量石英谐振器组成的静电采样器，在高压放电的作用下，气流中的颗粒物全部沉降于测量谐振器的电极表面。因电极上增加了颗粒物的质量，其振荡频率发生变化，根据频率变化可测定可吸入颗粒物的质量浓度。压电晶体法仪器可以实现实时在线检测。

4. β 线吸收法 其工作原理是射线在通过颗粒物时会被吸收，当能量恒定时，β 线的吸收量与颗粒物的质量成正比。测量时，当气流经过切割器，颗粒物被捕集在滤膜上，通过测量 β 线的透过强度，即可计算空气中颗粒物浓度。

5. 微量振荡天平法 其测量原理是锥形元件振荡微量天平原理，由美国 R&P 公司研制。锥形元件在自然频率下振荡，振荡频率由振荡器件的物理特性、参加振荡的滤膜质量和沉积在滤膜上的颗粒物质量决定。仪器通过采样泵和质量流量计，使环境空气以一恒定的流量通过采样滤膜，颗粒物则沉积在滤膜上。测量一定间隔时间前后的两个振荡频率，就能计算在这一段时间里收集在滤膜上颗粒物的质量,再除以流过滤膜的空气的总体积,得到这段时间内空气中颗粒物的平均浓度。根据这个原理制作的代表性仪器是美国 R&P 公司的 RP1400a 测尘仪。该仪器可实时连续监测空气中颗粒物的浓度,其测量精度和实时性是其一大优点,仪器每 2 秒测量一次滤膜的振荡频率,同时仪器也可输出不同时间段(0～24 小时任何时间段)的平均浓度。但该仪器在测量时受温度、湿度影响较大,所以在阴雨天气测量有一定的缺陷。

6. 电荷法　电荷法主要用于烟气中颗粒物(粉尘)的监测。当烟道或烟囱内颗粒物经过应用耦合技术的探头时,探头所接收到的电荷来自粉尘颗粒对探头的撞击、摩擦和静电感应。由于安装在烟道上探头的表面积与烟道的截面积相比非常小,大部分接收到的电荷是由于粒子流经过探头附近所引起的静电感应而形成。排放浓度越高,感应、摩擦和撞击所产生的静电荷就越强,以此来计算颗粒物的浓度。

(三)相对质量浓度

相对质量浓度是指与颗粒物的绝对浓度有一定对应关系的物理量数值,通过这些物理量数值的大小来确定颗粒物的相对质量浓度。一般使用的物理量有光散射量、放射线吸收量、静电荷量、石英振子频率变化量等。

四、测定大气 PM$_{2.5}$ 的仪器介绍

1. 常用的大气 PM$_{2.5}$ 采样仪　Andersen 大流量 PM$_{2.5}$ 采样仪,美国 Gilian、GilAir-3 空气采样仪,Thermo Scientific pDR-1500 便携式颗粒物采样仪。

2. 常用的大气 PM$_{2.5}$ 监测仪　AM-510 SIDERAKTM Personal Aerosol Monitor、TSI 的 Environmental DustTrak 颗粒物在线监测仪、美国 TSI 8534 颗粒物分析仪。

3. 常用的既能采样又能监测的仪器　Thermo Scientific pDR-1500 便携式颗粒物采样监测仪、美国 SKC Grab Air Sampler 采样泵。

第二节　大气 PM$_{2.5}$ 的环境质量评价

一、环境质量评价的定义

环境质量评价是从环境卫生学角度,按照一定的评价标准和方法对一定

区域范围内的环境质量进行客观的定性和定量调查分析、描述、评价和预测。环境质量评价类型可以按评价因素分为单要素环境质量评价和综合环境质量评价,前者反映大气、水、土壤等各单项环境因素的质量,如大气质量评价、水质评价、土壤质量评价和噪声质量评价等;后者是对整个环境进行的综合环境质量评价。对于 PM$_{2.5}$ 环境质量评价的目的主要包括:①较全面揭示 PM$_{2.5}$ 环境质量状况及其变化趋势;②寻找污染源并探寻 PM$_{2.5}$ 污染治理的重点;③为制定环境综合防治方案和城市总体规划及环境规划提供依据;④研究 PM$_{2.5}$ 与人群健康的关系。

二、环境质量评价内容

环境质量评价的内容主要与评价种类和目的有关,一般包括对污染源、环境质量和环境效应的评价,提出 PM$_{2.5}$ 环境污染综合防治方案。

(一)污染源的调查与评价

对 PM$_{2.5}$ 污染源的调查与评价是为了明确污染源的类型、数量、分布和所排放的 PM$_{2.5}$ 污染物的量,找出造成区域环境中 PM$_{2.5}$ 污染的主要根源。污染源一般包括工业污染源、农业污染源、生活污染源和交通污染源等。污染源评价首先应调查和实地监测污染源所排放 PM$_{2.5}$ 污染物的浓度和绝对数量。在摸清各污染源排放 PM$_{2.5}$ 的数量后,通过数学计算做出科学的、合理的评价并确定该区域主要污染源和 PM$_{2.5}$ 的主要成分。对 PM$_{2.5}$ 污染源调查首要的任务应当是检测 PM$_{2.5}$ 的浓度,然后对污染源进行综合评价。

1. 对单一污染物的评价 采用污染物排放的相对含量(排放浓度)、绝对含量(排放体积和质量)、超标率(超过排放标准率)、超标倍数、检出率,标准差等来评价 PM$_{2.5}$ 和污染源的强度。其中标准差值的计算如下所示。

$$\delta = \sqrt{\frac{\Sigma(\rho_i - \rho_{oi})^2}{n-1}}$$

式中,δ 为实测值离排放标准的标准差,其值越大,排放越严重;ρ_i 为污染物排放实测浓度(mg/m^3 或 mg/L);ρ_{oi} 为污染物排放浓度标准(mg/m^3 或 mg/L);n 为某污染物排放浓度的监测次数。

2. 污染源综合评价

(1)等标污染负荷:是指把 PM$_{2.5}$ 的排放量稀释到其相应排放标准时所需的介质量,可以评价 PM$_{2.5}$ 的相对危害程度。PM$_{2.5}$ 的排放量越大,稀释到排放标准的介质量也就越多,则该污染源的危害也就越大。其计算方法如下。

$$P_i = m_i / C_i$$

式中，P_i 为等标污染负荷；m_i 为 PM$_{2.5}$ 的排放量（kg/d）；C_i 为 PM$_{2.5}$ 的排放标准（mg/m³）。

（2）排毒系数：关于 PM$_{2.5}$ 的排毒系数是指工厂等污染源排放出的 PM$_{2.5}$ 的量及其毒性对人群健康潜在危害程度的相对指标。其意义为：假设污染源排放的 PM$_{2.5}$ 长期以来全部被人们吸入时，可引起慢性中毒效应的人数。其计算方法如下。

$$F_i = m_i / d_i$$

式中，F_i 为 PM$_{2.5}$ 的排毒系数；m_i 为 PM$_{2.5}$ 的排放量（kg/d）；d_i 为 PM$_{2.5}$ 的慢性毒作用阈浓度。

（二）PM$_{2.5}$ 环境质量的调查与评价

环境质量的调查与评价是城市区域环境质量评价的核心内容。PM$_{2.5}$ 的环境质量的调查与评价是通过对区域环境或污染源 PM$_{2.5}$ 的监测来评价 PM$_{2.5}$ 对环境质量的影响，提出环境污染防治方案，为环境污染治理、环境规划制定和环境管理提供参考，以便改善环境质量，达到环境卫生标准并保障人群健康。

（三）环境效应评价

环境效应评价应包括环境质量对生物群落、人群健康、社会经济等方面的影响，其中环境质量对人群健康影响是最重要的，可采用环境流行病学调查和环境健康危险度评价的方法进行评价。PM$_{2.5}$ 的环境效应评价可以包括对环境的影响、对植物和动物等生物群落的影响、对人群发病率、死亡率及其他健康效应的影响，以及对社会经济、个人经济情况等的影响。

第三节　大气 PM$_{2.5}$ 环境质量评价的方法

目前常用的评价环境质量的方法有数理统计法、环境质量指数法、模糊综合评判法、灰色聚类法、密切值法等。其中，最为经典、最常用的是数理统计法和环境质量指数法。环境质量评价方法基本原理是选择一定数量的评价参数，在环境监测和调查的基础上，对监测资料进行统计分析后按照一定的评价标准进行评价，或在综合加权的基础上转换成环境质量指数进行比较。

一、PM$_{2.5}$ 环境质量评价的基本要素

(一) PM$_{2.5}$ 浓度监测数据

通过各种 PM$_{2.5}$ 的测定方法及监测设备对指定场所一定时间范围内 PM$_{2.5}$ 的浓度进行检测,可以监测实时浓度或计算日平均、月平均、季度平均及年平均 PM$_{2.5}$ 浓度等数值,取得准确、足够而有代表性的监测数据。

(二) PM$_{2.5}$ 评价标准

评价一个地区或一个场所 PM$_{2.5}$ 浓度的严重程度,需要有一个统一的、规范的 PM$_{2.5}$ 评价标准来作为参照,此评价标准也是评价环境质量对健康和生活环境影响的依据。通常采用 PM$_{2.5}$ 环境质量标准作为评价标准。对普通居民区进行评价时使用的是 PM$_{2.5}$ 环境质量标准中的二级标准,即 PM$_{2.5}$ 日平均浓度限值 75 $\mu g/m^3$,年平均浓度限值 35 $\mu g/m^3$。目前中国室内 PM$_{2.5}$ 的评价标准依然参照室外空气 PM$_{2.5}$ 的环境质量标准。但介于室内和室外 PM$_{2.5}$ 污染的差异,室内也有望建立其特有的 PM$_{2.5}$ 室内空气质量标准。

(三) PM$_{2.5}$ 环境质量评价模型

PM$_{2.5}$ 环境质量评价模型有很多种,目前在中国使用较为广泛的是指数模型和分级模型。

1. 指数模型　可以通过对 PM$_{2.5}$ 环境因子的监测指标计算得到。

2. 分级模型　对观察和分析所得到的定量的数值进行综合归类,明确其所赋予的环境质量等级,反映该环境的健康效应或生态效应。

二、PM$_{2.5}$ 环境质量评价的方法

环境质量评价方法基本原理是选择一定数量的评价参数,在环境监测和调查的基础上,对监测资料进行统计分析后,按照一定的评价标准进行评价,或在综合加权的基础上转换成环境质量指数进行评价。数理统计方法是环境质量评价的最基本方法。通过其对原始监测数据的整理分析,获得环境质量的空间分布及其变化趋势,其得到的统计值可作为其他评价方法的基础资料。数理统计方法是对环境监测数据进行统计分析,求出有代表性的统计值,然后对照卫生标准,做出环境质量评价。数理统计方法得出的统计值可以反映各污染物的平均水平及其离散程度、超标倍数和频率、浓度的时空变化等。

(一) 数理统计法

1. 平均水平　测定 PM$_{2.5}$ 的浓度,然后通过计算其日平均或年平均等数

值来了解 PM$_{2.5}$ 的日均污染浓度或年均污染浓度。对日均值或年均值绘制线图,了解 PM$_{2.5}$ 污染浓度的变化趋势。

2. 超标率和超标倍数 超标率和超标倍数是更为直接的评价 PM$_{2.5}$ 污染程度的指标,计算超标率和超标倍数需要将测得的评价场所的 PM$_{2.5}$ 浓度与 PM$_{2.5}$ 的卫生标准进行比较,然后计算结果。

设 PM$_{2.5}$ 环境质量标准值为 A,实测 PM$_{2.5}$ 值为 B,则超标率和超标倍数的计算如下:超标率＝(B－A)/A×100%;超标倍数＝实测值 B/标准值 A。

(二)空气质量指数

空气质量指数(air quality index,AQI)的计算及应用来自环境质量指数(environmental quality index,EQI)。环境质量指数的概念是将大量监测数据经统计处理后求得其代表值,以环境卫生标准(或环境质量标准)作为评价标准,把它们代入专门设计的计算式,换算成定量,客观地评价环境质量的无量纲数值,这种数量指标就叫环境质量指数,也称环境污染指数。

环境质量指数的设计原则是计算出的指数应与待评价的对象(因素)相关,使不同时间、不同地点的某环境因素是可量化的、可比的,且直观易懂。环境质量指数可分为单要素的环境质量指数和总环境质量指数两大类。单要素的环境质量指数是指某一环境要素的环境质量,例如这里介绍的空气质量指数,还有水质指数(water quality index,WQI)、土壤质量指数(soil quality index,SQI)等。单要素的环境质量指数可以是由若干个单独污染物的环境质量的"分指数"反映,也可以是由该要素中若干污染物或参数按一定原理合并构成反映环境质量的"综合质量指数"。

中国在 2012 年之前评价空气污染情况使用的是空气污染指数(air pollution index,API),在 2012 年新的空气质量标准修订后,开始使用 AQI 来定量描述空气质量状况。该指数与待评价的对象(因素)相关,是可比的,可加和的,而且是直观易懂的。

由于空气污染物包括 SO$_2$、NO$_2$、CO、O$_3$ 和 PM$_{2.5}$ 等多种污染物,所以各污染物均有自己的空气质量指数分指数(individual air quality index,IAQI),如 PM$_{2.5}$ 的分指数、SO$_2$ 的分指数等。一般环境监测中心或环境气象预警预测中心对外发布的总 AQI 就是以上述各项污染物空气质量分指数中的最大值作为影响空气质量的首要污染物。其中,AQI>50 时,IAQI 最大的空气污染物即为首要污染物。中国目前的空气污染模式下,首要污染物基本都是 PM$_{2.5}$。此外,浓度超过国家环境空气质量二级标准的污染物,即 IAQI>100 的污染物被称为超标污染物。

1. AQI 的计算方法

(1) PM$_{2.5}$ 的 IAQI：不同的空气污染物对应其不同的 IAQI，以 PM$_{2.5}$ 的 IAQI 来说（表 10 - 1），当 PM$_{2.5}$ 日均值浓度为 35 $\mu g/m^3$ 时，对应的 IAQI 为 50；当 PM$_{2.5}$ 日均值浓度为 75 $\mu g/m^3$ 时，也就是在环境质量标准的临界值时，对应的 IAQI 为 100；如果 PM$_{2.5}$ 的浓度为 500 $\mu g/m^3$ 时，对应的 IAQI 为 500。

表 10 - 1　PM$_{2.5}$ 空气质量分指数及对应的浓度限值

IAQI	PM$_{2.5}$ 浓度限值（24 小时均值，$\mu g/m^3$）
0	0
50	35
100	75
150	115
200	150
300	250
400	350
500	500

(2) IAQI 的计算方法：IAQI 的计算有相应的计算公式，以 PM$_{2.5}$ 为例的计算公式如下：

$$IAQI = (IAQI_{Hi} - IAQI_{Lo})(C - BP_{Lo})/(BP_{Hi} - BP_{Lo}) + IAQI_{Lo}$$

式中，IAQI 为 PM$_{2.5}$ 的空气质量分指数；C 为 PM$_{2.5}$ 的浓度监测值；BP$_{Hi}$ 为表 10 - 1 中与 PM$_{2.5}$ 实测浓度（C）相近的浓度限值的高位值；BP$_{Lo}$ 为表 10 - 1 中与 PM$_{2.5}$ 实测浓度（C）相近的浓度限值的低位值；IAQI$_{Hi}$ 为表 10 - 1 中 BP$_{Hi}$ 对应的 IAQI；IAQI$_{Lo}$ 为表 10 - 1 中 BP$_{Lo}$ 对应的 IAQI。

通过上述公式，如果 PM$_{2.5}$ 当天的日均值为 90 $\mu g/m^3$，那么计算所得 IAQI 为 118.75；如果此时 PM$_{2.5}$ 的 IAQI 是所有空气污染物中分指数最大的，那么此时对应的空气质量为轻度污染（图 10 - 1）。

2. AQI 的划分级别

通常在 PM$_{2.5}$ 的实时监测结果报告和对外界公众公布的空气污染实时报告和预报上所看到的指数就是 PM$_{2.5}$ 的 AQI。AQI 的划分级别如图 10 - 1 所示。随着 AQI 的升高，其代表的空气污染级别也升高，污染程度也相应升高，对人体健康的危害也就越大。空气污染级别从一级优、二级良、三级轻度污染、四级中度污染、五级重度污染，直到六级严重污染，其相对应的颜色逐渐加深，在空气污染级别是严重污染时使用褐红色来代表污染

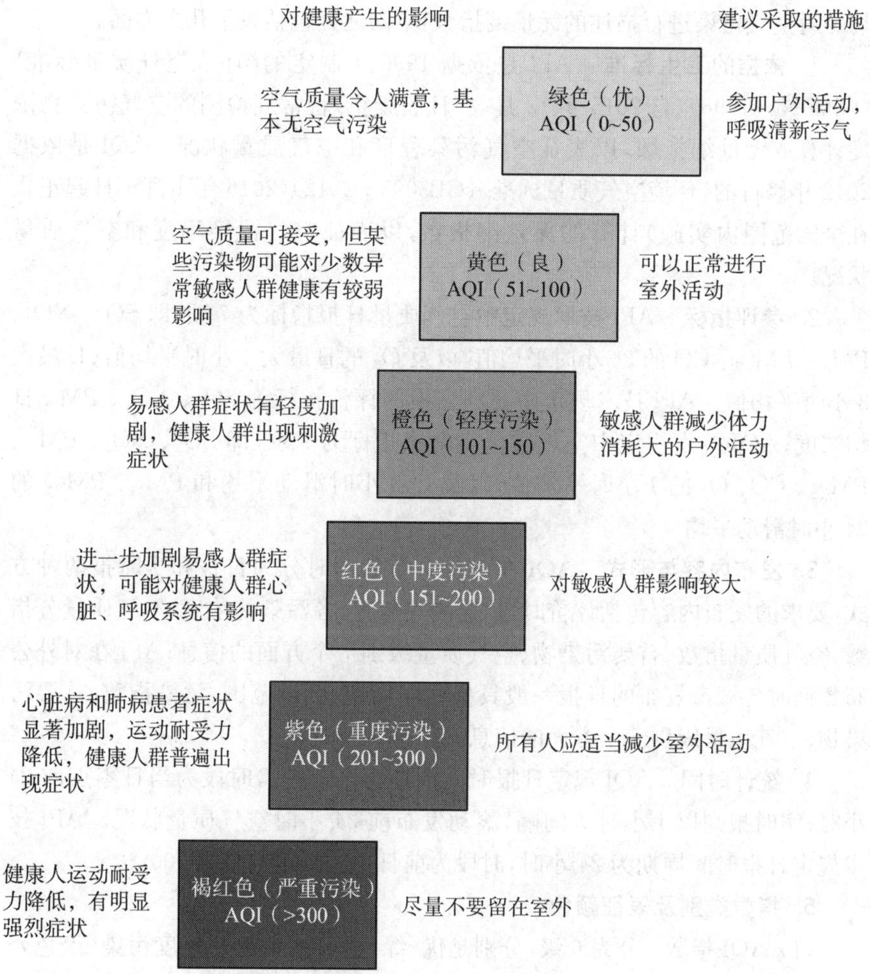

对健康产生的影响　　　　　　　　　　　　　　建议采取的措施

空气质量令人满意，基
本无空气污染

　　　绿色（优）
　　AQI（0~50）

参加户外活动，
呼吸清新空气

空气质量可接受，但某
些污染物可能对少数异
常敏感人群健康有较弱
影响

　　　黄色（良）
　　AQI（51~100）

可以正常进行
室外活动

易感人群症状有轻度加
剧，健康人群出现刺激
症状

　橙色（轻度污染）
　AQI（101~150）

敏感人群减少体力
消耗大的户外活动

进一步加剧易感人群症
状，可能对健康人群心
脏、呼吸系统有影响

　红色（中度污染）
　AQI（151~200）

对敏感人群影响较大

心脏病和肺病患者症状
显著加剧，运动耐受力
降低，健康人群普遍出
现症状

　紫色（重度污染）
　AQI（201~300）

所有人应适当减少室外活动

健康人运动耐受
力降低，有明显
强烈症状

褐红色（严重污染）
　AQI（>300）

尽量不要留在室外

图 10 - 1　PM$_{2.5}$ 空气质量指数及相关信息

状况。同时，对于不同 AQI 状态下的不同空气污染级别，给出了对健康可能
产生的影响及建议采取的措施。

三、空气质量指数和空气污染指数的区别

　　在 2012 年之前，关于空气污染的预报及报告中国均采用 API 的形式表
示；2012 年之后，原国家环境保护部修订了新的空气质量标准之后，对空气污
染的预报及报告开始采用 AQI 的形式表示。AQI 为定量描述空气质量状况
的无量纲指数，API 为描述空气污染状况的无量纲指数。两者的相同之处为

均是对空气污染进行描述的无量纲指数,不同之处包括以下几个方面。

1. 依据的卫生标准 API 是依据 1996 年制定的《环境空气质量标准》(GB3095-1996)(自 2015 年 12 月 31 日起废止)将常规检测的空气污染物浓度计算成无量纲指数,以表征空气污染程度和空气质量状况。AQI 是依据 2012 年修订的《环境空气质量标准》(GB3095-2012)(2016 年 1 月 1 日起正式在全国范围内实施)计算的无量纲指数,以表征空气污染程度和空气质量状况。

2. 参评指标 API 技术规定中空气质量日报指标为 7 项,即 SO$_2$、NO$_2$、PM$_{10}$、PM$_{2.5}$、CO 的 24 小时平均值,以及 O$_3$ 的日最大 1 小时平均值、日最大 8 小时平均值。API 技术规定中要求日报的评价指标为 SO$_2$、NO$_2$、PM$_{10}$ 日均浓度;AQI 技术规定中空气质量实时报指标为 9 项,即 SO$_2$、NO$_2$、PM$_{10}$、PM$_{2.5}$、CO、O$_3$ 的 1 小时平均值,以及 O$_3$ 8 小时滑动平均和 PM$_{10}$、PM$_{2.5}$ 的 24 小时滑动平均。

3. 发布内容与形式 AQI 在对外公布数据时分为日报和实时报两种方式,要求的发布内容包括评价时段、监测点位置、各污染物浓度、空气质量分指数、空气质量指数、首要污染物、空气质量级别 7 个方面的信息;API 在对外公布数据时各城市发布的日报一般具备时间周期、区域范围、污染指数、首要污染物、空气质量级别 5 个方面的信息。

4. 统计时间 AQI 规定日报时间周期为 24 小时,时段为当日零点前 24 小时;实时报则以 1 小时为间隔,滚动发布前 24 小时空气质量状况。API 技术规定日报时间周期为 24 小时,时段为前日 12:00 至当日 12:00。

5. 指数类别及表征颜色

(1) AQI 指数:分为 6 级,分别是优(绿色)、良(黄色)、轻度污染(橙色)、中度污染(红色)、重度污染(紫色)和严重污染(褐红色)。

(2) API 指数:分为 5 级,分别是优(浅蓝)、良(海绿)、轻度污染(浅黄)、中度污染(红色)和重度污染(褐色)。

第四节 人群健康效应评价

一、健康效应评价

人群健康效应指标可以是敏感的生理、生化及免疫指标,也可以采用疾病或死亡来反映环境污染的效应指标。前者可以采用各种特异性和非特异性生物学效应指标,以及疾病前期亚临床的健康效应指标、生物学效应标记物来反映环境污染的健康效应。后者可以采用一般疾病,以及与环境污染有关的疾病的发病率、患病率、死亡率、疾病构成比、死因构成比等资料。人群健康效应评价上应注意观察人群的遗传背景、年龄、性别、营养状况、生理状况(怀孕或哺乳期)、一般健康状况以及先前的暴露(如职业暴露等)情况,因为这些情况与环境因素的健康影响的敏感性有关系。此外,还要注意经济条件、生活习惯如吸烟、饮酒等,应尽量避免这些因素的干扰,了解从暴露到产生健康效应之间的潜伏期。

二、健康效应评价的方法

环境污染健康影响评价方法包括健康危害评价方法和健康危险度评价方法,这里仅对健康危害评价方法作介绍。

1. **现场初步调查** 调查内容包括环境污染健康危害的事实经过、性质、起因和特点;高危人群的范围、暴露特征,病人的临床特征和分布特征;污染源、污染物、污染途径及暴露水平。同时做好人证和物证的收集取证,以此初步确定主要污染源和污染物。对于大气 PM$_{2.5}$ 的污染,需判断 PM$_{2.5}$ 的污染源、污染源排放时间、当前污染状况、人群个体暴露水平及暴露持续时间,依据人群暴露水平的高低及人群对 PM$_{2.5}$ 的敏感性对人群采取相应的保护措施。

2. **健康效应评价** 健康效应评价就是对健康危害的确认,PM$_{2.5}$ 对健康影响的效应在第六章已作详细描述,包括死亡率、发病率、组织器官的损害及导致疾病风险因素的增加等效应。在比较高暴露人群和低暴露人群的健康效应时要选择好对照人群和生物标记物。

3. **暴露评价** 收集 PM$_{2.5}$ 环境背景资料,详细描述 PM$_{2.5}$ 污染发生的时间、地点、影响范围,了解 PM$_{2.5}$ 的排放量、排放方式、排放途径、其在环境中的稳定性和是否造成二次污染。暴露的测量方法可采取问卷调查、环境监测、个体采样、生物监测等方式,并描述和分析主要污染源、污染物、暴露水平、时间、途径与严重程度等,做好综合暴露的评定。

4. **病因推断及因果关系判断** 流行病学上一般依据以下 7 项标准对病因作出综合评价:①关联的时间顺序。②关联的强度。③关联的剂量-反应关系。④暴露与疾病分布的一致性。⑤关联可重复性。⑥生物学合理性。⑦终止效应。

病因判定要求研究结果在满足前 4 条中的任何 3 条及后 3 条中的任何一条时,可判定因果关系,因果取证对可疑污染物环境污染健康影响进行定性和定量评价。

三、健康经济损失评价

在评价 PM$_{2.5}$ 污染造成的健康经济损失时,通常考虑两方面的损失:一方面是医疗费用以及由疾病和死亡所造成的工资损失和经济损失,另一方面是人们为了降低污染而愿意支付的费用。目前国内外对健康损失的估算通常采用人力资本法(human capital approach,HCA)、疾病成本法(cost of illness,COI)、支付意愿法(willing to pay,WTP)和条件价值法(contingent valuation method,CVM)。现在研究者又提出一种新型的评估空气污染造成的健康经济损伤的方法,即可计算的一般均衡(computable general equilibrium,CGE)模型。

(一)人力资本法

大气 PM$_{2.5}$ 污染所致的人力资本损失是指由于环境污染造成的死亡或疾病而产生的经济损失,包括工资损失与医疗费支出。由大气 PM$_{2.5}$ 污染造成健康危害的经济损失计算公式如下。

$V_总 = V_1$(因死亡造成的工资损失)$+V_2$(医疗费用)$+V_3$(因疾病误工造成损失)

$$V_1 = C \cdot Np \cdot Y$$

式中,C 为人年均工资(元);Np 为因 PM$_{2.5}$ 浓度上升(超过环境质量标准的二级标准)所造成的超死亡人数(人);Y 为平均剩余寿命(年)=平均预期寿命-平均死亡年龄。

$$V_2 = \Sigma e_i N'_{pi}$$

式中,$i = 1, 2, 3 \cdots i$,分别指不同疾病类型;e_i 为第 i 种疾病的人均医疗费(元/人);N'_{pi} 为第 i 种疾病的发病人数。不同种类疾病的人均医疗费按当前医疗价格进行评估。

$$V_3 = C' \times D \times R$$

式中,D 为误工缺勤天数;R 为劳动年龄(16~65 岁)人口数占总人口数的比例;C' 为人均日工资。当人体患呼吸道疾病时,工作效率下降,但不一定缺勤,即为受限制活动天数。1 个受限制活动天数相当于 1/4 个因病缺勤天。

自 20 世纪 80 年代以来,HCA 已广泛用于评估空气污染所致的经济损失,有研究基于 HCA 得到中国"六五"期间(1981～1985 年)大气污染对健康造成的年均损失约为 37.64 亿元。

(二)疾病成本法

疾病成本法评价环境影响导致的疾病损失,与人力资本法的原理及意义相似,但疾病成本法更多的是评价环境导致疾病造成的损失,包括疾病所消耗的时间与资源;而人力资本法更多关注的死亡所致的经济损失。疾病成本法可采用的计算公式如下。

$$I_c = \sum_{i=1}^{N}(L_i + M_i)$$

式中,I_c 为由于环境质量变化所导致的疾病损失成本;L_i 为第 i 类人由于生病不能工作所带来的平均工资损失;M_i 为第 i 类人的医疗费用(包括门诊费、医药费、治疗费、检查费等)。

疾病成本法使用的原则是可以确定疾病的发生与项目实施导致的环境质量变化之间具有明确而直接的因果关系。疾病是非致命性的,不属于慢性病。需要对收入和医疗费用的精确估算。疾病成本法的主要局限性在于,通过疾病成本法得到的估算结果,只能被看作是引起发病率变化的项目环境影响的预期成本,或者说是产生预期效益的下限值,因为疾病成本法并没有考虑到受影响的个体对于健康或疾病的偏好。对于某种健康或疾病,他们有可能有支付意愿。一般说来,人们更喜欢健康而不是生病,他们愿意为避免生病而支付更多的治疗或预防费用。

来自北京的研究发现,北京市 2000 年一次 PM$_{10}$ 污染带来的经济损失为 123.17 亿元,相当于全市当年 GDP 的 4.97%。其中,造成死亡的经济损失最大,为 102.59 亿元,占总损失的 83.3%。陈仁杰等根据疾病成本法估算 2006 年中国 113 个主要城市大气颗粒物污染的健康经济损失为 3 414.03 亿元。

(三)支付意愿法

支付意愿法是指人群接受一定数量的消费物品或劳务所愿意支付的金额,是人群依据自身收入水平,对享有安全、健康环境质量的支付意愿,WTP 测量的是人们对提高自己和其他人的安全(如通过改善环境质量而使个体死亡/发病风险降低)而愿意付出的货币数值。支付意愿法的主要优点在于,它反映了被测量人群的个人观点和意愿,较好地符合福利经济学的原理,因此在欧美发达国家得到广泛应用。测量人的支付意愿,一般有劳动力市场研究法、调查评估法以及其他基于市场交换的方法。

在 PM$_{2.5}$ 的健康经济损失评价中,支付意愿法被广泛应用。在目前 PM$_{2.5}$ 的高浓度暴露和雾霾天数持续存在和增长的情况下,广大民众会自愿购买口罩、空气净化器及其他改善空气质量的产品或设备;同时,他们会选择相应的保护性食品去对抗 PM$_{2.5}$ 污染所致的危害,这些都是他们的支付意愿,而对抗 PM$_{2.5}$ 所自愿花费的这部分费用就是经济损失。

在通过支付意愿法评估 PM$_{2.5}$ 所致经济损失时,意愿调查法被广泛使用,通过问卷询问支付意愿推导空气改善价值,亦可对公众风险认知与态度进行调查。其主要原理是根据心理测量范式与意愿调查法设计相关问卷,以访谈方式开展随机抽样调查。问卷内容主要包括以下 4 个部分。

1. 公众风险认知　包括对 PM$_{2.5}$ 的了解程度、对社会影响程度,PM$_{2.5}$ 健康风险发生的可能性、后果严重性、持续时间、可控性、平等性、人为性、对家人健康影响程度、自愿性。

2. 公众对 PM$_{2.5}$ 健康风险的情感态度　包括恐惧、忧虑、愤怒、现实满意度与未来乐观度 5 项。

3. 支付意愿　采用支付卡式询问公众对于 PM$_{2.5}$ 年平均浓度降低不同程度情况下的支付意愿,同时询问其不愿意支付的各项原因。

4. 研究对象经济社会特征　包括性别、年龄、受教育水平、收入、职业、健康状况等。

受偿意愿法(willingness to accept,WTA)通过询问人们对于环境质量改善的支付意愿或受到损害后的受偿意愿来评估环境物品或服务的价值。目前已广泛应用于评估环境改善的效益和环境破坏的损失。

来自许志华等在北京和南昌市的研究发现,零支付意愿比例随着 PM$_{2.5}$ 年均浓度降低比例的上升而下降,支付意愿均值及中位数均与 PM$_{2.5}$ 年均浓度降低比例成正相关关系;且北京居民支付意愿远高于南昌居民,北京市居民 PM$_{2.5}$ 年均浓度降低 30%、45% 和 60% 时的支付意愿均值分别为 71.60 元/月、85.66 元/月和 94.31 元/月。在风险认知方面,北京居民对 PM$_{2.5}$ 了解越多,认为 PM$_{2.5}$ 对社会及家人健康的影响程度越大,自身更愿意承担风险,最后也更愿意支付。

(四)条件价值法

条件价值法通过询问人们对于环境质量改善的支付意愿或受到损害后的受偿意愿来评估环境物品或服务的价值。目前已广泛应用于评估环境改善的效益和环境破坏的损失。

1974 年，Randell 等第一次将条件价值法应用于基于环境质量改善的研究。评估相同的议题时，WTA 值总是比 WTP 值大，存在策略性偏差（strategic bias）。WTP 和 WTA 的不一致受许多因素影响，如收入效应、替换效应、交易费用。

（五）可计算的一般均衡模型

可计算的一般均衡（CGE）模型作为政策分析的有力工具，已在全球上得到了广泛的应用，并逐渐发展成为应用经济学的一个分支。CGE 模型能够描述多个市场和结构的相互作用，估计某一特殊政策变化所带来的直接和间接影响，以及对国民经济的全局影响。

1. 计算公式　其计算原理是先确定 PM$_{2.5}$ 暴露-反应关系，计算公式如下。

$$\Delta E = P. E. \{1 - 1/\exp[\beta(C - C_0)]\}$$

式中，ΔE 为 PM$_{2.5}$ 变化引起的居民健康效应变化量（人）；P 为暴露人口（人）；E 为实际浓度下人群健康效应；β 为暴露-反应关系系数；；C 为研究地区 PM$_{2.5}$ 的浓度（$\mu g/m^3$）；C_0 为基准浓度（$\mu g/m^3$）。

2. 确定健康终端及其相关信息　健康终端如早死、死亡、住院、呼吸系统疾病、心血管疾病、儿科、内科、慢性支气管炎、急性支气管炎、哮喘等；其他信息如暴露反应系数、发生率、误工时间等。然后，通过社会核算矩阵（SAM），以二维表的形式全面反映整个经济活动的收入流和支出流，对社会经济系统内交易进行矩阵表述。

3. 具体计算方法　将暴露-反应关系系数、暴露人口数、PM$_{2.5}$ 浓度和基年发生率代入上述计算公式，对某一区域 PM$_{2.5}$ 污染造成的人群健康效应进行综合分析，得到发生健康效应的变化量，即人数。再将人数与上述的误工时间等综合计算，即获得损失的劳动力。基于各终端单位医疗费用，计算得到居民额外医疗费用支出。通过劳动力损失和医疗费用增加对 CGE 模型进行外生冲击，与基准情景进行比较，量化估算 PM$_{2.5}$ 污染的经济效应。

4. 案例　有研究采用 CGE 模型分析北京市 2013 年 PM$_{2.5}$ 所致的经济损失。研究发现，PM$_{2.5}$ 污染造成 15～64 岁劳动力死亡约为 4 992 人（95% CI = 1 411～7 788），误工总时长为 2 343 132 天（95% CI = 921 943～3 518 046），相当于损失劳动力 9 373 人（95% CI = 3 688～14 072），约为同年劳动力的 0.82‰（95% CI = 0.32‰～1.23‰）。同时基于各终端单位医疗费用，计算得到居民额外医疗费用支出为 11.13 亿元（95% CI = 2.91～18.82）。研究表明，

PM$_{2.5}$污染会对人体健康造成危害,一方面导致劳动力误工,从而降低劳动力投入水平;另一方面又增加了居民的医疗费用。劳动力投入水平是影响居民收入的重要因素之一,劳动力投入的降低势必导致居民收入水平的降低,从而造成政府财政收入的减少及 GDP 减少。

第十一章

大气 $PM_{2.5}$ 所致危害的防治措施

第一节　环境中 $PM_{2.5}$ 污染的卫生防护

大气卫生防护不仅要从污染源上加强工艺改革、消烟除尘、气体净化，以减少污染物的排放，而且要在宏观上进行土地利用规划布局、加强绿化，同时要充分利用自然因素减少大气污染。

一、规划措施

（一）控制污染源

依据 $PM_{2.5}$ 的来源，从源头上控制污染是最有效也是最彻底解决空气污染的方法。对于工业、企业排放的 $PM_{2.5}$，采取综合治理策略，改善工业、企业的除尘技术和设备，严格控制工业生产所产生的颗粒物污染。而最行之有效的方法是对污染严重的工业、企业进行搬迁，远离人群密集的居住区。

（二）合理规划土地利用

全面进行城镇规划，合理安排各种功能用地，从卫生学角度尽量减少工业区对生活居住区的影响。对 $PM_{2.5}$ 贡献来源大的企业如冶炼、石油、化工等要布置在远离城区的位置。同时，由于地理位置会对 $PM_{2.5}$ 扩散产生影响，所以要考虑居民区或工业企业区的地理位置，避免将排放 $PM_{2.5}$ 的工厂设立在山谷地。

考虑到气象因素对 $PM_{2.5}$ 的影响，工业区的位置应配置在当地最小频率风向的上风侧，或主导风向的下风侧，而居民区设置在工业区的上风侧。必要时，还应设置一定的卫生防护带，如道路、河流或绿化带，设置一定的卫生防护距离。要加强生产管理,减少或消除跑、冒、滴、漏和无组织排放污染物,杜绝事故性排放。

(三) 深化区域协作

将各省市环保部门、交通运输部门纳入周边地区联防联控的协作机制。比如为了控制京津冀和长三角空气污染,国家出台了《京津冀协同发展规划纲要》及《长三角区域大气污染防治协作小组工作章程》等文件,深化区域协作,依据"协商统筹、责任共担、信息共享、联防联控"的协作原则,推进燃煤燃油控制,强化煤炭清洁化利用及推荐清洁能源的使用,加强重点行业综合治理,实现"联防联控",取得了令人满意的成绩。2017 年,长三角区域 25 个城市 PM$_{2.5}$ 平均浓度降至 44 $\mu g/m^3$,比 2013 年的 67 $\mu g/m^3$ 下降了 34.3%。上海 2017 年的 PM$_{2.5}$ 平均浓度更是首次降至 40 $\mu g/m^3$ 以下,为 39 $\mu g/m^3$。

二、加强绿化

绿化植物因其特殊的叶面特性和冠层结构具有调节微小气候、吸附大气颗粒物、阻挡沙尘、吸收有害气体、净化空气的功能,要根据当地大气污染的特点来安排种植对污染物有抗性、吸收量大的植物。从净化空气来讲,不同树木的叶面结构和大小,其吸附 PM$_{2.5}$ 的能力也有很大差异。国内外一些研究已经探索了植物叶面滞留 PM$_{2.5}$ 的总量和颗粒物的粒径分布,一些研究也致力于探索植物单株叶量和冠幅对 PM$_{2.5}$ 的滞留量,以此来估算单株植物及单位绿化面积上 PM$_{2.5}$ 的滞留量,为选择和优化城市绿化植物的种类配置、种植密度,以期降低空气中 PM$_{2.5}$。有研究对城市中绿化植物进行研究。在北京的研究发现木槿对 PM$_{2.5}$ 的滞留量最高,五叶地锦次之;同时,不同植物单叶对 PM$_{2.5}$ 滞留量也有很大差异,其中二球悬铃木最大,五叶地锦次之;此外,不同生活型植物单位面积对 PM$_{2.5}$ 的滞留量从高到低依次为藤本、灌木、乔木。所以,建立绿化带是行之有效的生物防治措施,选择适宜当地生长且对 PM$_{2.5}$ 滞留量较强的植物,并将不同生活型和不同叶习性植物合理配置,既美化了环境又能达到良好的空气净化效果。

三、路面洒水

由于路面灰尘大,汽车行驶过程中也容易扬起灰尘,机动车排放出来的空气颗粒物已经成为城市空气污染的主要来源,所以可以通过道路扬尘的管理有效防治 PM$_{2.5}$ 的污染。其中道路洒水降低扬尘是一项非常有效的举措,通过洒水增加路面空气的湿度,促进 PM$_{2.5}$ 的沉降。目前很多城市道路通过路面洒水的方法降低 PM$_{2.5}$ 的污染。关于道路洒水对 PM$_{2.5}$ 的沉降效果有多大，目前还没有相关报道。

四、工艺措施

（一）改善能源结构，提供清洁能源

1. 建设新能源　以煤为主的能源结构，通过国际间横向对比发现，凡是能源结构以煤炭为主的国家，都同样存在雾霾污染严重的问题。对于东部而言，交通拥堵以及来自邻近地区的影响是其高污染的重要原因。以清洁能源如核能、风能、太阳能、地热能、天然气甚至生物质能等替代煤和石油制品的燃烧，以减少 SO$_2$、NO$_2$ 等的污染。选用含硫量低的煤作为能源并采用集中供热，以减少能量的浪费和大气污染。加大清洁能源的使用力度，提高可再生能源在一次能源消费结构中的比例，减少煤炭、石油等化石燃料燃烧所导致的污染物排放。

2. 改造燃烧设备　改造锅炉，提高燃烧效率，减少燃烧不完全产物的排出。增加烟囱高度以利于污染物的扩散稀释。

3. 加强工艺措施　以无毒或低毒原料代替毒性大的原料。

4. 机动车污染物排放控制　目前交通部门的机动车尾气排放已经成为我国大城市中 PM$_{2.5}$ 的主要来源。高排放车治理被列为重中之重，加快淘汰"国三"重型柴油车，2015 年淘汰 2005 年底前注册营运的黄标车 126 万辆。寻找机动车替代能源，提高油品质量和燃油效率，改进排放设备，实现机动车尾气处理后再排放。积极推广新能源汽车，全年生产 37.9 万辆，比 2014 年增长 4 倍。全国全面供应"国四"标准车用汽柴油，北京、天津、上海等地率先供应"国五"标准车用汽柴油。此外，采取闭路循环以减少污染物排出或采用新型交通方式替代机动车出行也是行之有效的方法。2016 年年底，城市共享自行车的崛起，对于减少机动车的使用、降低机动车尾气排放是一个重大变革。

（二）加强生产管理

防治一切可能污染大气的物质的排放。严格遵循生产过程中的废气排放质量标准；综合利用，变废为宝，例如电厂排出的大量煤灰可制成水泥、砖等建筑材料，回收氮制造氮肥等。

减排方式要从以工程减排为主转为以结构减排和管理减排为主，尤其是产业机构减排、能源结构减排、经济结构优化等结构减排方式，以及合理的行政手段和市场手段相配合，是减少 PM$_{2.5}$ 排放的有效措施。所以，如果要有效

实施节能减排,必须通过对行业进行标准化建设、规范产品能耗标准、建立行业准入门槛、规范生产等方式来进行。

五、应急处理

对于极端雾霾天气或连续多天的雾霾发生时,政府部门目前可采用物理降水或城市道路洒水的方法增加空气的湿度,促使空气中的颗粒物湿沉降,从而减缓雾霾污染。

六、废气的治理

废气的治理包括除尘和对废气的净化。除尘方法包括旋风除尘器、布袋除尘器、静电除尘器、泡沫除尘器和水浴除尘器等。废气的净化方法可根据废气的性质和废气的化学特点选用吸收法或吸附法进行净化。一个完整的废气净化系统一般由 5 部分组成,捕集污染气体的废气收集装置(集气罩)、连接系统各组成部分的管道、使污染气体得以净化的净化装置、为气体流动提供动力的通风机、充分利用大气扩散稀释能力减轻污染的排气烟囱。

七、大气污染成因与治理的科研攻关

关于大气污染成因与治理方面,国家重视科学研究。自 2015 年以来,中央安排财政资金进行大气污染成因与治理的科学研究,在全国范围内设立专家组,分别开展精细化的 PM₂.₅ 来源解析及健康危害机制,提出可操作性强的大气污染防治综合解决方案和区域总体解决方案,为各地治理 PM₂.₅ 大气污染提供了有力支撑。

八、加强监督管理

定期审查和修订空气质量标准和监测标准,可邀请有关的医学专家和临床医生进行论证,以说明当前空气质量标准的严格性和修订当前标准的必要性。依据评估结果,如果有新的科学论证,应重新评估现有标准对健康的影响,判断修订标准的必要性。

(一) 国外的监督管理

美国 EPA 在 1997 年对空气污染的卫生标准进行了修订,使空气污染物中的颗粒物的卫生标准更加严格,对颗粒物的控制增设了 PM₂.₅ 的卫生标准(日平均浓度限值为 65 $\mu g/m^3$)。在 2006 年,又对 PM₂.₅ 标准进行了修订,规定日均 PM₂.₅ 最高浓度限值从原来的 65 $\mu g/m^3$ 降至 35 $\mu g/m^3$,年平均浓度限

值为 $15\ \mu g/m^3$。鉴于 $PM_{2.5}$ 对健康的危害没有阈值,所以 2012 年 EPA 又对 $PM_{2.5}$ 的卫生标准做了修订,$PM_{2.5}$ 的年均浓度限值从原来的 $15\ \mu g/m^3$ 降低为 $12\ \mu g/m^3$。同样地,WHO 也于 2005 年进一步修订了 $PM_{2.5}$ 的浓度限值(日均值指导值为 $25\ \mu g/m^3$,年均值指导值为 $10\ \mu g/m^3$)。

在美国,对于空气污染的治理以国家层面的管理为主导,各州依据“州政府独立实施原则”,结合本州实际情况主动采取措施,防治空气污染。欧盟的大气监管以各成员国为主体进行,都强调区域的自治和主动性,对于跨区域问题,各区域之间在统一协调下,找到利益共同点,联手合作。

(二)中国的监督管理

中国环保部在 2012 年对空气质量标准进行了修订,在新修订的《环境空气质量标准》(GB3095－2012)中取消了第三类环境空气质量功能区,增加了 $PM_{2.5}$ 的卫生标准和 O_3 的 8 小时卫生标准,同时收紧了 PM_{10} 和 NO_2 限值,严格了数据统计的有效性。目前,在监督管理方面中国还存在以下的不足:大气监管的统筹协调、统一监督和长期监督协调性仍需进一步加强;经常出现部门之间互相推诿责任或争夺管辖权等情况,其最根本的原因在于各部门的职权没有通过立法加以明确和细化。在排放标准的执行监管方面,美国和欧盟不仅标准严于中国,而且都建立了全国区域的监测网络,严格监测大气污染,综合利用行政手段、技术手段和经济手段等来完成控制空气污染的目标,中国在这方面还需要进一步加强。

九、法律法规

整治、加强对建筑工地扬尘、渣土运输等环节监管,实施秸秆综合利用,禁止无组织焚烧秸秆等项目。真正做到依法治理,执法必严和违法必究。美国在 20 世纪 50、60 年代由于严重的空气污染而制定了首部《清洁空气法》,后经 1990 年修订,最终成为全世界治理空气污染的法律典范。该法令对于空气质量标准、检测方法、空气质量评价和惩罚措施提供了法律依据。在中国出台的《大气污染防治法》的立法目的是防治大气污染、保护和改善生态环境及生活环境、促进社会和经济的可持续发展,该法在第二章中的“防治燃煤产生的大气污染”章节对燃煤大气污染的防治作出了专门的规定。此外,2013 年国务院颁布了《大气污染防治行动计划》,是专门针对大气污染治理而制定出来的总体计划。该计划特别提出了需要综合治理以减少大气污染物的排放,并专门对工业企业大气污染治理、深化面源污染治理、强化移动源污染防治等提出了具体要求。

此外,通过征收能源税或环境税等价格手段对工业企业的污染物排放进行调整和控制也是一项重要的举措,Miradna 和 Hale 通过对瑞士的环境税收政策研究发现,根据生产企业选取不同燃料来区别环境税收补贴、用环境税鼓励消费者节能等手段能明显提高瑞士节能减排政策的实施效应。

除国家强制性法律措施外,各地还可出台地方性法规作为补充。例如纽约市曾经推出了《抗空转法》等一系列地方性法规,严格规定车辆停驶后发动机空转时间不得超过 3 分钟。在中国,2014 年北京出台了《北京市大气污染防治条例草案》,该地方性法规将降低 PM$_{2.5}$ 作为大气污染防治目标,首次纳入立法予以明确,坚决依法行政,坚决治理违法违规行为。大气污染的防治地方性、全国性法规紧密结合,有力推动治理工作。

十、空气污染区域的联防联控

由于地区经济发展的关联性和空气污染的区域流动和交换,联防联控的思路对于建立统一规划、监测、监管、评估和协调区域大气污染具有积极作用。近年来,在中国逐渐打破省市的界限,将全国划分为京津冀、长三角和珠三角,综合考虑区域经济、环境和能源而对 PM$_{2.5}$ 污染进行联合防控。从目前的实践来看,加强区域联防联控,符合大气污染传输扩散、区域间相互影响的规律,抓住了问题要害,对大气污染的治理十分有效。

十一、污染治理资金投入

2013 年末,中央财政安排 50 亿元资金用于京津冀及周边地区大气污染治理,这一政策也促使大批城市宣布将投入大量资金进行雾霾治理。2014 年,中央财政又安排大气污染防治专项资金 100 亿,之后的 2015 年,中央财政安排大气污染防治专项资金 106 亿元,支持京津冀及周边地区、长三角、珠三角等重点区域开展大气污染治理。

中央拨付的专项财政基金主要用于补助企业燃煤锅炉废气污染的治理,采取"以奖代补"的方式,先由企业自主改造排污净化设备,确保排放达标,在环保局核查达标之后,再按照规模、分类对不同的治理项目发放奖励资金。同时,专项资金也用于节能减排及大气污染的治理。此外,新增安排资金支持城市清洁空气行动计划,调整原用于科技、文化、旅游等产业的专项资金用于空气污染治理。

第二节 大气 $PM_{2.5}$ 污染的治理成效

一、污染源治理成效

2015 年,中央财政安排大气污染防治专项资金 106 亿元,支持京津冀及周边地区、长三角、珠三角等重点区域开展大气污染治理。深化区域协作,将各省市交通运输部分别纳入京津冀、长三角、珠三角及周边地区联防联控协作机制。2015 年,淘汰 2005 年底前注册营运的黄标车 126 万辆,积极推广新能源汽车,全年生产 37.9 万辆,比 2014 年增长 4 倍。全国全面供应"国四"标准车用汽柴油,北京、天津、上海等地率先供应"国五"标准车用汽柴油。在珠三角、长三角、环渤海(京津冀)水域设立船舶排放控制区。启动石化行业挥发性有机物(VOCs)综合整治,加强对建筑工地扬尘、渣土运输等环节监管,实施秸秆综合利用等项目。加强重污染天气联合会商和预警发布。

二、大气 $PM_{2.5}$ 污染浓度降低成效

中国近几年深入实施《大气污染防治行动计划》后,全国城市空气质量总体趋好。依据 2016 年《中国环境状况公报》,2016 年中国 338 城市平均优良天数比例为 78.8%,比 2015 年上升 2.1 个百分点。而全国 $PM_{2.5}$ 浓度范围为 12~158 $\mu g/m^3$,平均为 47 $\mu g/m^3$,比 2015 年下降 6.0%;超标天数比例为 14.7%,比 2015 年下降 2.8 个百分点。各城市浓度均有下降趋势,以北京为例,2016 年北京优良天数比例为 54.1%,比 2015 年上升 3.1 个百分点;北京 2016 年出现重度污染 30 天,严重污染 9 天,重度及以上污染天数比 2015 年减少 7 天。

众多研究者也对全国各地区 $PM_{2.5}$ 浓度的变化趋势进行了调查。有研究者对 2008~2015 年北京中心城区 $PM_{2.5}$ 年均质量浓度及空气质量的改善程度进行了调查。研究发现,自 2013、2014 年严重的雾霾之后,2015 年空气质量明显好转,改善幅度达 18.8%。对四川省 2000~2015 年间 $PM_{2.5}$ 的分布特性进行分析,研究发现,$PM_{2.5}$ 浓度在 2000~2006 年呈上升趋势,2010 年后呈波动降低趋势,2014 年的年均浓度仅高于 2000、2001 年,总体 $PM_{2.5}$ 呈现下降趋势。来自武汉的研究也显示,2015 年的空气质量相比 2014 年有较大的改善,尤其是 $PM_{2.5}$ 的改善更为明显。这些数据表明,近年来中国在空气污染治

理上取得了很大的进步。

三、人群健康状况改善成效

大气环境中 PM$_{2.5}$ 浓度的降低与人群健康状况的改善息息相关。虽然多项研究认为近年来中国空气质量状况明显改善，PM$_{2.5}$ 浓度下降明显，但目前尚没有研究对空气质量改善后人群健康状况的改善成效进行探讨，这方面还没有相关的研究证据。

第三节 大气 PM$_{2.5}$ 个体防护

一、大气 PM$_{2.5}$ 所致健康危害的物理防护措施

(一) 口罩

由于 PM$_{2.5}$ 对健康的危害，民众希望通过使用口罩和空气净化器等方式降低个体 PM$_{2.5}$ 的暴露水平，保护个体的健康。目前中国防 PM$_{2.5}$ 口罩的种类众多，包括医用棉质口罩、活性炭口罩、3M 防护口罩等。不同种类的口罩对于 PM$_{2.5}$ 的防护也存在着很大的差异。活性炭口罩对 PM$_{2.5}$ 的平均阻隔率大于 95％，国产医用防护口罩和 3M 口罩的阻隔率>70％，而一次性外科口罩及普通的纱布或棉布口罩阻隔率低于 10％。此外，佩戴口罩时要将口鼻完全遮住，确保密闭。因此选择正确的口罩并合理佩戴口罩才能起到保护作用。一项在北京的研究通过招募 98 名不吸烟但具有冠心病的志愿者作为研究对象，观察口罩对颗粒物所致健康危害的干预作用，规定研究对象两天内每天步行 2 小时，研究对象可随机在任何一天佩戴高效的颗粒物过滤口罩。研究结果表明，佩戴口罩后研究对象的个体 PM$_{2.5}$ 暴露浓度比不带口罩组明显降低，同时呼吸道症状明显减少，并且对心血管疾病起到保护作用，能降低动脉血压[佩戴口罩组血压为(93.3±9.7) mmHg，无口罩组为(95.7±10.0) mmHg，$P<$ 0.05)，增加人体心率变异性(HF 和 RMSSD 明显增加]。同样地，来自印度尼西亚的一项研究比较了手术口罩和其他口罩对 PM$_{2.5}$ 的防护效率。结果显示，佩戴手术口罩的研究对象个体 PM$_{2.5}$ 暴露浓度能降低 30％，而其他口罩对 PM$_{2.5}$ 个体暴露浓度无明显影响。

所有这些研究表明口罩可能通过降低个体的空气暴露水平而保护呼吸系统和心血管系统。但是，使用口罩防护 PM$_{2.5}$ 也有一定的缺点，一是必须要选

择密闭性和功能性较好的口罩,否则达不到阻隔颗粒物的效果;二是长时间佩戴密闭性较好的口罩可能降低机体的氧摄入量,引发缺氧,从而造成其他的不良健康效应;三是长时间佩戴口罩可能使口罩内壁上黏附呼出气中的细菌或其他有害物质,细菌或有害物质的长时间积聚又可能通过呼吸进入机体导致危害。此外,口罩的使用也并不适用于一些患有呼吸系统疾病的患者如COPD患者等,因为COPD患者本身就存在呼吸困难及可能的呼吸道细菌感染,在长时间佩戴口罩的过程中可能减少氧摄入量,增加细菌在呼吸带周边的急剧繁殖,加重感染,促发疾病的发展。

(二)空气净化器

人类大部分的时间在室内度过,室内 $PM_{2.5}$ 的来源比室外更为复杂,浓度往往也比室外的更高,因此需要采取合理的方式降低室内 $PM_{2.5}$ 浓度,保护机体的呼吸系统、心血管系统及其他系统。空气净化器的合理使用能有效提高室内空气质量,明显降低 $PM_{2.5}$ 的污染浓度,从而降低 $PM_{2.5}$ 的个体暴露浓度。Batterman 等人采用随机对照试验评估高效微粒空气过滤器(high efficiency particulate air, HEPA)对患有哮喘的儿童家庭环境的影响。研究发现,在使用空气净化器之前,室内颗粒物的平均浓度为 (28 ± 34) $\mu g/m^3$,使用空气过滤器后室内颗粒物的平均浓度可减少 50%。复旦大学的一项双盲实验研究发现,室内使用空气净化器的研究对象较使用空气净化器模型的研究对象血液中炎症因子、氧化应激水平明显降低,同时使用空气净化器也能改善人群血管内皮功能和自主神经功能。也有研究发现室内使用空气净化器可明显降低哮喘的发生风险,减轻哮喘患者的症状。此外,空气净化器的使用也能通过降低 $PM_{2.5}$ 的个体暴露浓度而增加机体一秒用力呼气量,提高肺功能。所以,空气净化器的长时间使用能在很大程度上降低室内空气中 $PM_{2.5}$ 的污染浓度,对呼吸系统和心血管系统的健康起到保护作用。

空气净化器降低室内 $PM_{2.5}$ 浓度的同时,一些研究者也提出了其存在的卫生学问题。首先,空气净化器在使用过程中必须门窗紧闭,否则室外空气的进入会使室内 $PM_{2.5}$ 的浓度在短期内迅速升高,但长时间的门窗紧闭也导致室内缺乏通风换气,使室内氧气量随着人体消耗而降低,同时也使室内其他有害气体、人体呼出的有害气体及细菌浓度迅速增加,造成室内微小气候空气质量降低,进而导致其他健康问题,如室内新风量不足、使室内人员出现缺氧状态;通风不够使室内空气污染物如 CO、挥发性有机物(volatile organic compounds, VOCs)、细菌和微生物的浓度升高,导致细菌感染性疾病和不良建筑综合征等。

二、大气 PM$_{2.5}$ 对健康危害的营养物干预

目前认为,PM$_{2.5}$对健康的危害主要与其所致的炎症反应和氧化应激有关。而抗氧化剂(维生素、Omega-3脂肪酸)、抗氧化酶(SOD、GSH-xP等)及抗炎物质可以对PM$_{2.5}$所致损伤产生一定的干预作用。食物中含有丰富的营养物质,但是营养学家的调查显示,中国人群特别是育龄期妇女营养素的摄入明显不足,所以适量补充营养素,对于提高自身免疫力、提高机体对疾病的抵抗力、降低机体对PM$_{2.5}$的易感性有重要的作用。此外,研究者也发现孕期良好的营养补充能够保护或逆转大气PM$_{2.5}$所致的胎儿损伤。目前,很多营养学家和环境学家开始关注营养素的补充是否可以有效地减少PM$_{2.5}$所致机体的损伤,关于这方面的研究也得到了一些证据。

在宏观的食品调查方面,2018年发表在 *Environmental Research* 杂志、由中国上海疾病控制中心、广州疾病控制中心、圣路易斯大学开展的流行病学研究采用WHO全球老龄化和成人健康(global ageing and adult health,SAGE)资料研究发现,PM$_{2.5}$与成人肺功能的降低密切相关,而大量摄入水果(苹果、梨、桃、香蕉、橘子和西瓜)和蔬菜(甘蓝、菠菜、葱、青菜、黄瓜、芹菜和辣椒)能有效减轻这种不良效应,水果和蔬菜中含有的维生素C、类胡萝卜素和类维生素A发挥着重要作用。结果表明,食物补充营养素对于减轻PM$_{2.5}$的危害具有重要作用,下面将一一介绍这些营养素在防护PM$_{2.5}$危害中的可能保护作用。

(一) 维生素

维生素可以帮助机体维持体内氧化-抗氧化的平衡,预防心血管病,调节氧化损伤和炎症反应。维生素C(vitamin C,V$_C$)是一种在人体中含量丰富的水溶性维生素,同时存在于肺组织的细胞外液中。V$_C$的食物来源主要是新鲜蔬菜与水果。在各类蔬菜中,辣椒、茼蒿、苦瓜、豆角、菠菜、土豆、韭菜等中V$_C$含量丰富;在各类水果中,酸枣、鲜枣、草莓、柑橘、柠檬等含量最多;在动物的内脏中也含有少量的V$_C$。目前研究认为,进入循环系统中的PM$_{2.5}$能降低一氧化氮(nitric oxide,NO)的生物利用度,造成内皮功能障碍并促进血小板活化,从而促发动脉粥样硬化斑块的形成,最后导致动脉粥样硬化及冠心病的发生。而Vc的摄入可增加机体NO的生物利用度,提高内皮功能障碍患者的内皮功能。关于Vc对抗PM$_{2.5}$所致损伤的研究比较缺乏,有研究认为摄入足够的Vc能提升颗粒物低暴露区哮喘儿童的最大呼气流速,提高其肺功能。

维生素E(vitamin E,V$_E$)是氧自由基的"清道夫",能保护细胞膜及细胞

内的核酸免受自由基的攻击,保护机体免受氧化损伤。富含 V$_E$ 的食物有果蔬、坚果、瘦肉、乳类、蛋类、压榨植物油等。富含 V$_E$ 的果蔬包括猕猴桃、菠菜、卷心菜、菜塞花、羽衣甘蓝、莴苣、甘薯、山药、柑橘等。富含 V$_E$ 的坚果包括杏仁、榛子和胡桃等。研究发现 V$_E$ 对过氧化氢诱导的血管内皮细胞氧化损伤具有保护作用,能提高细胞抗脂质过氧化能力。一项在中国台湾的台南市(空气污染较为严重)和花莲市(空气污染较少)流行病学研究,分别选择 105 名和 324 名哮喘儿童进行调查,通过营养膳食调查评估 V$_E$ 的摄入量,对 V$_E$ 摄入不足的患者给予口服维生素补充。结果发现,V$_E$ 的充足摄入可以降低空气污染所致的哮喘患者最大呼气流速的缩减。关于 V$_E$ 对吸入性污染物所致危害的保护作用,多数研究比较关注 V$_E$ 对香烟烟雾所致危害的保护作用。有研究认为,通过食物补充适量的 V$_E$ 有助于降低不吸烟妇女的肺癌风险,动物实验的研究也认为 V$_E$ 能降低烟雾暴露所致的小鼠 DNA 氧化和细胞膜损害。关于 V$_E$ 对空气污染甚至 PM$_{2.5}$ 所致危害的保护作用的研究甚少。有一项研究发现,居住于高污染区域的人群血液中的 V$_E$ 降低了 51%。此外,一项人群调查研究也发现直接暴露空气污染的人群血液中抗氧化物谷胱甘肽明显降低,表明空气污染导致明显的氧化应激损伤,而连续 6 个月每天补充 Vc 和 V$_E$ 能改善这种氧化损伤。笔者课题组通过动物实验发现,提前通过灌胃给予大鼠 V$_E$14 天,然后通过气管滴注方式使大鼠暴露于 PM$_{2.5}$。结果显示,与灌胃给予生理盐水的对照组相比,提前灌胃给予 V$_E$ 能明显降低 PM$_{2.5}$ 所致的炎症因子 IL-6、TNF-α 的升高及氧化损伤指标 MDA 的升高,同时也能提升 PM$_{2.5}$ 所致的抗氧化酶 SOD、GSH 的降低。但目前还没有其他的直接证据能够证明 V$_E$ 的补充能明显改善 PM$_{2.5}$ 所致的健康危害,所以对于维生素的保护作用仍需要进一步探索。

(二) 叶酸

作为一种营养素,叶酸被认为能够预防胎儿发育过程中的心脏和神经缺陷。有研究发现叶酸能减轻乙醇、锂等所致的心脏缺陷。所以也有研究者探讨了叶酸对 PM$_{2.5}$ 所致的心脏缺陷的干预作用,研究采用斑马鱼为实验动物,观察 PM$_{2.5}$ 染毒对胚胎心脏的影响。研究发现叶酸可能通过干扰 AhR/Wnt/β-catenin 信号通路而降低 PM$_{2.5}$ 所致的心脏缺陷。因为 AhR/Wnt/β-catenin 信号通路与 DNA 甲基化明显相关,提示叶酸可能通过抑制 PM$_{2.5}$ 所致的甲基化而保护心脏。

(三) 多不饱和脂肪酸

脂肪经消化后分解成甘油及各种脂肪酸。脂肪酸依据结构可分为饱和脂肪酸和不饱和脂肪酸,其中不饱和脂肪酸又分成单不饱和脂肪酸和多不饱和脂肪酸两种。多不饱和脂肪酸(polyunsaturated fatty acid, PUFA)按照从甲基端开始第 1 个双键的位置不同,可分为 Omega-3 和 Omega-6 多不饱和脂肪酸。Omega-3 同维生素、矿物质一样是人体的必需品,其中对人体最重要的两种成分是二十碳五烯酸(eicosapentaenoic acid, EPA)和二十二碳六烯(docosahexaenoic acid, DHA)。DHA 具有软化血管、健脑益智、改善视力的功效。深海鱼类(野鳕鱼、鲱鱼、鲑鱼等)的内脏中富含该类脂肪酸。1970 年,两位丹麦的医学家霍巴哥和洁地伯哥经过研究确信,格陵兰岛上的居民患有心脑血管疾病的人要比丹麦本土上的居民少得多,这是因为格陵兰岛上的居民食用深海鱼更多,而深海鱼类中还有更多的 Omega-3 脂肪酸。

有研究提出,PM$_{2.5}$ 可以引起心脏自主神经功能的改变,造成心率变异性下降,这可能是 PM$_{2.5}$ 导致心血管疾病死亡率增加的病理生理机制之一。在墨西哥养老院的研究中发现,给予研究对象每天 2 g 的鱼油或豆油,3 个月后发现鱼油和豆油均能改善 PM$_{2.5}$ 所致的心率变异性的降低,而鱼油的作用更为明显。随后在这所养老院中进行同样的干预实验,结果发现补充鱼油能使研究对象体内 SOD、GSH 活性分别增加 49.1% 和 62%,而使脂质过氧化物(lipid peroxide, LPO)活性减少 72.5%,表明鱼油的摄入可以更加有效地对抗 PM$_{2.5}$ 暴露引起的氧化损伤。同样地,有研究者以 29 位正常普通人为研究对象,研究对象随机分为两组:一组每天补充 3 g 鱼油(包含 65% 的 Omega-3 不饱和脂肪酸),另一组每天给予安慰剂,连续 4 周之后将研究对象暴露于浓缩了 PM$_{2.5}$(平均 278 $\mu g/m^3$)的暴露仓中 2 小时。结果发现,补充鱼油安慰剂的研究对象心率变异性明显降低,胆固醇和低密度脂蛋白明显升高,而补充鱼油的研究对象心脏自主神经功能和能量代谢则被明显保护。

(四) 植物化学物

1. **多酚类物质** 多酚类物质具有潜在的健康效应,存在于一些常见的植物性食物,如可可豆、茶、大豆、红酒、蔬菜和水果。研究发现黑巧克力中含有丰富的类黄酮———一种有效的抗氧化物质。Villarreal-Calderon 等的研究,将 Balb-c 雌鼠暴露于 PM$_{2.5}$ 污染的空气中,喂予 60% 的可可粉固体和 2 g 多酚,每周 3 次。结果发现巧克力中含有的多酚物质可能减少空气污染所致的心肌炎症,具有心血管保护功能。但是,巧克力含有大量的脂肪和糖,长期食用可能会对健康产生不良影响,如导致体重增加、诱发胰岛素抵抗和糖耐量异常等,因此,通过长期摄入黑巧克力来增加多酚类物质的摄取而保护人体健康的策略还有待进一步研究。

2. 茶多酚　茶多酚（epigallocatechin gallate，EGCG）是绿茶主要的水溶性成分和活性成分，具有抗氧化、抗肿瘤和预防心血管病的作用。有研究采用 200 μg/ml PM$_{2.5}$ 对 HUVECs 细胞染毒，同时分别加入 50 μmol/L、100 μmol/L、200 μmol/L 的 EGCG，观察不同浓度 EGCG 对 PM$_{2.5}$ 所致氧化损伤的影响。结果发现，浓度为 100 μmol/L 的 EGCG 既能减少 PM$_{2.5}$ 所致的活性氧（reactive oxygen species，ROS）的产生，同时 EGCG 也能提升 PM$_{2.5}$ 染毒细胞中核因子 E2 相关因子-2（nuclearfactor E2-related factor 2，Nrf2）和血红素加氧酶 1（heme oxygenase-1，HO-1）。结果表明，EGCG 可通过激活丝裂原、活化蛋白激酶和细胞外调节蛋白激酶 1/2 信号通路进而上调 Nrf2/HO-1，可以保护人脐静脉内皮细胞（human umbilical vein endothelial cells，HUVECs）免受 PM$_{2.5}$ 所致氧化应激损伤。

3. 皂苷　皂苷是广泛存在于植物茎、叶、根中的化学物，具有调节脂质代谢、抗血栓、抗氧化等生物学作用。人参皂苷 Rg1 是其主要活性成分之一。有研究通过体外培养 A549 细胞观察 Rg1 对 PM$_{2.5}$ 染毒所致的氧化损伤的干预作用。结果发现，提前采用 100 μg/ml、200 μg/ml、400 μg/ml 的 Rg1 进行干预，能明显改善 200 μg/ml PM$_{2.5}$ 染毒所致的 A549 细胞存活率降低，明显减少 LDH 的漏出和 MDA 的产生。同样地，也有研究对 Rg1 的内皮损伤干预进行了探索。结果发现，Rg1 和 PM$_{2.5}$ 共同作用于体外培养的 HUVECs 能减弱 PM$_{2.5}$ 所致的 HUVECs 生长抑制作用，同时能降低 PM$_{2.5}$ 引起的细胞内 ROS 和 MDA 的升高，提升抗氧化物 HO-1 和 Nrf2 的表达。这些结果都表明，人参皂苷可以通过抑制 PM$_{2.5}$ 诱导的氧化应激或增强抗氧化能力而对机体起到保护作用。

（五）有机硒

硒（Selenium，Se）是一种非金属化学元素，被中国营养学会列为人体必需的每日膳食营养元素之一，具有调节机体氧化/抗氧化平衡、抑制炎症反应及免疫调节促进等作用。人蛋白质组中已发现了 GSH-Px、硫氧还蛋白还原酶（thioredoxin reductase，TRX-Rs）、脱碘酶（deiodinase，DIO）等 25 种硒蛋白。大多数硒蛋白参与抗氧化防御和氧化还原信号的调控，并在生物体内广泛表达，因此，硒能通过影响相关酶的合成及活性进而影响机体的生理功能。有研究发现，当机体发生炎症反应或氧化应激时，该机体就存在硒元素缺乏的风险。人群流行病学研究及实验研究均表明，补充含硒物质，可有效减轻机体氧化应激或炎症反应。

基于硒的抗炎和抗氧化作用，有研究者提出，补充硒是否能降低 PM$_{2.5}$ 所致的心肺损伤。宋伟民课题组采用预先给大鼠灌胃剂量分别为 8.75 mg/kg、17.5 mg/kg、35 mg/kg 酵母硒,共 28 天,然后给予 40 mg/kg PM$_{2.5}$ 气管滴注染毒,观察硒对 PM$_{2.5}$ 所致心肺损伤的作用。结果发现,与 PM$_{2.5}$ 染毒组比较,预先给予酵母硒灌胃的各组大鼠 BALF 中 IL-1β、sICAM-1、TNF-α、TP 浓度及 AKP、LDH 活性明显降低,且降低幅度随干预剂量的增加而增加,表明硒对 PM$_{2.5}$ 导致的大鼠肺部炎性损伤及细胞损伤有一定的干预作用。此外,有研究发现,预先给予酵母硒灌胃的各组大鼠 BALF 中 T-SOD、GSH-Px 活性及 T-AOC 升高,MDA 浓度降低,且改变幅度随干预剂量的增加而增加,说明硒对 PM$_{2.5}$ 导致的大鼠肺部氧化应激损伤有一定的干预作用。该研究同时也发现,预先给予酵母硒溶液的 PM$_{2.5}$ 染毒大鼠表现为心率加快幅度与血压和心率变异性降低幅度减小,血清中抗氧化酶活性降低幅度、脂质过氧化产物及炎症因子浓度升高幅度,血管内皮损伤幅度均减小,提示硒可减轻 PM$_{2.5}$ 滴注导致的大鼠心脏自主神经功能紊乱、全身炎性损伤、氧化性损伤及血管内皮损伤。

三、大气 PM$_{2.5}$ 对健康危害的药物干预

他汀类药物具有降低低密度脂蛋白胆固醇、甘油三酯和升高高密度脂蛋白胆固醇的作用,还能引起血管扩张、抗凝和血小板抑制,而且其抗氧化和抗炎的功能可以稳定动脉粥样硬化的斑块,减少心房颤动和心肌梗死。研究发现,对 HUVECs 给予 400 μg/ml PM$_{2.5}$ 有机或水溶性的提取物进行染毒,同时分别给予 0.1 μmol/L、1 μmol/L 和 10 μmol/L 的阿托伐他汀钙后孵育 24 小时,结果发现阿托伐他汀钙的干预能增加细胞活性,减少氧化应激以及内皮功能的损伤。目前,欧美国家的人群通过长期补充阿托伐他汀钙药物来降低血脂和预防血管损伤,但是这种长期的药物服用是否可预防 PM$_{2.5}$ 所致的氧化应激或心血管系统的损伤有待于进一步研究。

培哚普利是一种强效和长效的血管紧张素转换酶抑制剂,可用于治疗各种高血压与充血性心力衰竭。有研究发现,用 400 μg/ml 的 PM$_{2.5}$ 对 HUVECs 分别染毒 0 小时、12 小时、24 小时和 48 小时后加入 10 μmol/L 的培哚普利再孵育 24 小时,可抑制 PM$_{2.5}$ 染毒后所致的血管紧张素转换酶(angiotensin converting enzyme,ACE)基因表达上调。此外,也有研究者对止咳药物、其他心血管治疗药物如匹格列酮等干预 PM$_{2.5}$ 所致肺损伤或心血管损伤进行了相关研究,研究结果均认为这些药物的使用对于 PM$_{2.5}$ 所致的危害有一定的缓解作用。因此,一些抗炎或是抗氧化应激的药物可能通过提高

细胞的抗氧化和抗炎功能来保护机体免受 $PM_{2.5}$ 所致的氧化应激损伤或炎症损伤。

第四节　大气 $PM_{2.5}$ 干预措施展望

大气 $PM_{2.5}$ 对人群健康的影响越来越受到人们的重视,但是关于 $PM_{2.5}$ 对健康损害的干预研究相对匮乏。人们可通过佩戴口罩或使用空气净化器等途径降低暴露 $PM_{2.5}$ 的浓度,保护机体的健康。但是目前尚存在以下几个问题。

一、口罩和空气净化器的质量

中国在市面上出售的防 $PM_{2.5}$ 口罩和空气净化器的质量良莠不齐,使得预防效果存在很大的差异,因此需要相关部门制定口罩和口气净化器质量的相关标准并宣传正确的使用方法。此外,由于口罩和空气净化器在降低空气中 $PM_{2.5}$ 方面存在局限性,所以它们对机体的保护作用还需要进一步验证。

二、营养素使用的规范性

维生素、Omega - 3 脂肪酸、植物化学物和一些抗炎或是抗氧化应激的药物具有抗氧化和调节炎症反应的作用,可以保护机体免受大气颗粒物的损伤。但是,这些物质的使用剂量、使用时间及其他的不确定因素需要进一步阐明,其保护作用是否具有临床意义还需要进一步的研究。

三、间断性防护对健康的影响

目前在大气 $PM_{2.5}$ 高污染的状况下,民众通过佩戴口罩和使用空气净化器的方式可降低个体的暴露水平,由于人类的活动性及作息时间等因素使得口罩和空气净化器这种防护并不是时刻处于防护状况,所以总体来说这是一种间断性防护措施。人体每天暴露 $PM_{2.5}$ 的浓度是处于一定的波动状态,有时候暴露浓度很低,有时候暴露浓度又突然升高很多倍。一直以来,研究者均认为机体免疫系统的稳定是维持健康状态的关键,而口罩或空气净化器的使用对人体 $PM_{2.5}$ 暴露浓度所致的波动性被一些学者认为可能引起机体免疫系统调节的波动性,进而对机体产生不良影响。但目前尚没有相关的研究能够证明这一点,这也是未来我们关注的问题。

第十二章

大气 $PM_{2.5}$ 的预测与预报

随着公众环保意识的提高和科学技术的发展,为公众环保、污染物综合治理以及环境管理和决策提供科学依据的空气污染预测、预报技术的产生变得不可或缺。从 2013 年开始,原国家环境保护局和各城市气象局开始联合进行大气 $PM_{2.5}$ 的预报,这使得 $PM_{2.5}$ 预报像天气预报一样变为现实,民众可根据预报提前安排自己的工作与生活。$PM_{2.5}$ 的预测预报机构可给出 $PM_{2.5}$ 的实时监测数据和相应的空气质量指数,同时也可以预报未来几小时甚至未来几天的 $PM_{2.5}$ 空气质量指数。目前在一些大城市基本实现了 $PM_{2.5}$ 的预测和预报。从当前的结果来看,尽管预报的准确性较好,但由于该技术尚处于起步阶段,其准确性还有待进一步提高。

第一节　大气 $PM_{2.5}$ 预测和预报方法

空气污染预报是指根据某些特定方法对某个区域未来的污染浓度及空间分布做出估计,供公众或有关部门提前采取有效措施防止污染危害事件发生的一种技术。空气污染预报是一项复杂和昂贵的系统工程,是以完善的大气质量模式作为其理论基础。该模式应当较全面地考虑污染物在大气中的物理、化学和生态过程,反映污染物在大气中的演变规律。大气质量模式一般包括气象模式和化学物质浓度模式。对于前者来讲,需要建立一个能正确预报复杂条件下的风场、温度场、湿度场及其降水量的气象模式。对于后者,则需要掌握区域内及周围地区污染物排放量、主要污染物及其浓度,并全面整理分析历年监测资料,掌握其变化规律。

国内对于 $PM_{2.5}$ 的预报这一领域还没有固定的或者公认的一套方法,同时 PM$_{2.5}$ 的形成机制到目前为止还不是很清楚。目前的预报结论主要是建立在大气化学模式预报、天气学原理和主观经验的基础上,其中大气化学模式预报目前被认为是比较精确的方法。此外,还可以将空气质量预报的方法应用于预报 PM$_{2.5}$。

一、大气 PM$_{2.5}$ 污染预报

(一)大气污染统计预报

大气污染统计预报是以气象上的天气形势和气象因子对未来 PM$_{2.5}$ 的污染状况进行定量或半定量分析。该方法是通过长期对某地区以往实测的气象因素和 PM$_{2.5}$ 的污染情况进行分析,确立气象因子和 PM$_{2.5}$ 浓度参数之间的定量或半定量关系,建立 PM$_{2.5}$ 预报的数学模型,进而预报不同气象条件下 PM$_{2.5}$ 的污染情况。该方法简单、易于操作,但需要大量的前期监测数据,较难获取。

(二)大气污染相似预报

这种预报方法是将预报日前一日的气象数据资料汇总,通过查阅历史数据库中的相似数据,找出相似日,那么相似日后一日的 PM$_{2.5}$ 浓度值即可作为预报值。例如,将预报日前日的多个气象因子汇总,在历史数据库中逐日计算这些气象因子数据与历史数据的相关系数,相关系数最大者即被确定为相似日,那么相似日次日的 PM$_{2.5}$ 浓度数据即可作为预报日 PM$_{2.5}$ 的预报值。

(三)大气污染数值预测

大气污染数值预测方法是在大气化学、大气物理学、大气动力学等学科基础上使用数值计算方法直接在环境介质中求解污染物浓度的方法。该方法通过了解 PM$_{2.5}$ 在大气中所经历的物理、化学、生物变化规律而预测 PM$_{2.5}$ 的浓度。常用的模型有拉式(Lagrange)模型、欧式(Euler)模型或者混合模型。能定量预报大气 PM$_{2.5}$ 浓度的模型有烟羽(Plume)模型、烟团(Puff)模型、箱式(Box)模型及求解物质守恒方程的数值模型等。该方法的优点是科学性极强,缺点是费时,难度大。

(四)大气扩散模式预报

大气扩散模式是一种处理大气污染物在大气中输送和扩散问题的物理和数学模型。根据 PM$_{2.5}$ 的排放量及气象参数,依据物理原理和实验获得经验参数,建立数学模型,预报大气污染物的分布。但是由于影响扩散过程的气象因素、地形、地面状况和污染本身的复杂性,还不能找到一个适用于各种条件的大气扩散模式来描述大气扩散问题。大气扩散模式适合于预测单个较大的

污染源所致的 PM$_{2.5}$ 排放,不适合对污染源为面源的 PM$_{2.5}$ 排放进行预测。

(五)人工神经网络预报

人工神经网络预报(artificial neural networks,ANNs)是一种由人工构造的模拟生物神经网络的抽象数学模型,通过对大量样本的训练学习,获得这些数据内在的规律,从而实现复杂逻辑操作和非线性信息处理的目的。由于 PM$_{2.5}$ 的污染预报属于非线性的,所以基于气象数据资料进行统计预测的线性模型在很大程度上不能很好地反映实际的 PM$_{2.5}$ 污染情况。而 ANNs 有着很好的处理非线性问题的能力和学习记忆能力,因此适合进行空气质量预报。目前已有研究比较了逐步回归法和 ANNs 方法在预报 PM$_{10}$ 污染的准确率,研究发现神经网络所建立的污染预报模型要比传统的统计方法拥有更好的预测能力,这也反映出人工神经网络在处理大气污染预报这类有着较强非线性变化特点的问题时具有明显优势。

(六)土地利用模型评估 PM$_{2.5}$

土地利用回归建模(LUR modeling)是一种基于空气质量监测站点的 PM$_{2.5}$ 监测浓度及其周边地理要素变量,借助最小二乘法建立的用于预测研究区内任意空间位点 PM$_{2.5}$ 浓度的多变量回归建模手段。LUR 的建模要素分为 6 类:土地利用情况、道路交通、人口分布、地形、气候及其他。利用这些地理和气候要素,在考虑 100 m～10 km 缓冲区半径的情况下对 LUR 建模特征变量空间尺度依赖特征进行探索。目前,PM$_{2.5}$ LUR 模型主要应用于对历史时间段内 PM$_{2.5}$ 平均浓度空间分布进行验证、对不同距离范围内未来一段时间内 PM$_{2.5}$ 的浓度进行预测、对 PM$_{2.5}$ 进行源解析、对 PM$_{2.5}$ 进行健康风险评估等方面。其优点是考虑的因素全、使用范围广、对于没有监测站点的地方也能进行 PM$_{2.5}$ 评估,它还有估算精度和空间分辨率高等优点。

二、大气 PM$_{2.5}$ 健康效益评估

一些模型的建立可以用于评估空气污染的健康效应。目前随着全球范围内节能减排政策的实施,新型环境效益分析及图像展示系统(Environmental Benefits Mapping and Analysis Program:Community Edition,BenMAP CE,下载地址为 http://www.abacas-dss.com)模型已经广泛地应用于评估大气 PM$_{2.5}$ 的健康效益。该模型通过评估某区域内一种或多种空气污染物浓度变化对该区域内居民的健康影响(如急性呼吸道疾病患者人数变化、急性心血管疾病患者人数变化以及病因别死亡人数变化等健康效应),然后乘以每一例疾病或死亡引起的经济损失,即可得到该区域内一种或多种污染物浓度改善所

带来的人体健康效益。

BenMAP CE 的功能分五大模块,分别为数据库管理、空气质量网格、健康影响、健康效益和结果展示。其中,数据库管理为健康影响分析和健康效益计算提供重要的原始统计数据;空气质量网格提供 PM$_{2.5}$ 污染物浓度文件导入及分析;健康影响和健康效益模块先选取一定的基础数据再设置参数变量,最后通过数理统计、整合等方法得到需要的结果;计算结果可通过地理信息地图、数据报表、柱状图等形式展示。

第二节　大气 PM$_{2.5}$ 的监测和预报平台

一、环境监测中心和气象局

环境监测中心、气象局或环境气象预警预报中心是各省市进行 PM$_{2.5}$ 监测和预报的中心,这些单位通过各自的 PM$_{2.5}$ 监测技术获得 PM$_{2.5}$ 实时数据,同时依据一些预报技术预报未来几小时或几日内 PM$_{2.5}$ 的污染浓度,再经过对预报数据进行分析和讨论联合向外界进行 PM$_{2.5}$ 预报的发布。

各城市环境监测中心可依据城市功能分区(如居民区、工业区、交通区等),于各功能分区的代表性地点设立监测点,安置 PM$_{2.5}$ 监测设备,实时监测 PM$_{2.5}$ 的浓度或采集 PM$_{2.5}$ 样品进行浓度测定。同时在一些大城市,也可依据城市的区县划分方式,于各区县的中心设立 PM$_{2.5}$ 监测点或者依据国家政策建立国控点进行 PM$_{2.5}$ 监测。这些监测点可以将实时监测的 PM$_{2.5}$ 以每小时、每日数据传送到监测中心,然后由市环境监测中心或区县级环境监测中心通过各发布平台对外发布。同时计算各区县的 AQI 对外发布,便于民众采取适当的措施预防 PM$_{2.5}$ 的危害。

以上海市为例,目前有 10 个国控点分布在上海市各个区县,每日对 PM$_{2.5}$ 进行监测,这些点包括普陀监测站(杏山路 317 号)、青浦淀山湖站(西大盈港)、浦东川沙站(川环南路)、浦东张江站(祖冲之路 295 号)、浦东监测站(灵山路 51 号)、杨浦四漂站(平凉路 1398 号)、虹口凉城站(凉城路 854 号)、静安监测站(武定西路 1480 号)、卢湾师专附小站(局门路 478 号)、徐汇上师大站(桂林路 100 号)。此外,长三角环境气象预警预报中心也分别在上海个区县设立监测点以便于更好地监测和预报 PM$_{2.5}$ 浓度,并对监测点 PM$_{2.5}$ 的成分进行监测。

二、公众获取 PM$_{2.5}$ 监测数据或预报数据的平台

公众可通过手机软件、网站、微博、电视、广播等媒体平台或自媒体平台获得空气质量及 PM$_{2.5}$ 污染水平。其中，可通过手机（下载软件）查看空气质量，如 360 手机助手、爱呼吸 APP 等。一些空气质量预报的官方网站也可以查阅实时的 PM$_{2.5}$ 污染情况及预报数据，以上海为例，很多公共网站包括上海环境（http://www. sepb. gov. cn）、上海市环境监测中心（http://www. semc. gov. cn）、上海环境热线（http://www. envir. gov. cn）以及中国天气网（http://www. weather. com. cn/weather/101020100. shtml）等都在对外发布 PM$_{2.5}$ 污染浓度或空气质量指数，实测数据每小时更新一次，预测数据每天发布一次。根据空气质量指数的大小，将空气质量分为优、良、轻度污染、中毒污染和重度污染 5 个级别。此外，一些个人注册网站或其他网站也通过网络发布空气质量预报，如天气网、2345 天气预报、星空污染预测网等。

　　$PM_{2.5}$作为空气污染的首要污染物，受到政府及广大人民群众的广泛重视。世界范围的流行病学研究已经对$PM_{2.5}$与人群死亡率、发病率、健康效应改变等进行了大量的研究，但其对机体影响的作用机制尚不清楚，免疫-炎症损伤机制、氧化应激机制、肺-肠损伤机制、肺-中枢神经系统损伤机制受到广泛的重视，但仍需进一步探索。全国范围内对降低环境中$PM_{2.5}$浓度采取了一系列措施，每年各城市均会发布$PM_{2.5}$与上一年度相比降低的百分数，以此来评估措施的成效。但环境中$PM_{2.5}$浓度不仅与排放有关，也与气象因素密切相关，风、降雨、气压等均会影响环境中$PM_{2.5}$的浓度，所以在评估$PM_{2.5}$防治成效时应全面考虑气象条件对其的影响，因为$PM_{2.5}$浓度的降低可能是良好的气象条件所致的，而不是排放减少的结果。近年来，$PM_{2.5}$与其他空气污染物或其他危害因素之间的联合作用受到更多的关注，流行病研究多通过统计模型将$PM_{2.5}$与其他污染物同时纳入模型计算其联合效应，动物实验多通过给动物同时吸入暴露于$PM_{2.5}$和其他污染物以探索其联合效应，实际上，$PM_{2.5}$与SO_2、O_3等的联合作用也许更为复杂，因为O_3是一种强氧化剂，可能与$PM_{2.5}$发生化学反应而影响$PM_{2.5}$的浓度及组成成分，甚至会形成其他与$PM_{2.5}$完全不同的新污染物，所以在研究$PM_{2.5}$与其他污染物联合毒性效应时要慎重。

　　$PM_{2.5}$对健康危害的探索与预防是一项长期的工程，阐明其危害并降低其污染浓度需要几代人长期不懈的努力，但随着我国经济、科学技术的高速发展，解决$PM_{2.5}$健康危害将指日可待。

图书在版编目(CIP)数据

大气 PM2.5 与健康/赵金镯著. —上海:复旦大学出版社,2020.7
ISBN 978-7-309-14860-2

Ⅰ.①大⋯　Ⅱ.①赵⋯　Ⅲ.①可吸入颗粒物-影响-健康-研究-中国　Ⅳ.①X513

中国版本图书馆 CIP 数据核字(2020)第 025930 号

大气 PM2.5 与健康
赵金镯　著
责任编辑/傅淑娟　韩　影

复旦大学出版社有限公司出版发行
上海市国权路 579 号　邮编:200433
网址:fupnet@ fudanpress.com　http://www.fudanpress.com
门市零售:86-21-65102580　　团体订购:86-21-65104505
外埠邮购:86-21-65642846　　出版部电话:86-21-65642845
上海四维数字图文有限公司

开本 787×960　1/16　印张 12　字数 209 千
2020 年 7 月第 1 版第 1 次印刷

ISBN 978-7-309-14860-2/X·32
定价:40.00 元